Louis Edgar Andés

Die Vertilgung von Ungeziefer und Unkraut

Verlag
der
Wissenschaften

Louis Edgar Andés

Die Vertilgung von Ungeziefer und Unkraut

ISBN/EAN: 9783957005328

Auflage: 1

Erscheinungsjahr: 2015

Erscheinungsort: Norderstedt, Deutschland

Hergestellt in Europa, USA, Kanada, Australien, Japan
Verlag der Wissenschaften in Hansebooks GmbH, Norderstedt

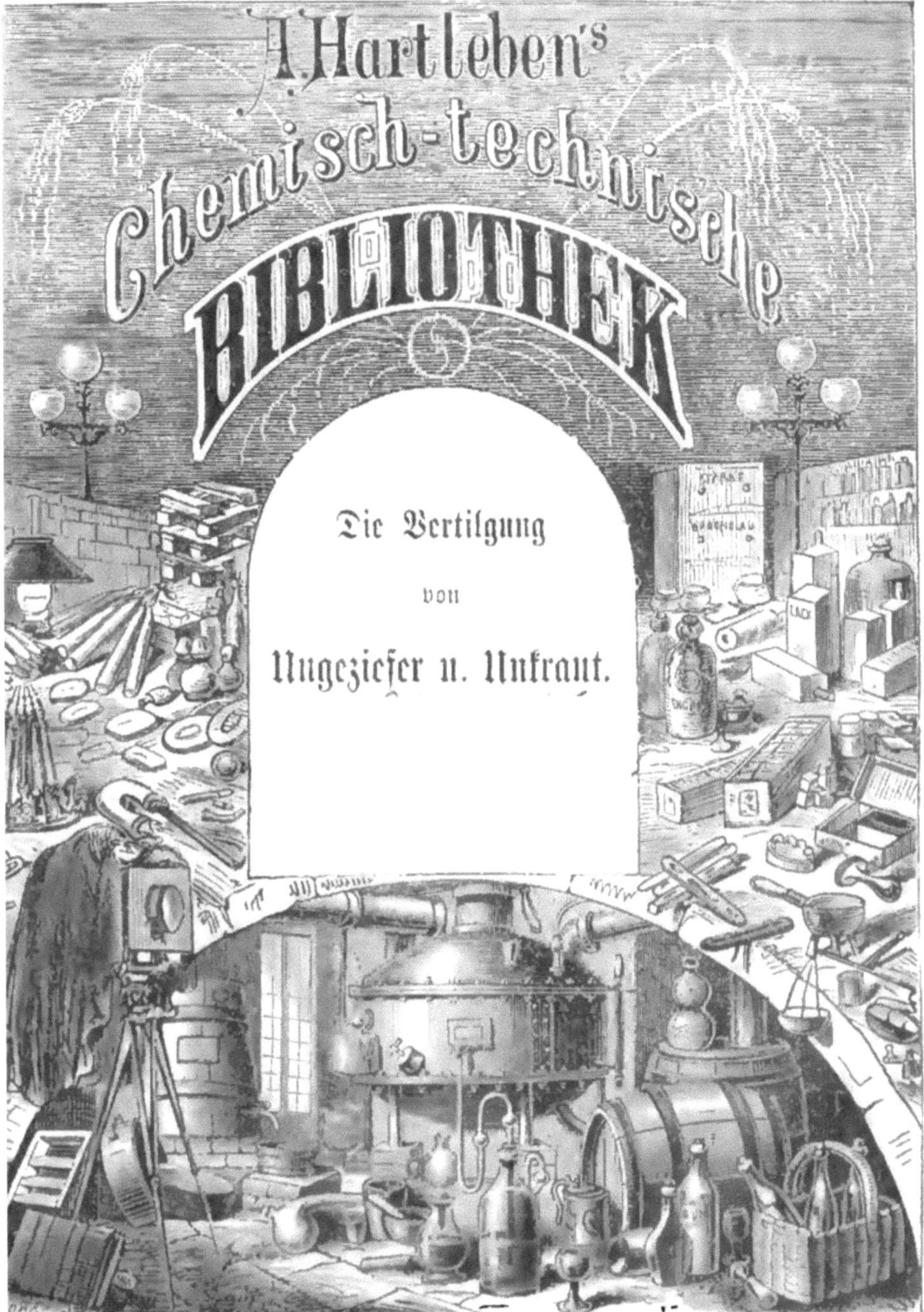
J. Hartleben's
Chemisch-technische
BIBLIOTHEK
Die Vertilgung
von
Ungeziefer u. Unkraut.
A. Hartleben's Verlag, Wien und Leipzig.

Die Vertilgung

von

Ungeziefer und Unkraut.

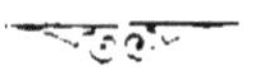

Die Vertilgung

von

Ungeziefer und Unkraut.

Von

Louis Edgar Andés.

Mit 16 Abbildungen.

Wien und Leipzig.

A. Hartleben's Verlag.

1910.

Vorwort.

Die Ungezieferplage, trete sie nun im Felde oder im Walde, im Hause an Gebrauchsgegenständen oder in ihrer unangenehmsten Form an Mensch und Tier heran, ist ein Kampf ums Dasein, denn auch das kleinste Lebewesen muß durch Nahrung für seine Erhaltung sorgen und es ist ebenso wie jedes andere größere und größte seiner Art auf die Welt gesetzt worden — zu Zwecken, denen wir vielfach unwissend gegenüberstehen. Aber sie sind vorhanden, sie machen sich unausgesetzt bemerkbar, schwellen dort, wo ihnen die Bedingungen für ihre Entwicklung geboten sind, zu Massen an, die schweren Schaden an den Gütern des Menschen bringen. Der Mensch führt einen unausgesetzten Kampf gegen diese ungezählten Arten pflanzlicher und tierischer, größerer und kleinerer Lebewesen, er sucht sie allenthalben zu vernichten oder doch ihre Vermehrung einzudämmen, und in diesen Kämpfen die geeigneten Vorkehrungen und Mittel zu weisen, ist die Aufgabe des Verfassers dieses Buches gewesen. Wohl gibt es eine zahlreiche Literatur, die die gleiche Materie behandelt, aber dieselbe befaßt sich in fast allen Fällen nur mit bestimmten Klassen der Schädlinge — es gibt auch in Fachschriften zahlreiche Anleitungen und Verhaltungsmaßregeln, Berichte über Fortschritte auf diesem Gebiete — aber alle diese Behelfe bieten dem Interessenten nur mit einem bedeutenden Aufwand an Zeit und Mühe das, was er für seine Zwecke braucht. Der Verfasser dieses Buches hat vor Augen gehabt, ein Kompendium der Vertilgung der pflanzlichen und tierischen Schädlinge zu schaffen und hofft, dieser Aufgabe, die ja gewiß keine kleine ist, gerecht geworden zu sein.

Louis Edgar Andés.

Inhaltsverzeichnis.

Die Vertilgung

von

Ungeziefer und Unkraut.

Einleitung.

Jedes lebende Wesen, sei es tierischer oder pflanz=
licher Natur, will leben, sich vermehren und dann nach län=
gerer oder kürzerer Zeit, die ihm von der Natur zugewiesen
ist, verschwindet es wieder von der Erde oder aus dem
Wasser, um den zahlreichen anderen seiner Gattung Platz
zu machen. Alles, ob Tier oder Pflanze, kämpft hierbei nach
seiner Art und seinem Vermögen, der Schwächere unterliegt
dem Stärkeren, das eine bedarf zu seiner Ernährung des
Fleisches, das andere der Vegetabilien und so lebt eigentlich
jedes Lebewesen auf Kosten eines anderen, einer nimmt in
dieser oder in jener Form die Bedürfnisse von dem anderen,
wenn nicht freiwillig gegeben, so geraubt, selbst unter
den erschwerendsten Umständen. Es darf daher nicht wunder=
nehmen, wenn nicht nur der Mensch und große Tiere,
Bäume und Sträucher leben wollen, sondern auch die un=
gezählten kleinen Tiere und Tierchen, selbst die mit freiem
Auge kaum sichtbaren, die kleinsten Pflänzchen, die nur
Bruchteile von Millimetern groß sind, sie alle sind von
der allweisen Mutter Natur zu ihrem Dasein berechtigt
worden, auch wenn wir vielfach dies nicht einsehen und uns
auch den Grund für ihre Existenz nicht recht erklären
können, ja sie geradezu als höchst überflüssig zu bezeichnen
gewohnt sind. Das beste Beispiel solcher unnützer Lebe=
wesen sind die den Menschen und das Tier belästigenden,
ihnen das Blut aussaugenden Insekten, die Schnaken,
Wanzen und Flöhe, dann die Fliegen, Mücken und Schaben,
neben vielen anderen Tierchen, die man im allgemeinen als

»Ungeziefer« bezeichnet. Dann aber kommen noch die unge=
zählten Tierchen, die unsere Felder und Obstkulturen, unsere
Gemüse= und Blumengärten, unsere Forste und vieles andere
schädigen, die kleinen pflanzlichen Lebewesen, die oftmals un=
endliches Unheil anrichten. Mit den letztgenannten Kategorien
kann man sich noch eher abfinden, bei ihnen begreift man
noch die Existenzberechtigung, die man bei dem Ungeziefer,
das die Menschen belästigt, nicht verstehen will und auch
schließlich nicht recht verstehen kann. Aber sie alle sind vor=
handen, wir müssen mit ihnen leider unausgesetzt rechnen,
sie bekämpfen und dahin trachten, ihre Zahl zu verringern
und sie damit weniger schädigend zu gestalten. Das tierische
und pflanzliche Ungeziefer ist jederzeit ganz zweifelsohne
vorhanden gewesen, nur die Bedingungen für seine Ver=
mehrung und seine Ausbreitung sind nicht überall gleich,
und dort, wo sie vorhanden sind, ist auch ein vermehrtes
Vorkommen vorauszusetzen. Es liegt wohl auf der Hand,
daß Flöhe, Wanzen und Läuse sich dort außerordentlich
leicht verbreiten, wo dem Menschen der Sinn für Reinlichkeit
an sich und seinen Haustieren fehlt, wo er nichts dazu tut,
diese Plagegeister zu bekämpfen, zu vernichten oder sich ihrer
sonst zu erwehren. Auch Unreinlichkeit im Hause oder der
Wohnstätte überhaupt trägt unendlich viel zur Ausbreitung
des Ungeziefers bei, ebenso der Aufenthalt vieler Menschen
in einem Raum, unreine Luft, verwahrloste Mauerflächen
und Fußböden, das Umherliegenlassen von Abfällen jeglicher
Art usw. Alles dieses bietet jeglichem Ungeziefer die Ge=
legenheit zu seiner Ernährung und zu seiner Fortpflanzung
und damit zu einem Überhandnehmen, so daß alle diese
Plagegeister von dort, wo sie sich einmal festgesetzt haben,
unendlich schwer zu vertreiben sind. Glücklicherweise schafft
auch hier wieder die Mutter Natur teilweise Abhilfe, sei es
durch den Eintritt des Winters, der viele der Schädlinge
zur Untätigkeit zwingt oder sie durch Fröste ganz oder teil=
weise vernichtet, durch Krankheiten, die unter ihnen aus=
brechen, tötet; aber schließlich ist es doch dem Menschen in
die Hand gegeben, sich durch Reinhalten des Körpers, der

Wohnstätten, durch entsprechende Lebensführung von dem Ungeziefer, das seine eigene Person aufsucht und ihn belästigt, zu befreien, seine Feld-, Garten-, Obst- und Waldkulturen wenn auch nicht vollkommen, so doch so zu säubern und instand zu halten, daß der Schaden in mäßigen Grenzen bleibt. Gegen Invasionen wandernder Heuschrecken, die großen Züge der Kohlweißlinge, der Nonnenraupen und anderer an einzelnen Orten plötzlich und massenhaft auftretender Schädlinge ist er allerdings für einige Zeit machtlos, dann aber kann er doch mit geeigneten Vertilgungsmitteln eingreifen und die ferneren Schäden mildern oder ganz unmöglich machen.

Man hat es bei den Pflanzen mit pflanzlichen und mit tierischen Schädlingen, bei den Menschen und den Tieren ausschließlich mit tierischen Schädlingen zu tun; unter den Gebrauchsgegenständen hat lediglich das Holz durch pflanzliche Organismen (Holz- oder Hausschwamm) neben tierischen Schädlingen, alle anderen aber nur durch letztere zu leiden.

Alle jene pflanzlichen Organismen, welche das Leben der Pflanzen kürzen und selbst zerstören, sind als Parasiten zu betrachten und alle Einwirkungen, welche sowohl durch diese, als auch solche von Tieren, durch ungeeignete Boden- und Feuchtigkeitsverhältnisse, mangelhafte Belichtung, mechanische Verletzungen herbeigeführt werden, bezeichnet man mit dem Namen »Pflanzenkrankheiten«. Die Lehre von den Pflanzenkrankheiten, die Phytopathologie, hat die Aufgabe, die Ursachen dieser Krankheiten zu erforschen und es ist von größter Wichtigkeit, die Symptome, unter denen dieselben auftreten, zu untersuchen, weil man in vielen Fällen aus den Symptomen auf die Ursachen schließen kann. Es sind in den letzten Jahrzehnten fast in allen Staaten Institute ins Leben gerufen worden, welche alle Verhältnisse genau studieren und die erzielten Resultate den Interessenten zugängig machen; auch besteht eine internationale phytopathologische Gesellschaft für diese Forschungen.

Die wichtigsten dieser Pflanzenkrankheiten sind der Getreidebrand (Brand des Getreides), das Mutterkorn, der

Getreiderost, die Trauben= und die Kartoffelkrankheit, der Blattschorf, der Hungerzwetschgen; hierzu kommen noch die Rotfäule, der Erdkrebs, der Ritzenschorf, die Kohlhernie und andere. Unter den Tieren, die schädliche Einflüsse auf Pflanzen ausüben, sind in erster Linie Borkenkäfer, Reblaus, Gallwespen, Blut= und Blattläuse, Kohlweißlinge u. a. m. zu nennen. Nagetiere, wie Mäuse, richten beträchtlichen Schaden an, ebenso auch unsere heimischen Wildarten, welche junge Bäume benagen (Wildverbiß) und Saaten zerstören. Zufällige oder absichtliche Verwundungen erzeugen Miß= bildungen (Kröpfe, Überwallungen usw.), ebenso auch ab= sichtliche Verwundungen bei der Harzgewinnung. Zahlreiche Pflanzenkrankheiten sind auf abnorme Licht= und Temperatur= verhältnisse zurückzuführen; hierher gehören das Verpeilen oder Etiolisieren (Erscheinungen bei länger andauernder Verdunkelung), ferner das Erfrieren. Auch allzu starke Er= wärmung verursacht leicht das Welken und schließlich Ab= sterben der Pflanzen. Auch die Bodenbeschaffenheit kann mannigfache Veränderungen herbeiführen, und der Mangel gewisser Nährstoffe im Boden ist vielfach verderblich, wenn man nicht mit geeigneten Mitteln solche regelt, denn ein zu geringer Gehalt an Nährstoffen überhaupt erzeugt zwerghafte Entwicklung, die man als Zwergwuchs oder Nanismus bezeichnet. Sehr fruchtbarer Boden ruft leicht Fäulnis der Wurzeln hervor und viele Mißbildungen lassen sich auf die Bodenbeschaffenheit zurückführen.

Pflanzliche Parasiten oder Schmarotzergewächse entnehmen wie die tierischen Parasiten ihre Nährstoffe ganz oder auch nur teilweise anderen pflanzlichen Lebewesen oder Tieren und verursachen krankhafte Veränderungen einzelner Organe oder der ganzen, als Wirt dienenden Pflanze. Sie rufen aber auch teils Anschwellungen, Hypertrophien, Gallen= bildungen hervor, teils auch bewirken sie ein vollständiges Absterben, Faulen u. dgl. bloß der befallenen Organe, z. B. Gallen, oder auch der ganzen Pflanze. Die Art, wie die Schmarotzerpflanzen den sie ernährenden Wirten die Nahrung entnehmen, ist sehr verschieden. Die meisten para=

sitischen Pilze durchdringen mit ihrem Mycelium die Gewebe der Wirtspflanze und ihre Hyphen (schlauchförmige, spinnwebartige Fäden), wachsen entweder selbst in die Zellen hinein oder sie senden Haustorien (fadenförmige, büschelartige Mycelien [Saugwarzen]) in das Innere derselben, während die eigentliche Mycelentwicklung in den Interzellularräumen stattfindet. Oft kommen beide obengenannten Wirkungen zusammen in der Weise vor, daß nach vorher stattgefundener krankhafter Veränderung schließlich ein vollständiges Absterben eintritt, z. B. häufig bei den Brandpilzen, bei der Kartoffelkrankheit, bei zahlreichen Krankheiten der Obst- und Waldbäume. Außer den im Innern der Pflanzengewebe lebenden endophytischen Parasiten gibt es unter den Pilzen noch eine Anzahl epiphytischer, deren Mycelium sich auf der Oberfläche der befallenen Pflanzen entwickelt und von da aus nun Haustorien in die Epidermis, seltener auch in die unterliegenden Zellen, treibt. Aber auch hier ist der Einfluß auf die Wirtspflanze in der Regel ein schädlicher. Hierher gehören z. B. sämtliche Mehltaupilze, darunter die Traubenkrankheit oder Traubenfäule. Ein eigentümlicher Parasitismus von Pilzen findet sich auf den Flechten. Unter den wenigen phanerogamischen Pflanzen kann man solche unterscheiden, die überhaupt kein Chlorophyll oder nur sehr wenig enthalten und demnach organische Verbindungen aus anderen Pflanzen entnehmen müssen und solche, die zwar ganz normal grün gefärbte Blattorgane besitzen, aber die mineralischen Nährstoffe nicht direkt aus dem Boden, sondern aus den Stengeln oder Wurzeln anderer Pflanzen aufnehmen. In die erstere Gruppe gehören die Cuscuta-Arten, ferner die Orobanche (Sommerwurz, Wurzer), die Balanophoraceen (Hexen- oder Teufelszwirn) und Rafflesiaceen. Die meisten dieser Pflanzen treiben Haustorien entweder in die Stengel oder in die Wurzel der Nährpflanzen, gewöhnlich bis in die Gefäßbündel hinein und ernähren sich auf diese Weise auf Kosten jener Gewächse. Andere haben eine knollenartige Anschwellung ihrer Stengelbasis, diese verwächst mit einer Wurzel der

Nährpflanze und stellt so ein den Haustorien ähnliches Saugorgan dar. Das letztere ist beispielsweise bei den Orobanchen der Fall. Bei der zweiten Gruppe, den chlorophyllführenden Parasiten liegen die Verhältnisse insofern anders, als diese Gewächse in vielen Fällen wahrscheinlich nur anorganische Nährstoffe aus der Pflanze nehmen; dahin gehören z. B. die Loranthaceen und unter diesen die Mistel, die Arten der Gattungen Euphrasia, Thesium, Rinanthus. Die Organe, mittels deren sie jene Stoffe aufsaugen, sind jedoch ganz ähnlich jenen der chlorophyllfreien phanerogamen Parasiten gebaut, indem auch hier die Haustorien oder Saugorgane bis in die Gefäßbündel oder bis in den Holzkörper der Wirtspflanze eindringen.

Die tierischen Schädlinge sowohl für Pflanzen als auch für tierische Lebewesen rekrutieren sich, wenn man von den Ratten, Mäusen, dem Maulwurf und Hamster absieht, ausschließlich aus den niederen Tierklassen, Kerbtieren, Kerfen, Insekten (Käfer, Hautflügler oder Aderflügler, Schmetterlinge, Zweiflügler, Geradflügler, [Kaukerfe, Helmkerfe], Schnabelkerfe oder Halbdecker) und werden Pflanzen teils unmittelbar durch die Suche nach Nahrung verderblich, teils durch ihre Raupen und Larven, während sie Gebrauchsgegenstände, z. B. Holz, durch Zernagen desselben, dann aber auch ihre Raupen Schaden verursachen, Menschen und Tieren aber durch Aussaugen von Blut außerordentlich unangenehm werden können.

Eine nicht unbedeutende Rolle unter dem »Ungeziefer« spielen die Schmarotzer oder Parasiten, Tiere, die auf Kosten anderer leben, die aber im Gegensatze zu den Raubtieren, die in gleicher Weise auf Kosten anderer leben, viel geringere Ansprüche haben; die Schmarotzer oder Parasiten begnügen sich mit viel geringeren Ansprüchen an den Ernährer, den Wirt, indem sie demselben immer einen geringen Teil entnehmen, dessen Verlust in der Regel das Leben desselben nicht ernstlich bedroht. Zumeist kann (nach Dr. Wagner, Schmarotzer und Schmarotzertum) die Nahrungsaufnahme der Schmarotzer nur von Tier zu Tier bewirkt werden, sie müssen also bei denselben in irgend einer Form Nahrung nehmen, dauernd (z. B. Läuse) oder nur vorüber= gehend, dann aber mindestens so lange, bis das Nahrungs= bedürfnis gestillt ist (Flöhe, Wanzen, Schnaken). Es ist klar, daß in letzterem Falle der Wirt öfters besucht werden muß, so oft, als der Hunger den Parasiten zwingt. Es bringt demnach das Schmarotzertum eine bestimmte und konstante Beziehung zwischen Individuen zweier verschiedener Arten zum Ausdruck; die eine Tierart nimmt sich die Nah= rung, die ihm von dem anderen überlassen·werden muß, im Abhängigkeitsverhältnis, das durchaus einseitig ist, denn der Wirt bedarf seines Gastes nicht nur nicht, sondern er ist ihm im höchsten Grade lästig. Von dem Schmarotzertum ist das Zusammenleben verschiedenartiger Tiere aber wohl zu unterscheiden, denn hier kann der Gast nicht ohne den Wirt und dieser nicht ohne den Gast leben (einzelne Meeres= tiere mit Pflanzen), Tiere wie der Bernhardkrebs mit einer Seerose (Korallenpolyp). Auch die Tischgenossenschaft, die wir im Tierreich vielfach verbreitet finden, ist nicht als Schmarotzertum zu bezeichnen, aber sie kann diesem ähnlich sein, je nachdem der Tischgenosse von den Abfällen oder Überschüssen des anderen sich sättigt oder diesen durch Weg= nahme der Nahrung in seiner Ernährung beeinträchtigt; aber der Tischgenosse beansprucht niemals Teile seines Er= nährers selbst. Für die Schmarotzernatur eines Tieres sind zwei Bedingungen erforderlich: Der Parasit muß erstens für seine Nahrung Substanzen entnehmen, welche dem Wirt, sei es leiblich, sei es ideell, zugehören und muß zweitens gerade auf diese Nahrung zu seinem Lebensunterhalt angewiesen sein. Es ist ein wesentlicher Unterschied in der Art und der Intensität des Schmarotzertums und es darf beispiels= weise das zeitweilige Blutsaugen einer Schnake nicht dem Parasitismus der Trichine usw. gleichgestellt werden. Zahl= reiche Schmarotzer finden auf oder in mehreren Tieren, selbst ganz verschiedener Gattungen die Bedingungen ihrer Existenz, andere dagegen verhalten sich exklusiv und sind ausschließlich nur auf eine Tierart für ihre Lebensfähigkeit angewiesen.

Hauptsächlich ist der Parasitismus als mehr oder weniger gewöhnliche Erscheinung nur bei Urtieren, Würmern und Gliederfüßern vorhanden, fehlt bei den Stachelhäutern ganz. Die Insekten bieten zwar (nach Dr. Wagner, Schmarotzer und Schmarotzertum) viele Fälle von Parasitismus dar, an dem ganz außerordentlichen Formenreichtum dieser Tiere gemessen, ist diese Erscheinung aber doch sehr beschränkt, noch viel exzeptioneller als unter den Spinnen, deren Artenreichtum zwar ebenfalls ein beträchtlicher ist, indes auch nicht annähernd mit dem der Insekten wetteifern kann. Geradflügler, die Heuschrecken, Grillen und verwandte Kerfe umfassend, und Schmetterlinge sind ausnahmslos freilebend, in anderen Insektenordnungen, z. B. den Käfern, kommt Schmarotzertum nur sehr vereinzelt vor: lediglich die Schnabelkerfe und Zweiflügler bieten eine größere Zahl von parasitischen Formen dar; die ersteren vereinigen mit den flügellosen Läusen, einer exklusiv dem Schmarotzerleben huldigenden Tiergruppe, die Zirpen und Wanzen, die neben anderen freilebenden Arten zahlreiche, teils Pflanzen, teils Tiere heimsuchende Parasiten in sich schließen. Unter den Zweiflüglern sind von den Langfühlern oder Mücken, die Stechmücken oder Gelsen, Schnaken, Moskitos genügend bekannte und gefährliche Blutsauger des Menschen und gewisse Arten der Gabelmücken als Überträger der Malaria jüngst als äußerst gefährliche Tiere erkannt worden. Die kurzfühlerigen Fliegen umfassen in den Bremsen stechende und blutsaugende Formen, die Mensch und Tier in gleicher Weise belästigen; ebenso sind die Dasselfliegen und Biesfliegen in ausgebildetem Zustande zwar harmlose, als Larven aber interparasitisch in Säugetieren lebende Zweiflügler. Die eigentlichen, unserer Stubenfliege nächst verwandten Fliegen besitzen in dem Wadenstecher ein Gegenstück zu der Stechmücke, in der Tsetsefliege einen Parallelfall zu der Gabelmücke. Zu den Zweiflüglern gehören auch die durchwegs ektoparasitisch (außen schmarotzend) besonders auf warmblütigen Tieren lebenden Lausfliegen ohne oder nur mit rudimentären (verkümmerten) Flügeln;

sie sind dadurch besonders merkwürdig, daß sie lebendige Larven kurz vor der Verpuppung zur Welt bringen. Die Flöhe, diese Quälgeister der Menschen und der Hunde, schließen sich an die Zweiflügler, als besondere Insektenart häufig angesehen, an, sie sind arm an Arten, aber bilden ausschließlich eine temporäre Außenschmarotzer einschließende Gruppe der Kerfe.

In Fällen, wo bei den Parasiten nicht Zwittertum herrscht, also Männchen und Weibchen unterschieden werden können, gilt als Regel, daß beiderlei Geschlechtsindividuen parasitisch leben, die aber nicht allgemein zutrifft. In manchen Fällen, z. B. bei stechenden Insekten, wie die Stechmücken und Bremsen, sind es vielmehr nur die Weibchen, die als Blutsauger auftreten und Menschen und Tiere verfolgen, während die Männchen ein mehr verborgenes und daher auch harmloses Dasein führen. Nur in ganz vereinzelten Fällen pflegt das Männchen gleich dem Weibchen als Schmarotzer zu leben, dabei sich aber eines anderen Wirttieres als dieses zu bedienen, nämlich der Weibchen seiner eigenen Art, so daß die Männchen als Schmarotzer der Weibchen leben. Es ist dies übrigens ein Verhalten, das vom typischen Schmarotzertum schon beträchtlich abweicht, indem dasselbe dem Weibchen gar nicht schadet, ihm im Gegenteil sogar erheblichen Nutzen bringt, denn es bedeutet nichts mehr und nichts weniger als eine Sicherheitseinrichtung für die Fortpflanzung.

Da wir es bei den Menschen und Tieren hier nur mit Ektoparasiten (Außenparasiten) zu tun haben, die allerdings sehr unangenehm fühlbar werden können und mitunter in Krankheiten (Läusesucht) ausarten können, so sind wir doch durch Reinlichkeit und rechtzeitiges Erkennen des Vorhandenseins vielfach, wenn auch nicht bei allen Parasiten, in der Lage, uns dieses lästige Ungeziefer im vollsten Sinne des Wortes von dem Leibe zu halten.

Seitdem die Erde bevölkert ist, haben auch die verschiedensten kleinen Lebewesen auf derselben sich herumgetrieben und vielfach Schaden verursacht, wenn derselbe auch wenig oder gar

nicht beachtet worden ist, da ja in der Urzeit wesentlich
weniger Menschen vorhanden waren und ihr Auskommen
gefunden haben, ohne, wie es anzunehmen ist, durch Schäd=
linge allzusehr belästigt zu werden. Die Geschichte bietet uns
hier wohl kaum etwas Positives, aber sie weiß doch von
einem Insekt zu berichten.

Die Wanderheuschrecken, von denen schon in der
Bibel erzählt wird, daß ihre Schwärme gleich Wolken die
Sonne verfinsterten, kommen hauptsächlich in Kleinasien und
Ägypten vor; in Europa haben sie in Südrußland und in
Ungarn in wenigen Gegenden eine ständige Heimat, von
wo sie sich manchmal westlich bis Wien, selten über Nord=
deutschland bis nach Belgien hin verbreitet. Merkwürdiger=
weise trifft man sie isoliert auch bei Schaffhausen in der
Schweiz an. Schon Plinius berichtet, daß in Kyrene die
Einwohner jährlich dreimal gegen sie zu Felde ziehen
mußten und einmal soll die Plage so arg gewesen sein, daß
die Leichen der ans Land gespülten Heuschrecken den Aus=
bruch der Pest herbeiführten, an der 800.000 Menschen
starben. In Deutschland ist die Wanderheuschrecke das erste
Mal nachweislich im Jahre 873 aufgetreten, von 1333 an
berichten (Taschenberg) die Chroniken ziemlich regelmäßig
von dieser Plage und in den letzten zwei Jahrhunderten ist sie
vierundzwanzigmal in irgend einer Gegend Deutschlands auf=
getreten. In Rußland zählte man im abgelaufenen Jahr=
hundert 23 Heuschreckenjahre. Auch in Schweden, England
und Schottland sind ausnahmsweise Schwärme der Wander=
heuschrecke gesehen worden.

Erst in verhältnismäßig späterer Zeit, mit dem An=
wachsen der Bevölkerungszahl, der Steigerung des Bedarfes
an Nahrungs= und Gebrauchsartikeln, der weiterschreitenden
Urbarmachung des Bodens und wohl auch in letzter Linie
der Aussaugung der besten Nährstoffe desselben ohne zu
geeigneter Zeit Ersatz durch Düngung zu bieten, die man=
gelnde Bekämpfung der Schädlinge dort, wo sie massenhaft
auftreten, haben wohl die von Pflanzen lebenden kleinen
Lebewesen sich vermehrt und verbreitet, mochten die

Pflanzenkrankheiten bessere Bedingungen für ihre Verbreitung gefunden haben.

Mitunter sind nach Europa auch unseren Gewächsen schädliche Insekten aus überseeischen Ländern eingeschleppt worden, wie die Reblaus, der Kartoffel- oder Koloradokäfer und auch die allerjüngste Zeit berichtet über die Einschleppung eines Insektes. In Glostrup bei Kopenhagen wurden vor einigen Jahren die Einwohner stark durch ein kleines schwarzes Insekt geplagt, das in großen Massen auftrat und in seinem Bau an Flöhe erinnerte, nur daß es doppelt so groß als diese und geflügelt ist; verscheucht, kehrt es immer wieder wie eine Fliege zurück. Das Tier kam aus der daselbst befindlichen Ölfabrik. So oft ein Dampfer aus Ceylon oder einem anderen überseeischen Orte eine neue Ladung Ölfrüchte, gewöhnlich 10.000 bis 15.000 Säcke, brachte, trat das Ungeziefer von neuem auf. Bei kühlem Wetter blieben die Tierchen in der Fabrik, aber bei warmer Witterung schwärmten sie wie Mücken und verbreitenten sich über den ganzen Ort.

Überall dort, wo große Bodenflächen mit ein und derselben Pflanzengattung besetzt sind, ist naturgemäß auch eine größere Anzahl dieser schädigender Insekten und Schädlinge zu erwarten, weil sie die geeigneten Lebensbedingungen vorfinden und sich dabei einer mehr oder weniger ungestörten Ruhe hingeben können. So finden sich beispielsweise in ausgedehnten Rübenpflanzungen die Rübennematoden (Rübenwurm oder Rübenälchen), der gefährlichste Feind der Zuckerrüben, ein, die ihr Dasein der Rübenmüdigkeit des Bodens verdanken und durch Fangpflanzen (Sommerrübsen) veranlaßt werden, sich in den Wurzeln dieser einzunisten. Es sei ferner des Kohlweißlings gedacht, der in umfangreichen Krautfeldern unendlichen Schaden anrichtet, aber solche Pflanzen auch in Gartenbeeten nicht verschont.

Am meisten den Angriffen der Insektenschädlinge sind aber große Waldbestände ausgesetzt, und hier vielfach jene, denen die erforderliche Aufsicht mangelt, in denen eine rationelle Waldwirtschaft, sei es wegen der Schwerzugängig-

keit (Unmöglichkeit oder kaum zu bewältigende Schwierig=
keiten beim Herausbringen des Holzes) oder aus Nach=
lässigkeit nicht betrieben wird. Hier haben die mannigfachsten
Schädlinge nicht allein vollkommene Ruhe, sondern sie fin=
den auch in gefallenen Bäumen (Borkenkäfer, Bohrkäfer)
alle Bedingungen für ihr ungestörtes Fortkommen. Es ist
daher nicht zu verwundern, wenn derartige Waldbestände
durch Insekten stark in Mitleidenschaft gezogen werden,
leider werden aber auch gutgepflegte Wälder von denselben
heimgesucht und es mögen hier nur einige solcher Schäden
angeführt werden.

Zu Anfang des 19. Jahrhunderts ist in der Letzlinger
Heide, Provinz Sachsen, der große Wald fast gänzlich vom
Kiefernspanner vernichtet worden.

Die große Kiefernraupe (Lasiocampa pini) verursachte
im Laufe der Jahrhunderte großen Schaden zu wiederholten
Malen; genaue Daten liegen vor über den von 1791 bis
1794 in den königlich preußischen Forsten wütenden Fraß,
sowie über die zehn Jahre von 1862 bis 1872 dauernde
Kalamität in den Waldungen Nordostdeutschlands. Derselbe
dehnte sich über 2349 Quadratmeilen aus. Es wurden
über 70.600 *ha* beschädigt, davon 10.244 *ha* kahlgefressen
und rund zwei Millionen Festmeter »Raupenholz« ein=
geschlagen. Auf derselben Fläche betrug der durch Verlust
beim Holzverkauf und durch Abwehrkosten verursachte
Schaden über 2,366.000 Mark.

Von dem durch Borkenkäfer verursachten Schaden
sprechen folgende Zahlen. Die Berichte über das Vorkommen
der Wurmtrocknis, wie man das Eingehen der Stämme
infolge des Fraßes der Käferlarven nannte, reichen im
Harz bis 1649 zurück. Auch 1665 und 1677 waren Jahre
der Verwüstung. Von 1681 bis 1691 wurde im Harz das
Übel durch schleuniges Niederhauen und Verkohlen der
Stämme gedämpft, die Verheerungen wiederholten sich aber
schnell und nahmen von 1703 an bedenklich zu, um eigent=
lich das ganze Jahrhundert hindurch in den mitteldeutschen
Gebirgswäldern nicht mehr aufzuhören. Im »Kommunion=

harz« erreichten sie 1781 bis 1783 den höchsten Grad und erloschen erst gegen 1787. Die Anzahl der trocken gewordenen Stämme betrug 1781 182.451 Stück, 1782 259.116 Stück, im letzten Jahre starben 3359 Morgen Wald ab und bis Ende 1786 waren wiederum fast 500.000 Stämme trocken geworden, so daß man den Gesamtschaden auf drei Millionen Fichtenstämme einschätzen muß.

Über bedeutende Verheerungen der Nonne wird vielfach berichtet und sehr bedeutende Schäden waren in Rußland Ende der 1830 er Jahre, dann in demselben Lande und in den preußischen Regierungsbezirken Königsberg und Gumbinnen zwischen den Jahren 1845 und 1868. In diesem Zeitraume von 23 Jahren sind 110 Millionen Kubikmeter Holz von vernichteten Bäumen geschlagen worden, von denen 96 Millionen auf Rußland, 14 Millionen auf Preußen entfallen. In der Nacht des 23. Juli 1853 fiel die Nonne, durch einen Südwind getrieben, in wolkenartigen Massen in die Forste Goldapp, Lyk und Angerburg ein; das Auftreten der Schmetterlinge in den Forsten war einem heftigen Schneegestöber vergleichbar und der Pillwungsee schien wie mit einem weißen Schaum bedeckt von den ersäuften Schmetterlingen. Man hat im darauffolgenden Jahre in der Zeit vom 8. August bis zum 8. Mai 150 *kg* Eier gesammelt, deren Anzahl man auf 150 Millionen Stück berechnete, eine und eine halbe Million weiblicher Falter waren eingesammelt und getötet worden, aber beim sogenannten »Spiegeln«, dem Sammeln der jungen Raupen, wurden noch so viele derselben gefunden, daß man annahm, daß nur etwa die Hälfte der wirklich vorhanden gewesenen Schädlinge vernichtet worden sei.

Bis zum 27. Juni 1855 waren in kurzer Zeit in dem Rothebuder Revier über 10.000 Morgen Nadelholzbestand kahl gefressen, andere 5000 so stark beschädigt, daß der vollständige Kahlfraß ebenfalls in Aussicht stand. Bis Ende Juli waren die meisten Fichten des Reviers ebenfalls kahl gefressen, diejenigen auf 16.354 Morgen bereits getötet und nur 4932 Morgen blieben noch so ziemlich verschont. Der Kot der Raupen, welcher den Waldboden zuletzt 5 bis 7·6 *cm* und stellenweise selbst bis 15 *cm* hoch bedeckte, rieselte gleich einem starken Regen ununterbrochen von den Kronen der Bäume hernieder. Im Regierungsbezirk Königsberg hatte die Nonnenraupe von 1854 bis 1859 in ganz ähnlicher Weise gehaust, war dann auf ihr gewöhnliches Maß zurückgegangen, bis 1867—1869 ihr erneutes Auftreten das Absterben von 100.000 *m³* Holz zur Folge hatte. Seit 1888 hat eine neue Nonnenfraßperiode begonnen, welche besonders in Württemberg, Sigmaringen und Bayern hervortrat, aber auch in einzelnen Teilen Österreichs, sowie Norddeutschlands einen bedrohlichen Charakter angenommen hatte. Es wurde insbesondere der Ebersberger Park bei München 1890/91 in so furchtbarer Weise von der Nonnenkalamität heimgesucht, daß nach Schätzungen noch vor Abschluß der Katastrophe 800.000 bis 900.000 *m³* Fichtenholz geschlagen werden mußten. In diesem Forstbestand konnte man an einem kahlgefressenen Stamm 30.000 bis 90.000, in einem Falle sogar 140.000 Nonneneier zählen; jeder Stamm, es waren Bäume von mehr als 30 *m*, war bis in den Gipfel hinein, so weit das Auge reichte, mit weiblichen Faltern besetzt und das auf eine Fläche von tausenden Hektaren; an einem Stamme hat man über 800 Schmetterlinge gezählt. Von den Wanderungen der Nonne hatte selbst die Stadt München zu leiden; eine große Menge der Falter fiel auf den Aussichtsturm und auf die Türme der Frauenkirche, selbst auf den Terrassen von Restaurants erschienen dieselben, einzelne Gebäude waren wie bei einem Schneefall weiß bedeckt und in einer Gasthausküche mußten Wirtin und Köchin vor den durch die Fenster eindringenden Faltern flüchten. Man zählte in den bayrischen Staatswaldungen 1890 23.560 *ha* befallene, davon 2666 *ha* kahl gefressene Bestände; 1890 bis 1891 wurden für Bekämpfungsmaßregeln 2,297.111 Mark ausgegeben.

Verheerungen durch den Borkenkäfer (Wurmtrocknis) werden schon im 17. Jahrhundert aus dem Harz berichtet; 1772 bis 1782 wurden ebenfalls im Harz gegen 3 Millionen Fichtenstämme durch das Insekt vernichtet; nicht ganz so bedeutend waren die Schäden 1795 bis 1798 im Vogtland, anfangs des 19. Jahrhunderts in der Provinz Preußen, in Württemberg usw. Aus neuerer Zeit ist zu erwähnen der große Fraß in Ostpreußen 1857 bis 1862, wo der Borkenkäfer, der Nonne folgend, mit dieser zusammen reichlich 70.000 *ha* Wald verwüstete und über 7 Millionen Festmeter Holz abstarben; ferner der Fraß im Bayrischen und Böhmerwald 1871 bis 1875; hier hatten die großen Stürme 1868 bis 1870 die Vermehrung der Käfer durch das Werfen vieler Tausend Stämme ungemein stark begünstigt, etwa 11.000 *ha* mit 4 Millionen Festmeter Holzmasse wurden vernichtet.

Unsere Obstbäume haben wohl auch unter den mannigfachsten Insekten und deren Brut namentlich zu leiden, aber da dieselben einer sehr aufmerksamen Pflege sich erfreuen und nicht so dicht gepflanzt werden, als die Waldbäume, so kann der Schaden doch nicht so gewaltige Dimensionen annehmen, immerhin ist schon manche Obsternte durch Schmetterlinge und deren Raupen (Apfelwickler, Pflaumenwickler) vollständig vernichtet worden und auch Blatt- und Blutläuse vermögen reichlich dazu beizutragen.

Wald und Wiesen, Gemüsebeete und Zierpflanzen, Äcker mit Halm- und anderen Früchten haben ihre leider unerwünschten Freunde und es gibt wohl keine Pflanze, auf der sich nicht da und dort ein Schaden feststellen läßt.

Unendlich schwerwiegende Feinde hat der Weinstock, die Weinrebe, die massenhaft dort angebaut und gepflanzt wird, wo der Boden und die Einwirkung der Sonne günstig sind. Ganz abgesehen von den Witterungsverhältnissen, die in hohem Maße die Entwicklung der Blüte, den Fruchtansatz und das Reifen der Beere beeinflussen, hat der Weinstock unter zahlreichen Krankheiten, der Chlorose, der schwarzen Knoten, dem Blütenfall und Sonnenbrand, der Traubenfäule, der Anthraknose (schwarzer Brand oder Brennen), der schwarzen Fäule, dem echten und falschen Mehltau, der

Traubenkrankheit und der Gummose zu leiden; hierzu ge=
sellen sich noch tierische Schädlinge, Polarraupen, Wein=
motte (Heu= und Sauerwurm) und endlich, als in erster
Linie stehend, der denkbar größte Feind aller Kulturpflanzen,
die Reblaus. Dieses Insekt hat seit seinem ersten Er=
scheinen ganz unsagbare Verwüstungen angerichtet, und es
ist dermalen kein Weinbaugebiet auf der ganzen Erde zu
nennen, welches als frei von diesem Insekt bezeichnet werden
kann. Seine Heimat ist wohl ohne Zweifel in den südlichen
Gebieten der Vereinigten Staaten Nordamerikas zu suchen,
in dem zahlreiche wildwachsende Reben heimisch sind.
Während aber die amerikanische Rebe durch ihre anatomische
und physiologische Beschaffenheit befähigt ist, den Feind an
ihren Wurzeln zu ernähren, ohne in der eigenen Existenz
gefährdet zu sein, unterliegt ihm die dem Orient ent=
stammende europäische Rebe, wenn nicht sehr energisch ein=
gegriffen wird.

Prof. Taschenberg (Die Insekten in ihrem Schaden
und Nutzen) führt über die Schädigungen des Weinbaues
durch die Reblaus folgendes aus: Vor dem Auftreten dieses
gefährlichen Weinstockfeindes besaß Frankreich 2,296.206 *ha*
Weinland und hat seither nahezu $1\frac{1}{2}$ Millionen Hektar,
also über die Hälfte des gesamten Weinbaugebietes durch
denselben eingebüßt, und es ist heute kaum ein Departement
vorhanden, welches als völlig reblausfrei gelten kann. In
Italien, welches bis zum 18. August 1871 für frei von
der Plage gehalten wurde, ist Sizilien sowie ein Teil der
südlichen Halbinsel gänzlich verseucht und im mittleren und
nördlichen Italien mehrt sich (1906) von Jahr zu Jahr die
Zahl der befallenen Gebiete. In der Schweiz ist das Insekt
in einer größeren Anzahl von Kantonen aufgetreten; ver=
schiedene derselben, namentlich die an Frankreich angrenzenden
Bezirke, sind schon vollständig verseucht. Auf der Pyrenäen=
halbinsel sind mehr als drei Viertel der Weinbauflächen
dem Rebfeind verfallen. Von Österreich gilt, abgesehen von
kleineren, intakt erscheinenden Distrikten Niederösterreichs,
Böhmens und von Untersteiermark, nur Tirol für durch

die Reblaus nicht geschädigt. Ungarn ist fast gänzlich ver=
seucht. Fast noch schlimmer sieht es in Istrien und in
Dalmatien aus. Auch in den Donauländern Bosnien,
Serbien, Rumänien, Bulgarien, wie in der Türkei hat der
Feind in den letzten Jahren erheblich an Terrain gewonnen.
Rußland beherbergt die Reblaus in Bessarabien, in der
Krim und im Kaukasus. Deutschland, welches noch 1874
für seuchenfrei galt, scheint nach genauen Nachforschungen
ungefähr zur gleichen Zeit wie Frankreich, nämlich zu Anfang
der sechziger Jahre, infiziert zu sein. Anfänglich entdeckte
man die Reblaus in einigen Rebschulen und Handels
gärtnereien, zuerst in dem genannten Jahre auf dem Gute
Annaberg bei Bonn, dann auch in Karlsruhe, Erfurt,
Wernigerode usw. 1881 wurde man auf einen größeren
Reblausherd in den Weinbergen an der Landskronn im
unteren Ahrtale aufmerksam, drei oder vier Jahre später
auf noch ausgedehntere bei Linz, Honnef und Sinzig. In
unseren Tagen sind innerhalb Deutschland von den über=
haupt vorhandenen 120.000 *ha* rund 330 *ha* Weinbaufläche
infiziert; von denselben entfallen die meisten (110) auf
Elsaß=Lothringen, dann (98) auf die Rheinprovinz, die
Provinz Sachsen, wo Freyburg a. d. Unstrut und Naumburg
besonders heimgesucht sind, Hessen=Nassau (32) und Württem=
berg (31). Bei diesen Zahlen sind allerdings die sogenannten
Sicherheitsgürtel, die zum Teil recht umfangreich sind, ein=
gerechnet, weil sie vorsichtshalber mit ausgerodet und des=
infiziert sind. Die wirklich infiziert gewesenen Flächen dürften
kaum ein Drittel der früher genannten Hektaranzahl umfaßt
haben. Der Vollständigkeit halber sei noch über die außer=
europäischen Länder hinzugefügt, daß Nordamerika nach
allen Richtungen hin verseucht ist, in Australien bereits
mehrere größere Distrikte, in Afrika sowohl Algier wie die
Kapstadt ergriffen sind und daß auch in Kleinasien und in
Südamerika die Reblaus nicht fehlt.

Es erübrigt nur noch in wenigen Worten jener Insekten
zu gedenken, welche sich an Menschen und Tiere heran=
wagen, um ihr Blut zu saugen, an Nahrungsmittelvorräte

und -abfälle, an Kleider- und Pelzwerk, an Holz und Büchern usw. Schaden anrichten oder auch im allgemeinen lästig werden. Sie sind als Flöhe und Wanzen, Läuse und Milben, Schnaken und Stechfliegen genugsam bekannt; es zählen hierher ferner der Kornwurm und andere Getreideschädlinge, die Schmeißfliege, die Zeckenarten, der Bohrkäfer, Klopfkäfer, das Heimchen und die Bücherlaus neben dem Silberfischchen und den Tausendfüßern, der gemeine Öhrling oder Ohrwurm und zahlreiche andere Tierchen, die gefürchtet sind und, wo es angängig ist, vernichtet werden.

Aber unter dem vielen Getier, das da unter der Erde kriecht, ist nicht alles als unbedingt schädlich anzusehen, es gibt auch mancherlei, das Nutzen bringt und darunter ist der vielfach angefeindete, häufig vorkommende Regenwurm zu nennen.

An der Zersetzung organischer Stoffe (Dünger, Streu, Schlamm usw.) nehmen viele kleine Tiere lebhaften Anteil und auch im Boden üben viele der letzteren eine lebhafte Tätigkeit aus. Für die Landwirte kommen hier in erster Linie die Würmer, ganz besonders die Regenwürmer in Betracht, die sich von pflanzlichen und tierischen Stoffen sowie von Erde nähren. Diese Stoffe wandern durch den Verdauungsapparat der Würmer. Da deren Verdauungsflüssigkeit von derselben Natur ist, wie die Ausscheidungen der Bauchspeicheldrüse der höheren Tiere, und wie diese beispielsweise Eiweißstoffe lösen, Stärke in Zucker überführen und auch Zellulose (Holzfaser) anzugreifen vermag, so kann man ohneweiters annehmen, daß die den Verdauungsapparat der Würmer passierenden organischen Stoffe verschiedenartigen chemischen Veränderungen unterliegen, infolge deren sie nach dem Ausscheiden aus dem Tierkörper leichter als vorher zersetzbar sind. Die Kohlensäureentwicklung ist nach authentischem Zahlenmaterial von Wollny in dem mit Regenwürmern besetzten Boden eine wesentlich stärkere, als in dem wurmfreien, was wohl darauf beruhen dürfte, daß die organischen Stoffe in ersterem schneller und leichter der Zersetzung anheimfallen. Hieraus kann aber nur der

Schluß gezogen werden, daß die Menge der bei dem Zerfall der im Boden vorhandenen organischen Stoffe sich bildenden Pflanzennährstoffe in der mit Würmern besetzten Erde größer sein wird, als in der wurmfreien. Weiterhin stellte Wollny durch genaue Versuche fest, daß die Menge der löslichen Stickstoffverbindungen und Mineralstoffe, welche gleichfalls durch die Zersetzung der organischen Stoffe entstehen, in der mit Würmern versehenen Erde größer, als in der wurmfreien war, daß also durch die Tätigkeit der Regenwürmer der Reichtum des Bodens an aufnehmbaren Pflanzennährstoffen erhöht wird. Dazu kommt aber noch der Umstand, daß die Würmer die Fruchtbarkeit des Bodens auch in anderer Weise günstig beeinflussen. Durch ihre Tätigkeit tragen sie zur Lockerung und Krümelung des Bodens bei. Nach den von Wollny angestellten Versuchen war nach sechs Wochen die mit Würmern besetzte Erde nicht nur vollständig gekrümelt, sondern zeigte auch eine beträchtliche Vermehrung des Volumens (27·5%). Dadurch wird aber wieder das Wasserfassungsvermögen des Bodens vermindert, das Luftfassungsvermögen dagegen erhöht. Infolge der Krümelung ist auch die Durchlässigkeit für Luft und Wasser im wurmhaltigen Boden bedeutend größer, als im wurmfreien. Der Nutzen der Würmer ergibt sich also aus der Tatsache, daß sie die Zersetzung der organischen Stoffe im Boden nicht unerheblich fördern und anderseits durch ihre Tätigkeit den mechanischen Zustand des Bodens in günstiger Weise abändern. Da nun aber die Würmer gerade dort in größerer Zahl aufzutreten pflegen, wo der Boden eine größere Menge Feuchtigkeit enthält, so ist ihre Tätigkeit hier in bezug auf die Regulierung der Luftzufuhr und des Wasserfassungsvermögens von ganz besonderer Wichtigkeit.

Die Waldameisen sind kräftige Vertilger von Insekten und stehen dem Menschen bei der Bekämpfung von großen Insektenkalamitäten hilfreich zur Seite. Sie suchen nicht nur den Erdboden nach Insekten ab, wobei sie jedes nur halbwegs zu bewältigende Kerbtier überfallen und bis auf die harten Chitinteile auffressen, sondern sie besteigen auch Bäume und Sträucher bis zur Spitze, um hier auch ihrer Freßlust nachzugehen. So hat man sie hinlänglich auch schon bei Nonneninvasionen beobachtet. Die Waldameisen überfallen meist gemeinschaftlich in größerer Anzahl die an den Stämmen sitzenden Nonnenfalter, um sie zur Nahrung in ihren Bau zu schleppen. Dies gelingt ihnen auch allerdings, aber nur dann, wenn der Nonnenfalter nicht mehr seine ursprüngliche Lebensenergie besitzt. Der königliche Förster Nowotny aus Steinbusch bei Arnswalde hat nach »Deutsche Försterzeitung« beobachtet, daß die weiblichen Nonnenfalter nur nach der Eiablage von den Ameisen überwältigt und vernichtet werden konnten, während die Schmetterlinge vor der Eiablage sofort abflogen, wenn sie von den Ameisen angegriffen wurden. Diese Beobachtung muß natürlich den Wert der Wald= ameisen als Nonnenvertilger bedeutend einschränken, denn nach der Eiablage ist der Falter für den Wald nicht mehr schädlich. Oberförster Ney teilte eine Beobachtung mit, die den Wert der Waldameisen bei der Vertilgung eines anderen Schädlinges in eklatanter Weise dartut. Bei einem großen Fraße von Lophyrus pini wurde beobachtet, daß auf 100 m im Umkreise von Ameisenhaufen die Kiefern vollständig grün und unbeschädigt geblieben waren, da die Waldameisen sie von allen Blattwespenraupen gesäubert hatten.

Die rotbraune Waldameise ist eine Totfeindin der Kreuzotter; in der Nähe von Ortschaften werden die Ameisen= haufen häufig von den Menschen zerstört und mit dem Ver= schwinden der Ameise kommt die Kreuzotter den Ortschaften näher und schlägt ihre Schlupfwinkel mit Vorliebe unter Brombeergestrüppe auf. In den großen Wäldern dagegen, wo die Ameisen ungestört sind, vertreiben sie jede Kreuz= otter, so daß man geradezu aus der Anwesenheit von Ameisen auf die Abwesenheit der Schlangen schließen kann. Hat eine Ameise eine Kreuzotter entdeckt, so benachrichtigt sie · ihre Genossen und schon nach wenigen Minuten ist das Reptil von hunderten seiner kleinen Feinde umgeben. Überall hängen sich die Ameisen an, mögen auch zahlreiche von ihnen dabei zugrunde gehen, wenn sie dem Kopfe zu nahe kommen, die

Augen zu zerbeißen versuchen oder in ihrer Kampfeswut in den Rachen der Schlange kriechen. Diese wehrt sich heftig, ja zuletzt krampfhaft, aber schließlich erlahmt sie und verendet. Nun beginnen die Ameisen die Fleischteile los-zutrennen und nach ihrem Haufen zu schleppen.

Feinde vieler Insektenschädlinge sind auch die Vögel, und man sollte denselben eine viel größere Pflege angedeihen lassen, als es dermalen der Fall ist. Interessant und be-achtenswert ist, was in den nachstehenden Zeilen berichtet wird.

In den Kiefernbeständen der Stadt Darmstadt hatte die Zahl der nützlichen Vögel stark abgenommen, und es wurde festgestellt, daß dieser Rückgang im wesentlichen auf das Fehlen geeigneter Brut- und Wasserstellen zurückzuführen war. Im Jahre 1901 wurden zwei Wasserbecken mit ver-tieftem Rand, in welchen die Vögel baden konnten, und in den folgenden Jahren eine Reihe weiterer Tränken und Ziehbrunnen mit Zementbecken angelegt. In den letzten vier Jahren sind 1200 Nistkästchen für Meisen und Stare ausgehängt worden. Die Tränken dienen im Winter auch als Futterplätze. Der Erfolg ist ein in die Augen springender gewesen. Insbesondere ließ sich eine Vermehrung der Meisen feststellen und Stare erschienen an Waldorten, die sie früher nicht besuchten. Um festzustellen, welchen Anteil die Vögel an der Vertilgung der Kiefern-blattwespe nahmen, wurden einige Meisen usw. geschossen. Das Ergebnis war folgendes: Die Magen vom Specht und Zaunkönig enthielten nur Körner (Sämereien). Die Magen von fünf Kohlmeisen, morgens geschossen, enthielten 4 bis 5 Puppen, eine Kohlmeise, nachmittags geschossen, 22 Puppen der Kiefernblattwespe. Die Kohlmeise nahm die Puppen an den Stämmen auf, wurde aber auch bei der Suche nach im Boden verpuppter Insekten beobachtet.

Zu den gefährlichsten Überträgern insektiöser Krankheiten gehören ohne Zweifel die Fliegen (Haus- oder Stuben fliegen). Während man in früheren Zeiten nur den Stech-fliegen und Bremsen eine gewisse Gefährlichkeit zuerkannte und die kleineren Stubenfliegen höchstens als Speisenbeschmutzer und Ruhestörer betrachtete, hat jetzt die moderne Wissenschaft auch die Gefährlichkeit dieses unscheinbaren Insektes als Krankheitsüberträger in überzeugender Weise dargetan, ganz abgesehen davon, daß sie überhaupt höchst unappetitlich sind. Die Folge hiervon ist, daß jeder auf seine Gesundheit bedachte Mensch den Fliegen den Krieg bis zum äußersten erklärt und ihnen mit allen möglichen Mitteln auf den Leib rückt. Man ging von der Defensive, d. h. von der Abwehr der Fliegen durch Gerüche zur Offensive über, man sucht sie anzulocken, um sie dann sicher zu vernichten.

An anderer Stelle dieses Buches wurde schon darauf hingewiesen, daß die Insekten zweifelsohne schon seit undenklichen Zeiten ihr Unwesen treiben und es ist nicht uninteressant, was über eines dieser Tiere ausgeführt wird.

Unter allen Insekten, welche der Mensch in seinen Wohnräumen zu bekämpfen hat, ist die Küchenschabe das konservativste. Kein Insekt findet man häufiger als fossil und keines ist so weit verbreitet in den verschiedensten geologischen Formationen, als gerade dieses so wenig beliebte Geschöpf. Bekanntlich bevorzugt die Küchenschabe die Nähe des Küchen= ofens, das ist ein altes Erbstück, denn in der ganzen geologischen Vergangenheit hat sie vornehmlich an feuchten Stellen gelebt. Man findet die Überreste dieser Tiere in der Nähe alter Wasserläufe, gewöhnlich eingebettet unter den Überresten von Farnkräutern so häufig, daß man bei be= harrlichem Suchen unter fossilen Blättern von Landpflanzen kaum jemals verfehlen wird, einige abgesonderte Flügel und vielleicht auch den ganzen Körper einer urweltlichen Küchen= schabe ans Licht zu bringen. Der ausgenährt vollständige Rekord, den diese Tiere erzielen, ihr fast unbeschädigter geologischer Stammbaum verleihen der Familie der Küchen= schaben ein besonderes Interesse. Durch ihre lange Existenz hindurch hat die Familie im allgemeinen ihren Körperbau bewahrt; morphologisch hat sie nichts gelernt und nichts vergessen. Seit paläozoischen Zeiten haben die Küchenschaben nur eine oder zwei geringfügige Änderungen in ihrer Bauart erlebt. In der Steinkohlenzeit wurden ihre Köpfe flacher und der obere Teil der Brust veränderte sich. Ebenfalls in der Zeit, aus der die ersten Kohlenflötze stammen, begannen sich die Flügel zu ändern. Die Gestalt der Flügel unserer heutigen Küchenschabe stammt aus den Tagen der Permzeit und ist seitdem in langsamer Fortentwicklung begriffen; freilich mit den stärkeren Flügeln und dem großen Körper der urweltlichen Tiere sind auch der abenteuerliche Geist und die streitbaren Fähigkeiten der früheren Tage geschwunden; sonst aber ist die Küchenschabe von heute das was sie immer gewesen ist.

Alles, was wir als Ungeziefer aus der Insektenwelt ansehen, ist aber doch von großer Bedeutung im Haushalte der Natur und es gibt keine Gruppe von Landtieren, die in einer gleich energischen Weise zum Stoffwechsel wie sie beiträgt; sie sind dazu in erster Linie durch ihre unberechenbare Anzahl, durch die Klugheit, durch ihre förmliche Allgegenwart und durch ihre Freßsucht berufen. Die letztere ist ihnen wenigstens in einer bestimmten Lebensperiode, oft aber auch zeitlebens eigen und sie schrecken vor keiner organischen Substanz und selbst pflanzlichen Giften nicht zurück. Sie haben auch unter ihresgleichen ihre Feinde, wie solche ihnen auch in den Vögeln und einzelnen Säugetieren erwachsen. Zu den letzteren gehört insbesondere der Maulwurf, der sich von den Larven der Engerlinge nährt, dann die Spitzmäuse (gemeine Spitzmaus und Zwergspitzmaus), der Igel u. a. m.

In unserer Zone ist der Igel ein Ungeziefervertilger, wie kaum ein anderes Tier. Wie in seinem großen Nutzen für den Menschen, so gleicht der Igel auch in seiner Freßgier noch am meisten dem Maulwurf. Insekten, Regenwürmer, Nacktschnecken, Frösche, Blindschleichen usw., alles das verspeist er mit dem größten Appetit, um den ihn mancher beneiden dürfte. In der Gefangenschaft sucht sich der Igel gar bald sein Futter, bestehend in allerhand Ungeziefer oder überhaupt in Lebewesen, die dem Menschen lästig sind. Es gibt auch kaum einen gründlicheren Mäusevertilger als den Igel. Allerdings werden auch wieder Fälle gemeldet, in denen sich das Tier aus Nagern gar nichts macht und diese völlig unbeachtet läßt. Die Küchenschaben, die eine Plage in so vielen Wohnungen bilden, vertilgt er hier binnen kürzester Frist vollkommen. Ein Igel läßt sich als Ungezieservertilger sehr gut ausnützen, wenn derselbe »mietweise« an Wohnungsinhaber abgegeben wird.

Der Kampf um das Dasein, das berechtigte Verlangen des Menschen, dort, wo er gesäet hat, auch zu ernten, das heißt den erwarteten Nutzen aus seiner Tätigkeit zu ziehen, dann aber auch seine Person und seine tierischen Hausgenossen, seine Vorräte an Nahrungsmitteln und Gebrauchsgegenständen von Feinden freizuhalten, zwingen ihn, diese letzteren wenn irgend möglich überall aufzusuchen und zu vernichten. Dieser Kampf wird schon seit langen Jahren geführt und gestaltet sich immer intensiver, einerseits dadurch, daß Feld und Waldkulturen immer sorgfältiger betrieben und beaufsichtigt werden, anderseits dadurch, daß durch die Fortschritte der Wissenschaft immer neue und auch vielfach geeignetere Mittel ausfindig gemacht werden, die angestrebte Vernichtung zur Durchführung zu bringen und damit die Verluste an Vermögen zu verringern. Während man sich früher oftmals mit dem Aufgebot intensivster Tätigkeit kaum der Schädlinge erwehren konnte, wenn sie einmal begonnen hatten ihr Unwesen zu treiben, da die geeigneten Mittel fehlten, ist man heute in der Lage, vielfach wirksame, unmittelbar tötende Substanzen in Anwendung zu bringen, anderseits aber auch schon Vorkehrungen zu treffen, um die Gefahren zu vermindern. Man unterscheidet daher dermalen zwischen vorbeugenden Maßregeln oder Mitteln und den eigentlichen Vertilgungsmitteln. Es ist eine feststehende Tatsache, daß dort, wo man beide Verfahren in der richtigen Erkenntnis ihres Wertes in Anwendung bringt, die schädlichen Einflüsse, entstammen sie von Tieren oder Pflanzen, sich erfolgreich bekämpfen lassen.

Allgemeine Übersicht über die pflanzlichen und tierischen Schädlinge an Pflanzen.

Die pflanzlichen Schädlinge stehen sowohl nach der Zahl, als auch nach dem Umfange des Schadens weit hinter ihren animalischen Genossen zurück, aber trotzdem können sie unberechenbares Unglück anrichten und die Mühe und Plage nicht nur eines, sondern vieler Jahre vollständig zu nichte machen.

Es sind zu denselben zu rechnen:

Der Getreidebrand, Staubbrand, Stein= oder Stink=brand, Roggenstengelbrand;

das Mutterkorn;

der Getreiderost;

der Blattschorf;

die Kartoffelkrankheit;

der Ritzenschorf;

der Hungerzwetschgen;

die Rotfäule:

der Erdkrebs;

die Kohlhernie und andere.

Krankheiten des Weinstockes.

Die Chlorose (Entfärben der Blätter);

die schwarzen Knoten, Fäulnisstellen an der Rebe;

der Blütenfall vor ihrem Fruchtansatz (verursacht durch ungünstiges Wetter und schlechte Düngung);

der Sonnenbrand, durch Blattabfall, also Mangel an Schutz vor Sonne hervorgerufen;

die Traubenfäule, bei feuchter und niedriger Lage entstehend;

die Anthraknose (Brenner, schwarzer Brand, Pech-, Beulen und Flecken auf den grünen Teilen;

die schwarze Fäule (Black rot);

der Mehltau;

die Traubenkrankheit;

die Gummose.

Viele dieser Krankheiten sind auf Pilze zurückzuführen und treten häufig an solchen Orten auf, wo durch reichlich gebotene organische Nahrung und viel Feuchtigkeit die günstigsten Bedingungen für das Wachstum und die Fortpflanzung gegeben sind. Wie schnell unter solchen Umständen oft die Verbreitung gewisser Krankheiten beziehungsweise Pilzformen stattfinden kann, zeigt die Einwanderung der die Kartoffelkrankheit hervorrufenden Phytophthora infestans de By. und ebenso auch das rasche Umsichgreifen mancher Epidemien, die durch Bakterien verursacht werden. Da die meisten Pilze ohne Befruchtung vegetieren können, so trägt auch dieser Umstand dazu bei, die räumliche Ausbreitung derselben zu erleichtern. Jedenfalls haben auch schon in den früheren Perioden der Erde die Pilze eine ausgedehnte Verbreitung gehabt, doch sind nur wenige davon in fossilem Zustande erhalten.

Auch der Hausschwamm (Tränenschwamm, Aderschwamm) gehört zu den pflanzlichen Parasiten, jedoch nur auf totem Holz, die Polypenarten aber finden sich auch auf lebenden Bäumen.

Zu den pflanzlichen Schädlingen sind ferner auch sichtbare große Pflanzen, wie die Mistel, dann auch sogenannte Unkrautpflanzen, wie die Kleeseide (Flachsseide), die auf allerhand Kräutern und Sträuchern, besonders auf Hopfen und Nesseln vorkommt und ziemlichen Schaden anrichtet, zu zählen; meist wird die Wirtspflanze nicht getötet, sondern nur in ihrer Entwicklung gestört.

Den pflanzlichen Schädlingen an Zahl und Häufigkeit des Vorkommens weitaus überlegen, sind die tierischen, die man in Feld-, Obstbaum-, Forst-, Reben-, Küchengarten- und Blumengarten-Schädlinge einteilen kann.

Unter die Feldschädlinge werden gezählt:

Die Maulwurfsgrille (Werre, Riedkröte, Reutwurm, Erd- oder Moldwolf, Erdkrebs);

die Erdraupen und Ackereulen; hierher gehört auch die Wintersaateule, die Kreuzwurz-Ackereule;

die Gamma-, Ipsiloneule, Pistolenvogel (Lein-, Zuckererbseneule);

die Feldheuschrecke, insbesondere die Zug- oder Wanderheuschrecke;

der Kolorado-Kartoffelkäfer, Koloradokäfer;

die Rübenblattwespe;

der Rübsaatpfeifer;

die dunkelrippige Kümmelmotte;

der Erbsenwickler (mondfleckiger, aschfarbener, olivenbrauner);

der Erbsenkäfer;

der gemeine Samenkäfer;

der Saatschnellkäfer;

der Getreidelaufkäfer;

der Getreideverwüster (Hessenfliege, Fliege);

das bandfüßige Grünauge, die gelbe Halmfliege, Kornfliege;

die gemeine Halmwespe.

Als Obstbaumschädlinge sind zu nennen:

Der Schwammspinner (Dickkopf, Rosenspinner, Stammphaläne;

der Ringelspinner (Weißbuchen- und Zwetschgenspinner);

der Goldafter (Weißdornspinner, Nestraupenfalter);

der Baumweißling;

der kleine Frostspanner (Blütenwickler, Winterspanner, Spätling, Spanner, Reismotte);

der große Winterspanner Blatträuber, Entblätterer, Waldlindenspanner);

der Apfelblütenstecher (Brenner);

der Birnknospenstecher;

der Apfelwickler;

der Pflaumenwickler;

die Pflaumensägewespe;

die Kirschfliege (schwarze Scheckfliege);

die Blutlaus oder wolltragende Apfelbaumrindenlaus.

Ausgesprochene Feinde dieser Insekten sind Schlupf=
wespen (Ichneumoniden), Riesenschlupfwespen, Kohlraupen=
schlupfwespen.[1]

Obstbäume, dann auch andere Hochstämme und Sträu=
cher, werden durch größere und kleinere Falter, Bohrfliegen
und deren Larven, durch Blatt= und Blutläuse, dann durch
Käfer mitunter stark in Mitleidenschaft gezogen, und es be=
darf der vollsten Aufmerksamkeit nur dort, wo diese Schäd=
linge aufgetreten, sie zu vernichten und weitere Gefahren
abzuwenden. Unter den Faltern ist es insbesonders der
Schwammspinner (Rosenspinner, Dickkopf oder der Stamm=
phaläne), welcher durch massenhaftes Auftreten großen Schaden
bringen kann. Gelegentlich eines großen Fraßes der Raupen
desselben im Berliner Tiergarten (Dr. Taschenberg, Die
Insekten nach ihrem Nutzen und Schaden), wurden zahl=
reiche fremdländische Bäume von ihnen angegriffen und keine
der dort wachsenden zahlreichen Arten ganz verschont, Laub=
wie Nadelhölzern und von letzteren besonders auch den
Kiefern zugesprochen. In einem Bergeinschnitte stehende
Pflaumenbäume wurden ihres Laubes vollkommen beraubt,
so daß man einzelne bohnengroße Früchte, teilweise ebenfalls
angefressen, an den Ästen sehen konnte und Tausende von
Schwammspinnerraupen sich am Boden wälzten, von Hunger
gequält. Nach älteren Berichten (1818) aus dem südlichen
Frankreich waren durch dieselben Raupen die prächtigen
Korkeichenwälder zwischen Barbaste und Podenas gründlich
kahl gefressen worden, darauf waren die hungrigen Scharen
über die Mais= und Hirsefelder, die Futterkräuter herge=
fallen, ja aus einzelnen Wohnungen hatten sie durch ihr
Eindringen die Bewohner vertrieben.

Aus Rußland wird berichtet, daß die Polizei die Ver= nichtung der in einigen Waldschluchten sich anhäufenden Raupenhaufen anordnen mußte, weil sie die Luft ver= pesteten. In einem anderen Gouvernement wurden 10.000 *ha* Wald von den Raupen kahl gefressen. Dergleichen Erschei= nungen kommen glücklicherweise auf unserem Kontinent nur selten vor, aber mehr oder minder häufig findet sich die Raupe in fast ganz Europa und jenseits des Mittelländi= schen Meeres in Nordafrika, ferner in großen Teilen Asiens bis Japan, selbst auf Ceylon. Seit dem Jahre 1868 oder 1869 ist die Art auch nach Nordamerika, und zwar nach dem Staate Massachusetts eingeschleppt worden, und zwar unter Verhältnissen, die sehr interessant sind. Es muß die Bemerkung genügen, daß sich der Schmetterling hier, wo ihm keine natürlichen Feinde entgegentraten, in unglaub= licher Weise vermehrt und die ausgedehntesten Verwüstungen angerichtet hat, so daß Hunderttausende von Dollars zu seiner Bekämpfung ausgegeben werden mußten.

Zu den Schädlingen der Forste von Bedeutung zählen:

Borkenkäfer, insbesondere der große Fichtenborken= käfer oder Buchdrucker, in seiner Begleitung der ebenfalls Lotgänge fressende Tomicus ansitinus Eichhoff, der durch Sterngänge ausgezeichnete Tomicus chalcographus L und einige andere. Ebenfalls sehr schädlich ist der in Tan= nenbeständen fressende Tomicus curridens Germ., der in Kiefern fressende Tomicus stenographicus L. und Hylesinus piniperda L. (Kiefernmarkkäfer), der als Käfer überdies die jungen Kieferntriebe anfrißt. Ebenso verdienen noch zahlreiche andere Nadelholzbewohner als Bestandesver= derber Beachtung. Laubhölzer leiden weniger unter den Borkenkäfern, weil sie festeres Holz haben und reproduktions= fähiger sind, als Nadelhölzer. Denselben schaden hauptsäch= lich Bastkäfer (Hylesini) und Splintkäfer (Scolytini), welch · letztere nur im Laubholz ihre Lebensbedingungen finden. Hylesinus crenatus Fabr. und fraxini Fabr. haben schon oft an Eschen empfindlichen Schaden verursacht, sogar dieselben getötet, ebenso Scolytus Ratzeburgii Jans. Birken, Scolytus destructur Ol. Ulmen usw. Den Fichten werden verschiedene Bastkäfer schädlich, so der große (Dendroctonus micans Kugl.) und der schwarze (Hylastes cunicularis Knoch.) Fichtenbastkäfer. Mehrere Borkenkäferarten fressen nicht in der Bastschicht, sondern gehen tief in das Holz hinein und werden dadurch technisch schädlich, so die Nutz= holzborkenkäfer (Tomicus [«Xylotherus«] lineatus Oliv.) in Nadelhölzern, Tomicus domesticus L. in Laub= hölzern, Tomicus dryographus Ratz. und T. mono- graphus Fabr. in Eichen, T. dispar Fabr. in verschiedenen Laubbäumen; von letzteren Arten werden einige, so nament= lich Tomicus dispar schädlich.

Rüsselkäfer treten meistens als Kulturverderber auf. Es gehören hierher:

Großer und kleiner brauner Rüsselkäfer in Kiefern und Fichten;

Weißpunktrüsselkäfer an Kiefern;

Kiefernkulturpissodes an Kiefern;

Kiefernaltholzpissodes an Kiefern;

Harzrüsselkäfer an Fichten;

Kleine Fichtenpissodes an Fichten;

Tannenpissodes an Tannen;

Triebrüßler (Magdalini) an Kiefern und Fichten;

Kiefernknospenstecher an Kiefern.

Der große braune Rüsselkäfer richtet oft großen Schaden an, indem er ausgedehnte Pflanzungen von jungen Kiefern und Fichten durch Benagen der Rinde vollständig zerstört, dagegen ist seine Larve nicht unmittelbar schädlich, da sie sich in den im Boden zurückbleibenden Wurzeln gefällter Bäume entwickelt. Der kleine braune Rüsselkäfer schadet durch den Fraß der Larve, die sich unter der Rinde junger Kiefern entwickelt. Eine große Anzahl der Rüsselkäfer schadet nur mehr oder weniger empfindlich durch Befressen der Triebe und Blätter, so die der Gattung Phyllobius und Polydrosus angehörenden, meist schön grün gefärbten Arten.

Bockkäfer. Hierher gehören vor allem der Schneider= oder Schusterbock, der Kiefernzweigbock an Fichten und Föhren; die Larven der Bockkäfer leben meist im Holz selbst; Tetropium luridum L. tötet die von ihm befallenen Nadel= hölzer. Alte Eichen werden von der Larve des Cerambyx cerdo L. (heros Fabr.) durchwühlt, Pappeln von der Saperda carcharias L.; sterben auch diese Laubhölzer infolge des Fraßes zumeist nicht ab, so wird doch deren Holz krank und technisch entwertet. In jüngeren Trieben und Ästen der Aspe lebt Saperda populnea L. und verursacht knotige Anschwellungen. Viele Bockkäfer leben in Weiden, z. B. Lamia textor L., deren Larve durch Zerstörung der Stöcke schadet.

Blattkäfer schaden als Käfer und Larven durch Ab= fressen der Blätter. Forstlich wirklich beachtenswerten Schaden bringen nur die auf Weiden lebenden Arten in den Korb= weidenanlagen, so die roten Chrysomela (Melasoma, Lina) populi L., Chr. tremulae Fabr., und Chr. longicollis Suffr., die dunkelmetallische Chrysomela (Phyllodecta vitelinae L., vulgatissima L. und andere.

Andere Käferartenfamilien, z. B. die Prachtkäfer, die Schnellkäfer weisen ebenfalls forstlich schädliche, mehr oder weniger beachtenswerte Arten auf; Agrilus vesica= toria L. und verschiedene andere Arten töten durch den Larvenfraß junge Buchen und Eichen, die Larven einiger Schnellkäfer (Drahtwürmer) schaden durch Wurzelfraß und Verzehren die Sämereien in Saatkämpen.

Gefährlich werden in Forsten die Schmetterlinge, ja, sie sind vielfach gefährlicher als die Borkenkäfer. An erster Stelle stehen die Nonne und der große Kiefernspinner. Die Raupe der Nonne frißt sehr verschiedene Pflanzen, lebt aber vorzugsweise auf Kiefern und Fichten und wird besonders den letzteren gefährlich. Eine große Gefahr auch für die sorgsamst geschützten Waldgebiete liegt in dem großen Wandertrieb des Schmetterlings und man hat wiederholt gesehen, daß die Schmetterlinge in wolkenartiger Masse fortzogen. Der große Kiefernspinner ist ausschließlich Be=

wohner des Kiefernwaldes. Die im Boden, auch unter den Schuppen der stärkeren Rinde überwinternden Raupen, besteigen im zeitlichen Frühjahr, wenn die Bodentemperatur etwa 6—7° C erreicht hat, die Kiefern und fressen die Nadeln bis in die Blattscheide ab. Wiederholter Fraß tötet oft ganz ausgedehnte Bestände. Ferner leidet die Kiefer auch durch den Fraß der Kieferneule, des Kiefern= spanners, dann durch viele Arten der Kleinschmetter= linge und viele andere Schmetterlingsraupen. Weniger häufig geschädigt werden durch solche die übrigen Nadel= hölzer, z. B. die Fichte, Tanne und Lärche. Wesentlich weniger empfindlich als die Nadelhölzer gegen den Raupen= fraß sind die Laubhölzer. Vom Rotschwanz ganz kahl gefressene Buchenbestände erholen sich nach einem Jahre vollständig, ebenso von dem Prozessionsspinner kahl gefressene Eichen. Dieser Falter wird übrigens durch die Giftigkeit seiner Haare, die Entzündungen der Haut und Schleimhaut erzeugen, gemeingefährlich. Stark befallene Bestände müssen von Menschen und Vieh gemieden werden, da in denselben die Luft ganz mit den gefährlichen Haaren erfüllt ist. Laubbäume werden durch Raupenfraß wohl durch Zerstörung der Blüten und durch Zuwachsverlust geschädigt, niemals aber vernichtet. Doch können immerhin Klein= schmetterlinge auf Eichen (Tortrix viridana L.) und viele andere den verschiedensten Laubhölzern schaden. Auch Obst= baumschädlinge kommen in die Forste, so der kleine und der große Frostspanner, der Raupennester bildende Gold= after, der Ringelspinner u. a. Auch die Raupen des Weiden= bohrers und der Glasschwärmer werden in Forsten ge= fährlich.

Unter den Blattwespen sind die Kiefernblattwespen, dann einige Holzwespen schädlich; der letzteren Larven durchwühlen das Holz von Kiefern und Fichten. Einige Gallmücken erzeugen Gallen, z. B. auf den Blättern der Rotbuche, ohne indessen wahrlich zu schaden. Die Larve von Cecidomyia brachyntera, Kiefernnadel=Gallmücke, lebt während des Sommers zwischen den Nadelhaaren der Kiefer

in der Scheide. Am schädlichsten wird wohl die in den
Weiden lebende Cecidomyia salicis Schck., Weidenruten=
Gallmücke. Auch Larven der eigentlichen Mücken haben,
im Boden lebend, mitunter junge Holzpflanzen in ausge=
dehntem Maße zerstört.

Die in der Erde lebende Maulwurfsgrille oder
Werre steht in dem Rufe großer Schädlichkeit, vielleicht
nicht ganz mit Recht, denn sie verzehrt Engerlinge und
andere in der Erde vorkommende schädliche Larven, selten
wohl auch Wurzeln, schadet aber sicher etwas durch das
Durchwühlen des Bodens und Zerreißen der Wurzeln.

Rebenschädlinge sind:

Die Reblaus;

der Sauerwurm, Heuwurm, Beerenwickler, Spinnwurm,
Gosse, Wolf, Traubenwurm, Traubenmade, Weinwurm,
Springwurm, Springwurmwickler;

der stahlblaue Rebenstecher (Zapfenwickler);

der Weinstockfallkäfer.

Den Küchengartenschädlingen gehören an:

Die Kohlweißlinge;

die Kohleule (Herzwurm, Erbseneule, Gemüseeule, Säge=
rand, Flohkrauteule);

der Harlekin (Stachelbeerspanner);

die gelbe Stachelbeer=Blattwespe;

die Erdflöhe (Kohlerdfloh oder Gartenhüpfer, Eichen=
erdfloh, gelbgestreifter Erdfloh, Kressenerdfloh, Rapserdfloh
oder Goldkopf);

der Kohlgallenrüßler, gefurchthalsiger Verborgenrüßler;

der Mauszahnrüßler;

die Spargelfliege;

die Blumenfliegen (Rettichfliege, Schalottenfliege, Pollen=
made oder Zwiebelfliege).

Unter die Blumengartenschädlinge werden ge=
rechnet:

Die Blasenfüße (Getreideblasenfuß, schwarze Fliege oder
rotschwänziger Blasenfuß);

die Rosenzikade, Zwergzikade oder sechsfleckiger Jassus;

die Schildläuse (Scharlachläuse, Kaffeebaumschildlaus, strolchende Wollschildlaus, Orangenschildlaus, Pfirsichschild=laus, Rebenschildlaus, Eichenschildlaus, Rosen=Schildträger, Oleander=Schildträger, Lorbeer=Schildträger, Weißmuschel=Schildträger, San José=Schildlaus, europäische Pseudo=San José=Schildlaus;

die Blattläuse der Gattung Aphis, Rosenblattlaus, Erbsen=, Nelken= und Mohnblattlaus.

Feinde der Blattläuse: Marienkäfer (Kugelkäfer, Herr=gottskäferchen), Florfliegen (Blattlauslöwen, Goldaugen).

Allgemeine Übersicht über Ungeziefer, das Menschen und Tiere belästigt.

Überall, wo Menschen und Tiere Aufenthalt nehmen, finden sich naturgemäß auch wieder Tiere ein, die aus den ersteren Gewinn ziehen wollen, entweder in der Weise, daß sie alles, was im Hause erforderlich und vorhanden ist, in den Bereich ihrer Jagdtätigkeit einbeziehen oder Menschen und Tiere selbst als ihre Opfer betrachten. Demgemäß kann die Einteilung in die nachstehenden zwei Gruppen erfolgen:

1. Schädlinge und lästiges Ungeziefer im Hause, an Hausgeräten, Gebrauchsgegenständen und Nah=rungsmitteln.

Fliegen (Stubenfliege, Stechfliege oder Wadenstecher, Schmeißfliege, auch blaue Fleischfliege, Brechfliege, Brummer, Brummfliege, Käsefliege);

die Hausgrille oder das Heimchen;

Küchenschabe, Schwabe, Russe;

der Zuckergast oder das Fischchen, auch Silberfischchen;

Tausendfüßler, Asseln, Kellerasseln;

der Werkholz- oder Klopfkäfer, Holzbohrer;

der Brotklopfkäfer;

der Dieb oder Kräuterdieb;

der Speckkäfer;

der Pelzkäfer oder Kürschner;

der Kabinettkäfer;

die Kornmotte oder der weiße Kornwurm, der schwarze oder braune Kornwurm;

die Motten oder Schaben (Kleidermotte, Pelzmotte, Haarschabe, Mehlspeismotte, Federschabe).

2. Parasiten der Menschen und der Tiere:

Zu diesen zählen:

Die Wanze (auch Bettwanze, Hauswanze);

der Floh (Menschenfloh, Hundefloh):

die Läuse (Kopflaus, Kleiderlaus, Filzlaus), (Tierläuse, Hühnerlaus, Schaflaus);

die Bremsen auch Brammen (Rinderbremse, Pferdebremse, Vies- oder Dasselfliegen;

die Schnaken (Mücken, Stechmücken, Gelsen);

die Schaflausfliegen;

die Zecken (gemeine Hundszecke, Schafszecke, Holzbock;

die Krätz- oder Räudemilben;

die Egel (Blutegel);

ferner gehören den Parasiten auch noch an: Bandwürmer, Eingeweidewürmer (Spulwurm, Madenwurm, Peitschenwurm), Trichinen (Darmtrichinen, Muskeltrichinen), Medina- oder Guineawürmer, Egel, Schmarotzerkrebse, Fisch- und Karpfenlaus.

Allgemeines über Mittel zur Bekämpfung der Insektenschädlinge auf dem Felde, in Gärten, Obst- und Weinrebenanlagen.

Der Land- und Gartenwirt, der seine Pflanzungen aufmerksam durchstreift und solche beobachtet, findet sehr bald heraus, ob sich dieselben in dem von ihm gewünschten und erwarteten Zustande befinden oder ob dieselben infolge irgendwelcher Ursachen kränkeln, denn es zeigt ihm das Aussehen derselben dies deutlich. Das Vorhandensein von Blut-, Blatt- und Schildläusen an seinen Obst- und Zierpflanzungen läßt sich nicht verkennen, vielfach beweisen es auch Mißbildungen, Verkrümmungen der Blätter oder gallenartige Auswüchse; Raupen an allen Pflanzen machen sich durch Abfressen der Blätter, durch ihre Puppen bemerkbar und es ist daher verhältnismäßig nicht schwer, bei einiger Aufmerksamkeit dem Ungeziefer Einhalt zu tun. Dies ist um so leicher, als es sich ja in vielen Fällen nicht um ausgedehnte Grundkomplexe handelt, sondern um kleine, bebaute Parzellen, denen sich entweder durch eine Anzahl von Personen, welche die Schädlinge ablesen und töten oder durch chemische Mittel beikommen läßt. Auf diese Weise kann viel zur Vertilgung des Ungeziefers geschehen, doch soll solches eigentlich schon früher als vorhanden erkannt werden. Eine große Hauptsache bei allen Bestrebungen, Ungeziefer jeder Art auf Kulturpflanzen zu vernichten, ist das rechtzeitige Erkennen der Ansiedelung desselben und seiner Freßtätigkeit. Dieses Erkennen bietet große Vorteile gegenüber demjenigen, welcher den Schädlingsbefall auf seinen Kulturgewächsen erst einen derartigen Umfang annehmen läßt, daß es schwer oder mit vieler Mühe oder überhaupt nicht mehr möglich ist, denselben zu bekämpfen.

Solange Blatt-, Schild- und Blutlauskolonien sich im Frühjahre noch vereinzelt an wenigen Stellen der Obstbäume zeigen, Eier oder junge Räupchen gewisser Obst- und Holzschädlinge (Schmetterlinge) in Gespinsten (vorzugsweise in Ast- und Zweigwinkeln) überwintern, ist es ein wahres Kinderspiel, dieselben zu vernichten, während solches eine schwere Arbeit dann bildet, wenn an Stamm, Ästen und Zweigen die Ansiedelungen der genannten Pflanzenläuse sich ausgebreitet haben oder das ganze Laubwerk der Kronen bereits voll freßgieriger Gespinstraupen sitzt. Verlassen beispielsweise die Maikäferweibchen gegen Ende ihrer Schwärm- und Fraßperiode die Baumkronen, um sich in der Nähe ihrer bisherigen Futterstätten flach im Erdboden zu verkriechen und ebendaselbst ihre Eier abzusetzen, so ist alsdann das Ausgraben oder Aushacken dieser Käfer oder ihrer bereits in Klumpen abgesetzten Eier ein weit leichteres Werk, als eine spätere Vertilgung deren Engerlinge, zumal, wenn die letzteren, bereits älter geworden, sich weiter im Boden ausgebreitet haben. Setzen im Sommer die Kohlweißlinge ihre organisierten, orangefarbenen Eier auf die Unterseite der Blätter von Kohl und Kohlrabi und anderem Gemüse oder den Gartenblütenpflanzen ab, dann macht das Absuchen dieser und das Zerdrücken viel weniger Mühe, als später das Absuchen und Zerdrücken dieser Schmetterlingseier und Töten der über alle Blätter in Massen ausgebreiteten Kohlweißlingsraupen. Es kommt also bei der Bekämpfung pflanzlicher und tierischer Nutzpflanzschädlinge und Krankheiten hauptsächlich darauf an, daß dieselbe so früh und energisch wie möglich, daß sie ferner gemeinsam, das heißt von allen Besitzern und Pächtern benachbarter Obstpflanzungen, Garten, Feld, Wald und sonstigen Kulturgrundstücken in möglichst gleich umfangreicher und praktisch sachgemäßer Weise ausgeführt werde und ohne Verwendung solcher Mittel geschehe, die ätzen oder sengen. Derartige Mittel schädigen die von Ungeziefer und Krankheiten heimgesuchten Kulturen unter Umständen mehr und schwerer, als die Schmarotzer, welche vernichtet werden sollen; sie

müssen vielfach derart mit Wasser und anderen Flüssigkeiten verdünnt werden, daß sie das Ungeziefer oder die
Krankheiten vernichten, dabei aber auch den Pflanzen nicht
schaden. Giftstoffe, welche den Nutzpflanzen Schaden bringen oder harmlose Tiere und selbst den Menschen ge-
fährden, sind von der praktischen Verwendung natürlich
ebenfalls auszuschließen.

Bei dem Hereinbrechen großer Invasionen durch
pflanzenschädigende Insekten erweisen sich auch die besten
Mittel als nicht ausreichend und wurden bereits vor
mehreren Jahren in Amerika anläßlich eines Massen-
auftretens des Schwammspinners in den Forsten verschiedener Staaten der Union großartige Anstalten getroffen,
um durch Überimpfung von Epidemien der Feinde Herr
zu werden. Es wurden damals gewaltige Mengen mit
Parasiten affizierter Schwammspinnerraupen aus Europa
importiert und auf die lästigen Eindringlinge losgelassen.
In England hat, wie »English Mechanic« meldete, der
Zoologe Collinge neuerlich die Aufmerksamkeit auf die
Wichtigkeit der Insekten selbst zur Vernichtung von Schädlingen aus dem Insektenreiche gerichtet. Er wies darauf
hin, daß das bisherige Verfahren der Besprengung von
Obstbäumen oder der Felder mit geeigneten Flüssigkeiten
ein äußerst kostspieliger Prozeß ist, der überdies nicht einmal immer das gewünschte Resultat erreichen läßt. Die
Versuche der Einführung geeigneter Insektenarten sind
neuerdings wieder in Amerika, und zwar im Staate Kali-
fornien aufgenommen worden. Die prachtvollen Obstbestände
Kaliforniens verdienen sicherlich volle Beachtung. In einem
Distrikt von 200.000 *ha* sind ausgezeichnete Erfolge erzielt
worden und der Staat ist im Begriffe, eine eigene Insekten-
station zu errichten und Versuche zu entsprechender Verteilung im Lande zu treffen. Jedenfalls verdienen diese
klugen und weitschauenden Vorsichtsmaßregeln alle An-
erkennung. Noch steht das ganze Unternehmen gleichsam
in den Kinderschuhen und vieles kann erst durch praktische
Erfahrungen gelehrt werden; aber vor einigen Jahren war

der ganze Raum, der dem Studium dieser Art der In=
sektenvertilgung gewidmet war, eine Fläche von 12 m^2.
Auf noch kleinerem Platze hat das Londoner Zoologische
Institut der Union seine Versuche ausgeführt, so daß man
die Großartigkeit des neuen Planes gar nicht genug wür=
digen kann.

Man hat für die Bekämpfung der Schädlinge eine
ganze Anzahl chemischer Mittel herangezogen, neben den
schon früher bekannten mechanischen (Absuchen der Pflanzen
und des Bodens, Anbringen von Leimringen, Raupen=
fallen, Fanggläsern usw.), doch kann man von beiden nur
dann eine ausgiebige Wirksamkeit erwarten, wenn sie schon
von allem Anfang an sehr sorgfältig zur Anwendung
kommen und dann in geeigneten Zwischenräumen und so
lange wiederholt werden, bis alle Brut ebenfalls zer=
stört ist.

Von berufener Stelle wird angeführt, daß ein Be=
spritzen der Obstholzschädlinge und deren Brutstätten mit
irgendeinem der vielen alljährlich auftauchenden und seitens
der Fabrikanten natürlich als von unübertrefflicher Wirk=
samkeit angepriesenen Insekten tötenden Mitteln in seiner
Absoluten sich als sehr unzuverlässig und wenig befriedigend
erweisen würde. Von den mechanischen Mitteln sollen die Raupen=
scheren und Raupenfackeln nur da in Tätigkeit treten, wo man
mit Händen, Messern und Scheren nichts mehr ausrichten
kann und namentlich nur zu laubloser Zeit, bei trockenem,
windstillem Wetter gebraucht werden. Haben die Obstbäume
im Frühjahre wieder ausgetrieben, so wird jede, auch die
beste Raupenfackel bei noch so vorsichtiger Handhabung des
Instrumentes im Baumgezweige hinderlich. Von den Raupen
wird wenig verbrannt, denn man müßte zur Vernichtung
auch das Laub anbrennen. Man läuft Gefahr, daß junge
Räupchen das Gespinst mit der zunehmenden Wärme ver=
lassen und ebenso wie die großen Raupen zu Boden fallen;
viele der Raupen werden nur leicht angesengt, die Auf=
fangteller unter der Flamme hindern mehr, als sie Nutzen
bringen, die Raupen kommen ebenfalls zur Erde und es

muß noch eine gründliche Absuchung nach diesen letzteren stattfinden.

Unendlich mannigfaltig sind die Arbeiten des Land= und Gartenwirtes, um den zahlreichen Schädlingen der Kulturen zu begegnen; es erhellt dies aus Mitteilungen der k. k. Pflanzenschutzstation in Wien, welche für den Monat Juli folgende Tätigkeit empfiehlt: Schonung der Feinde der Kulturschädlinge, speziell der Insekten fressenden Vögel und der Maulwürfe! Fangen der großen Schnecken mit Netzen, Aufstreuen von gelöschtem Kalk gegen Ackerschnecken Vorsicht, den Kalk nicht in die Augen bringen, nachher sich mit Öl waschen, nicht mit Wasser), Vernichten der Larven der Spargelkäfer, der schädlichen Raupen, der Blattkäfer (Besprengen mit Schweinfurtergrün), Abfangen der schädlichen Schmetterlinge, wie Goldafter, Weidenbohrer und Nonne. Ablesen der von Maden oder von Raupen befallenen Obstfrüchte und Verbrennen derselben. Achtung auf Selleriefliege, Hopfenspinner, Getreidelaufkäfer und auf die Schildläuse. Gegen Blattläuse mit 1%iger Tabakextraktlösung spritzen und dann eine Stunde später noch mit Wasser, Ablesen der Raupen der Kohl= und Erbseneule, der Gammaeule, Abschütteln der Blattwespenraupen von den Johannisbeer= und Stachelbeersträuchen auf untergelegte Tücher und Vernichten der Raupen. Gegen Blattflöhe Spritzungen mit 1%iger Tabakextraktlösung und Bestreuen der Pflanzen mit Sand. Einsammeln und Vernichten der pockenkranken Birnbaumblätter und der von Milben verunstalteten Weinrebenblätter (Filzbildungen an der Blattunterseite). Sorgfältige Bekämpfung der Blutlaus von ihrem ersten Erscheinen an. Die durch Moniliaerkrankung welken und braundürren Blätter der Apfel=, Kirschen= und Weichselbäume und auch die schon toten Triebe, deren Knospen sich überhaupt nicht entwickeln, sind sorgfältig gut bis in das gesunde Holz zurückzuschneiden und zu verbrennen. Die auf Obstbäumen vorhandenen Hexenbesen sind hinter den knolligen Anschwellungen weg zuschneiden. Die Äste, die Narren oder Taschen tragen,

müssen bis in das gesunde Holz zurückgeschnitten und ver=
brannt werden. Gegen die Kräuselkrankheit der Pfirsiche ist
jetzt sofort dasselbe anzuwenden. Bespritzungen helfen nichts
mehr. Die sich etwa an den Ästen, beziehentlich Stämmen
der Obstbäume zeigenden jungen Fruchtkörper höherer Pilze
(Polyporus) müssen sofort ausgeschnitten, eventuell aus=
gestemmt und die Baumwunden mit Teeranstrich versehen
werden. Tritt auf Reben der echte Mehltau (Oidium Tuckerii)
auf, so muß sofort an windstillen Tagen, am besten vor=
mittags nach Abtrocknen des Taues, mit feingemahlenem
Schwefel (nicht Schwefelblumen) bestreut werden. Gegen
den falschen Mehltau (Peronospera viticola) ist bei Ein=
tritt nasser Witterung mit neutralen Kupferkalkmitteln zu
spritzen.

Heinrich Freiherr von Schilling hat sich in seiner
Arbeit »Praktischer Ungezieferkalender« (1902) der Mühe
unterzogen, eine Zusammenstellung einer großen Anzahl
von Pflanzenschädlingen, wie sie in den einzelnen Monaten
des Jahres auftreten, zu geben. Es werden in dem ange=
gebenen Buche namhaft gemacht:

Jänner.

Großkopf (die Eierablagen), Apfelblütenstecher, Korn=
rüßler (in den Getreidemagazinen), Erbsenkäfer (in den ge=
trockneten Erbsen), Weißkopfminierfliege (an Topfpflanzen
die Made), Nelkenmade (speziell an Nelken).

Februar.

Goldafter und Baumweißling (Raupennester), Last=
träger oder Schlehenspinner (Gespinste, Eier), Markschabe
(Raupe), Birn= und Holzwespe Larve, Birn= und Obst=
schildläuse Insekt und Eier), Austernförmige Schildlaus
(Schildchen), Kupferglucke (Raupen), Birnknospenstecher
(Larve), Schwarzer Springschwanz (Made, Springschwänze,
Poduren, Schneefloh (Insekt).

März.

Großer Fuchs (Schmetterlinge, Raupen), Birnknospen=
stecher (Larve), Kirschenspinner (Eier), Mistbeet=Käsermilbe
(Spinnentier), Weinbergschnecke (Tier), Engerling (Larven der
Maikäfer), Apfelwickler (Raupen in Kokons eingesponnen),
Gartenameise, Netzeule (Raupen), Spargelhähnchen, Spargel=
käfer, Blattläuse an Kellerpflanzen, Apfelblütenstecher
(Käfer), Wespe (Insekt) in der ersten Sommerhälfte nutz=
bringend.

April.

Schildläuse (Eier), Apfelblütenstecher (Käfer und Eier),
Markusfliege (Larve und Fliege), Rosenstammotte (Räupchen,
Schmetterling), Ameisen, Pfirsichmotte (Schmetterling),
Goldgelber Rosenwickler (Räupchen), Rosenschildlaus (alte
und junge Tierchen), Wollschildlaus, Honiglaus (alte und
junge Tiere), Nadelholz=Wolläuse (alte und junge Tiere),
Johannisbeer=Glasflügler (Raupen, Puppen, Schmetterling),
Rindenwickler (Räupchen, Schmetterling), Junge Blattläuse,
Werre, Maulwurfsgrille (Tier), Erdfloh (Käfer, Larven),
Pflaumenblattlaus (Tier), Weißer Springschwanz (Made),
Erbsengrasrüßler (Käfer), Ameisen, Knospenwicklerraupen,
Hornisse, Walziges Sackmottenräupchen, Schmalbauch (Käfer,
Larven), Nascher, Liebstöckelrüßler (Käfer), Hundstagfliege,
Wurzelfliege (Made), Tannenglucke (Raupen), Kleiner Frost=
spanner (Schmetterling, die Weibchen, ungeflügelte Räup=
chen), Großer Frostspanner (Raupe), Ringelspinner (Eier,
Raupen), Weißflügeliger Rosenwickler (Räupchen), Kleine
Ackerschnecke, Schwammspinner (Eier), Rosenzikade (Larve,
Insekt), Stachelbeerblütenmade, Birnsauger, Blattfloh,
Springlaus (Insekt, Eier), Hessenfliege (Insekt, Made),
Gartenhaarmücke (Larve), Birnbaum= und Prachtkäfer
(Käfer, Eier), Pflaumensägwespe (Insekt, Eier, Larve).
Ameise.

Mai.

Wurzelfliegen (Larven), Rosenblattlaus (Tier), Stachel=
beerblattwespe, gelbe und schwarze (Larve), Spargel=
hähnchen, Spargelkäfer (Eier, Käfer), Schneckenförmiges Sack=
mottenräupchen, Birnenlaus (Insekt, Eier), Gemeiner Tausend=
fuß und getüpfelter Tausendfuß, Zwergzikade (Insekt, Eier),
Kleiner Frostspanner (Raupen), Ungleicher Borkenkäfer
(Käfer, Eier), Ameise, Aaskäfer (Larven), Blattwickler
(Insekt, Eier, Raupen), Blütenglanzkäfer, Maikäfer (Käfer,
Eier), Kohlgallenrüßler (Insekt, Eier, Larven), Spargelfliege
(Insekt, Eier), Tannenlaus (Tier, Eier), Großer brauner
Kiefernrüßler, Birnblattgallmücke, Kleiner Frostspanner
(Raupen), Dreipunktiger Rosenwickler (Räupchen), Apfel=
blütenstecher oder Kaiwurm (Eier, Larve), Kohlmade,
Kohlgallenrüßlerlarve, Markschabe (Räupchen), Rosenblatt=
miniermotte (Räupchen, Falter), Rauhkäferchen (Käfer und
Larve), Schwarze Rosenblattwespe (Tier und Larve), Braun=
beiniger Lappenrüßler, Rosentriebbohrer (Larven von Blatt=
wespen), rote Spinnen, Eschenwollaus, Schildkäfer (Larven),
Himbeerkäfer (Käfer, Eier, Larven), Weißgegürtelte Rosen=
blattwespe (Larve), Kirschkernmotte (Räupchen), Nonne
(Falter, Puppen, Räupchen), Fichtenrindenwickler (Raupen),
Pfirsichmotte (Räupchen), Werre auch Maulwurfsgrille
(Eier, Junge), Harlekin (Falter, Eier, Raupen, Puppen),
Kirschkernstecher, Kirschenspinner (Raupen, Puppen), Wickler,
Drahtwurm (Käfer, Larven), Ameisen, Gartenlaubkäfer,
Zwiebelfliege (Made), Tagpfauenauge (Schmetterling, Eier,
Raupen), Birntrauermücke und Birngallmücke (Maden).

Juni.

Gespinstmotten (Schmetterling), Weinblattmilbe, Rosen=
buschhornwespe (Insekt, Räupchen, Eier), Blutlaus, Himbeer=
glasflügler (Raupe), Pinselkäfer (Käfer, Larven, Himbeer
blattläuse, Pechbrauner Lappenrüßler, Wachsmotte (Falter,
Eier, Raupen), Rosenstecher, Blattläuse, Blattsteckenminier

motte (Räupchen, Schmetterling), Fliedermotte (Räupchen),
Zapfenwickler oder Rebenstecher (Käfer, Eier, Larven), Blut=
laus, Schaumzirpe (Larve, Eier), Apfelwickler (Falter, Eier,
Räupchen), Blattwickler (Puppen), Strauchwanze (Larve),
Rosengoldkäfer, Blattrippenstecher (Insekt, Larve), Heu=
wurm (Räupchen), Rosengespinstblattwespe (Larve), Blau=
kopf auch Brillenvogel (Raupen, Puppen), Möhrenfliege
(Larve. Eier), Apfelwickler (Falter, Eier, Räupchen), Apfel=
baumglasflügler (Falter, Eier, Puppen), Kleinste Rosen=
blattwespe (Insekt, Eier, Räupchen). Kohlherzmade, Johannis=
beerwickler (Falter, Eier, Räupchen), Dianeneule (Falter),
Schwarze Rosenblattsägewespe (Insekt), Ulmengallaus, Ge=
müseeule (Falter), Kartoffeltriebbohrer (Raupe), Apfelstecher
(Käfer, Eier, Larve), Pflaumensägewespe, dann Pflaumen=
dreher und Pflaumenwickler (Insekt, Eier, Larven), Maus=
zahnrüßler (Käfer, Eier, Larven), Pfirsichmotte (Falter,
Eier), Kohlwanze auch Schnecke, Erd=, Rand= oder Wiesen=
wanze (die meisten Wanzenarten sind jedoch nützliche Tiere),
Pappelbock (Falter, Eier, Larven, Puppen), Tagpfauenauge,
Birnbaumprachtkäfer (Larve), Ampfereule (Falter, Raupen,
Puppen), Erdbeerfruchtkäfer (Käfer, Eier, Puppen), Blau=
leib (Falter, Eier, Raupen), Baumweißling (Falter, Eier,
Raupen), Kupferglucke (Raupen, Puppen), Weidenbohrer
(Falter, Eier, Larve, Puppe), Erbsenwickler (Falter, Eier,
Räupchen), Gespinstmotte (Puppen, Gespinste).

Juli.

Spargelhähnchen (Käfer, Eier, Larven), Apfelwickler
(Räupchen), Ameise, Blasenfuß (Insekt, Larve), Gänsefuß=
eule (Raupen, ·Puppe), Meerrettich= und Blattkäfer (Käfer,
Eier), Selleriefliege (Insekt, Eier, Maden), Pfirsichmotte
(Schmetterling, Eier, Räupchen, Puppen), Kümmelmotte
(Schmetterling, Eier, Raupen, Puppen), Rosenblattgold
mücke (Insekt, Eier, Maden), Hopfenspinner (Schmetterling,
Eier, Raupen), Getreidelaufkäfer, Apfelwickler, Kohleule und
Erbseneule (Falter), Weidenblattwurm und Wespe (Eier,

Maden), Gammaeule (Falter, Eier, Raupen, Puppen), Kohlerdschnake (Insekt, Eier, Maden), Schildläuse (Maden), Efeu-Mottenschildlaus, Getüpfelter Tausendfuß, Bohnen-Mottenschildlaus (Eier, Maden), Großes Nachtpfauenauge auch Weißer Nachtpfau (Falter, Raupen, Puppen), Glatt-weiden-, Bürsthornwespe (Insekt, Larve), Goldafter und Schwan (Falter, Eier, Raupen), Großer Gabelschwanz oder Hermelinspinner (Raupen, Puppen), Rettich-, Verborgenrüßler (Larve), Abendpfauenauge (Falter, Eier, Raupen), Rasen-grille (Insekt, Larve), Wiesenheuschrecke (Insekt, Larve), Schaflausfliege auch Schafzecke und Schaftecke genannt, Weidenbohrer (Falter, Eier), Birnblattmilbe (Tiere, Eier), rote Eichenlaus, Buchenspinner (Raupen), Nonnen (Falter, Eier), Haselnußbohrer (Käfer, Eier, Larven).

August.

Apfelwickler (Maden), Gurkenälchen, rote Spinne, Gammaeule (Raupen), Obstblattminiermotte (Falter, Räup-chen), Wegschnecke, Apfelwickler (Made), Blattfleckenminier-motte, Pfeifer auch Raps- oder Rettichsamenpfeifer (Falter, Eier, Räupchen), Rosenblattschneider und Tapeziererbiene (Brut), rote Spinne, Erdbeerblatt-Miniermotte (Falter, Eier, Räupchen, Puppe), Erlenblattkäfer (Käfer, Eier, Maden), Schneeballfruchtkäfer (Käfer, Larve), Lattichfliege (Insekt, Made), Lindenschildlaus, Kohlweißling (Falter, Eier, Raupen), Weinschwärmer (Raupe), Oleanderschwärmer (Falter, Eier, Raupen), Meerrettichspanner (Falter, Raupen, Puppen).

September.

Apfelwickler (Made), Wurzelmilben (Tiere, Eier, Schnecken (Eier), Totenkopf (Schmetterling, Eier, Raupen), Kirschblattwespe (Insekt, Eier), Schwalbenschwanz (Falter, Raupe, Puppe), Goldafter (Räupchen), Hausmütterchen (Raupe), Zwiebelmotte (Eier, Raupen), Rosen-Okuliermade,

Ameisen, Gemüsemotte auch Kohlschabe (Räupchen, Püpp=
chen), Hornisse, Rosengrünauge, Eichblattgallwespe, Wespen,
Walker oder Riesenmaikäfer (Larve), Rübenblattwespen
(Eier, Raupen), Rotschwanz (Raupen, Puppen).

Oktober.

Engerling, Schildkäfer, Schildlaus, Miniatur=Apfel=
wurm (Räupchen, Puppen), Saateulen (Falter, Eier,
Raupen), Lorbeersauger, Frostspanner (Spanner. flügellose
Weibchen, Eier), Weinbergschnecke (Schneckeneier), Kohlgallen=
rüßler (Käfer, Eier, Larven), Johannisbeer=Wurzellaus,
Kirschfliege (Maden), Erbsenmotte (Räupchen), Blattlaus (Eier).

November.

Narzissenfliege (Eier), Kohlweißlingspuppen, Regen=
würmer in Blumentöpfen, Kammschildlaus auch Mies=
muschelschildlaus, Obstbaum= und Splintkäfer (Eier), kuge=
liger Bohrkäfer, Ringelspinner (Eier), Schneeballfrucht=
käfer (Eier), Apfelwickler (Maden), Heimchen (Eier), Jo=
hannis= und Stachelbeerschildläuse.

Dezember.

Blasenfuß (Trips) auch schwarze Fliege, Apfelwickler,
Erdspitzmäuschen, Zuckergast auch Silberfischchen.

Allgemeines über Mittel zur Bekämpfung von Insektenschädlingen in Forsten.

Alle schädlichen Forstinsekten hinterlassen gewisse Er=
kennungszeichen ihrer Anwesenheit und ihrer Tätigkeit und
jede Gruppe der Waldverderber ist an einer Reihe derselben
erkennbar und bestimmbar; hierdurch wird es dem Forstmann

wieder erleichtert, sich über den Feind Klarheit zu verschaffen und die geeigneten Mittel zu seiner Vertilgung in Anwendung zu bringen

Man erkennt den Blatt= und Nadelfraß der Schmetter= lingsraupen und Afterraupen ebensowohl am Blatt= und Kotfall, als an der Lichtung und Verfärbung der Baum= kronen, den Fraß der Blattkäfer an den Rippenskeletten der Blätter, den inneren Kleinfraß der Kleinraupen und ver= schiedener anderer Larven an Verkürzungen und Verkrüm= mungen von jungen Trieben, am Zurückbleiben von Knospen, an Minnengängen in den Blättern, an Mißbildungen der Samen und Früchte, an galligen Anschwellungen, an kerb= artigen Bildungen, am Harz= und Kotaustritt aus Knospen und Rinde usw.

Die äußerlich nagenden oder saugenden Insekten erzeugen Wunden und Stichlöcher, die sich verfärben oder Säfte und Harz austreten lassen, Vergrindungen und häufig Verkürzungen, Verkrümmungen und Verfärbungen der befallenen Triebe hervorrufend. Die Wurzelschädiger haben kümmerlichen Wuchs der oberirdischen Teile, Welken und Verfärben von Blättern und Nadeln zur Folge. Die in Rinde und Holzkörper lebenden Schädlinge verraten sich durch Saft= und Harz= austritt, durch ausgeworfenes Bohrmehl und Nagespäne, durch Einbohr= und Ausfluglöcher, durch Welken und Los= lösen der Rinde, durch Gänge in derselben, durch Welken und Verfärben der Krone usw. Aber auch innerhalb der genannten Gruppen sind nach Dr. Nüßlin die Erkennungs= zeichen mehr oder weniger verschieden, je nach der Art des Insektes. Der Blatt= und Nadelfraß ist meist charakteristisch verschieden von Ort zu Ort. Die Raupen der Nonne, des Kiefernspinners und Kiefernspanners und die Kiefernblatt= wespen=Afterraupe befressen die Kiefernnadeln verschieden, je nach ihrer Art. Noch viel verschiedener und daher charakteristischer sind die »Fraßbilder« der rinden und holzbewohnenden Insekten, ganz besonders diejenige der Mutter= und Larvengänge nagenden Bohrkäfer. Nicht selten zeigen zwei als Käfer kaum zu unterscheidende Arten sehr

verschiedene Fraßbilder, deren Untersuchung viel sicherer und
rascher zur Erkenntnis der Art führt, als die zoologische
Bestimmung des Insektes. Zum Zwecke der raschen und
sicheren Erkennung eines Insektenfeindes müssen alle
charakteristischen Erkennungszeichen gleichzeitig ins Auge
gefaßt werden: die Art des Fraßes, also das Fraßbild,
der Ort des Fraßes nach Pflanzenart, Baumteil, Alter der
Holzpflanze, Höhenlage und Lokalität, das Aussehen des
Insektes, sei es Larve, Puppe, Imago oder Ei, der Zeit=
punkt des Fraßes, beziehungsweise des Lebensstadiums des
Insektes, der Kot desselben, dann besondere Kennzeichen
der Gespinstfäden, ausgeschiedene Wachswolle, ausgetretene
Baumsäfte, Harz usw. Die meist erhebliche Regelmäßigkeit
der Systeme für die einzelnen Individuen einer Art, ander=
seits die an Abstufungen reiche Mannigfaltigkeit bei den
verschiedenen Arten lassen für den Kenner in nur wenigen
Fällen einen Zweifel über die Art des Schädlings auf=
kommen.

Wie bei vielen anderen Arten des Ungeziefers ist die
Verbreitung der Forstschädlinge besonders dadurch
bedingt, daß man das außergewöhnlich zahlreiche Auftreten
derselben in den selteneren Fällen rechtzeitig erkennt und
daß man eine drohende Invasion mangels richtiger Be=
obachtung nicht im voraus ankündigt. Nach Dr. Nüßlin
(Leitfaden der Forstinsektenkunde) entstehen weitaus die
meisten Insektenkalamitäten aus am Orte selbst gelegenen
kleinen Anfängen oder Herden infolge allmählichen, mehr
oder weniger raschen Anwachsens des stets vorhandenen
sogenannten »eisernen Insektenbestandes« durch außergewöhn=
liche fortgesetzte Vermehrung. Nur selten kommt ein schäd=
liches Insekt aus der Ferne herbei, sei es durch Überflug,
oder durch Zuwanderung, oder durch Verschleppung. Für
den Forstmann ist es daher von hoher Bedeutung, sich über
den jeweiligen normalen Bestand an schädlichen Insekten Ge=
wißheit zu verschaffen, weil nur so eine Erkennung des
Anwachsens zu außergewöhnlichen Zuständen möglich ist.
Dies ist aber nur durch unausgesetzte Beobachtung auf

Grund der erworbenen forstwirtschaftlichen Bildung möglich und die Praxis bietet dem Waldwirtschafter überall und fast täglich Gelegenheit, den Blick zu schärfen und zu erweitern. Die Stockfällungen bieten unter anderem sehr leichte und einfache Hilfsmittel, um die Stände dieser forstlichen Borken-, Rüssel- und Bockkäfer beurteilen zu können, sei es durch Untersuchung der Dürrständer, sei es durch Liegenlassen und fortdauernde Beobachtung einzelner Stämme. Auch durch indirekte Kennzeichen kann der Forstwirt auf eine abnorme Vermehrung der Schädlinge aufmerksam gemacht werden. Sobald ein Schädling sich außergewöhnlich zu vermehren beginnt, nimmt auch die Zahl seiner Feinde zu und diese sind oft auffälliger, als der Schädling selbst. Altum hat in dieser Hinsicht besonders auf die zunehmende Häufigkeit des Kuckucks durch die Verkleinerung seiner Jagdgebiete im Falle einer ausbrechenden Raupenkalamität aufmerksam gemacht. Auch der sonst seltene, bei Raupenkalamitäten rasch zunehmende und leicht sichtbare große Blätterlaufkäfer zählt hierher. Von größter Wichtigkeit für die Vorhersage von Insekteninvasionen ist auch die rechtzeitige Würdigung derjenigen Faktoren, welche Insektengefahren begünstigen. Windfälle, Schneebrüche, Hüttenrauch, Waldbrände, Raupenfraß locken Schädlinge, besonders Borken- und Rüsselkäfer herbei und müssen deshalb zu besonderer Vorsicht mahnen.

Die Mittel zur Verhütung der Insektenschäden in Forsten sind entweder Vorbeugungsmittel oder mittelbare und unmittelbare Vertilgungsmittel. Die Vorbeugungsmittel betreffen entsprechende Vorkehrungen bei der Forsteinrichtung, beim Waldbau, bei der Forstbenützung und auch hinsichtlich des Forstschutzes. Die beiden ersteren fallen außerhalb des Rahmens dieses Buches; bei der Forstbenützung muß dahin getrachtet werden, daß gefälltes Holz, das als Brutstätte dienen könnte, rechtzeitig aus dem Wald entfernt oder durch Dörren an der Sonne auf besonderen Lagerplätzen, durch Abschälen der Rinde und Verbrennen derselben, getrocknet werde. Gegen im Holz brütende Insekten müssen beide Verfahren: Ausdörren der geschälten Stöcke durch Lagern an freien sonnigen Stellen zur Anwendung kommen. Durch den Forstschutz werden Beschädigungen durch Wind, Frost, Hitze, atmosphärische Gifte hintangehalten oder in ihren Nachwirkungen paralysiert, ebenso auch Schäden durch Wild und gefährliche Nager hintangehalten. Zu den forstschutzlichen Maßregeln gehört ferner der Schutz der den Insekten feindlichen Tiere: Fuchs, Wiesel und Hermelin, die Insekten ebenfalls fressen, der Fledermäuse, eine große Anzahl von Vögeln (Drosseln, Krähen, viele Raubvögel) und endlich die wahren Insektenfresser: Maulwürfe, Spitzmäuse und Igel. Nützlichen Vögeln sollte im Walde Gelegenheit zur häufigeren Ansiedelung gegeben werden, sei es durch Schaffung natürlicher Niststätten, Erhaltung hohler Bäume, sei es durch Anbringung künstlicher Nistkästchen: der Star läßt sich im Walde am leichtesten ansiedeln.

Bei der Vertilgung der schädlichen Forstinsekten soll man vor allem trachten, die Herde derselben zu entdecken und hier mit den geeigneten Maßregeln einzusetzen; freilich wird dabei immer in Berücksichtigung zu ziehen sein, ob die aufzuwendenden Kosten im Verhältnisse zum Werte, den die Maßregel hat, stehen. Bei Borkenkäfern und Rüsselkäfern darf man als feststehend betrachten, daß es in der Macht des Waldwirtes gelegen ist, die durch dieselben drohende Kalamität zu verhindern, wenn nicht außerordentlich begünstigende Umstände, Massenfraß von Raupen, ausgedehnter Hüttenrauchschaden oder nicht zu bewältigender Windwurf vorangegangen sind. Das Radikalmittel, das Fällen der Bäume, ist immer der letzte Ausweg und man muß damit in vielen Fällen vorsichtig sein: beim Borkenkäfer kann es speziell bei der Tanne vorkommen, daß die Stämme voll verhärteter Harztropfen sind, und wie mit Kalk bespritzt erscheinen, ohne daß eine wirkliche Lebensgefahr für dieselben vorliegt, dann nämlich, wenn die Stämme noch zu vollsaftig gewesen sind und sein Angriff daher vergeblich war, seine Einbohrungen keine Brutablage zur Folge gehabt haben. Ein Abtrieb des Bestandes wäre in einem solchen Falle übereilt und nicht gerechtfertigt. Ebenso kann es, beim Blattwespen- und Kiefernspannerfraß, selbst im Falle eines Kahlfraßes der Kronen, geboten sein, mit der Fällung zu warten; bei einem folgenden milden Winter kann sich derselbe noch erholen.

Die zu Gebote stehenden unmittelbaren Vertilgungsmittel, bei denen der Schädling an seinem Aufenthaltsorte aufgesucht wird, sind natürlich verschieden, je nach dem Entwicklungsstadium, in dem derselbe sich befindet (Ei, Larve, Puppe oder Imago oder in mehreren Stadien zugleich). Maikäfer, Rüsselkäfer, Blattkäfer, Blattwespenlarven und Kieferneulenraupen werden durch Schütteln oder heftiges Stoßen zum Herabfallen gebracht und gefangen, Puppen der Kiefernspanner und der Kieferneule an Wintertagen durch eingetriebene Schweine gefressen, durch Bodenlauffeuer getötet, mittels Rechen auf Haufen gesammelt und getötet, Blattläuse durch Bespritzen mit wirksamen Flüssigkeiten zum Absterben gebracht, Nonnenraupen mittels Antinnonin, im Boden lebendes Ungeziefer, wie Maulwurfsgrillen, Wurzelläuse, Engerlinge durch Eingießen von Petroleum, KarbolineumEmulsionen vernichtet. Da, wo plötzlich große Invasionen von schädliche Eier ablegenden Faltern einfallen, wird man Leute aufbieten, welche diese Tiere an den Stämmen ablesen oder gleich zerquetschen, wie man überhaupt auf Eiablagen an den Stämmen stets aufmerksam sein wird und sie ebenso wie jedes schädliche Insekt sofort vernichtet.

Als mittelbares Vertilgungsmittel benützt man bekannte Nahrungsmittel für die Schädlinge, die man an geeigneten Orten niederlegt oder bietet denselben Schlupfwinkel und Brutstätten, die sie dann aufsuchen. Als Lockmittel kommen für viele Schmetterlinge, besonders Eulen, Apfelschnitte, dann für viele Rüsselkäfer frische Rinde, gezuckertes Bier mit Zusatz von künstlichem Apfeläther usw. in Betracht. Alle diese Mittel müssen natürlich in entsprechender Menge im Walde ausgelegt und dann am besten, wenn sie ihre Dienste getan haben, verbrannt werden. Andere Mittel sind Fangbäume, Fangkloben, Fangrinden und Fangreisig, in denen sich die

Insekten behufs Ablagerung der Eier sammeln. Fangbäume werden etwa sechs Wochen nach dem Anflug entrindet, die Rinde verbrannt, das Fangreisig und die Fangkloben werden, wenn sie den Dienst geleistet haben, verbrannt. Bei Masseninvasionen werden Fanggräben für Käfer und Raupen, Fanglöcher für die Maulwurfsgrille errichtet, in welche die Schädlinge, auf der Wanderung begriffen, fallen, nicht mehr heraus können und durch Zusammenstampfen getötet werden. Reisigwälle mit und ohne Klebemittel für wandernde Raupen sind vielfach in Anwendung; für die Raupen der Nonne, des Kiefernspinners und des Frostspanners, dann aber auch für verschiedene Käfer haben sich die Kleberinge fast allenthalben Eingang verschafft.

Revierförster Tollich empfiehlt nach Fricks »Rundschau« das nachstehende Vorbeugungsmittel:

Kräftige Durchforstung und Erziehung gemischter Bestände; erstere, weil undurchforstete Wälder stets die eigentlichen Brutstätten der Nonne bilden, während lichte Bestände von ihr verschont bleiben. Letztere deshalb, weil Mischwaldungen sich gegen alle schädlichen Einflüsse am widerstandsfähigsten erwiesen haben. So lange noch kein Abschluß der Nonnengefahr zu erwarten ist, bleibt die Pflicht der im Frühjahr und Sommer durchzuführenden Arbeiten bestehen. Diese sind:

1. In allen Beständen, wo im Herbst ein stärkerer Falterflug beobachtet worden ist, sind jetzt Probefällungen zu veranlassen, um sich sicher über die Menge der Eierablage zu informieren.

2. Gleich anfangs April sind die Kontrolleinnungen durchzuführungen, welche sich bis jetzt als Kontrollmaßregeln bewährt haben.

3. Mitte April und anfangs Mai Töten der Spiegelraupen.

4. Probestammfällungen zum Zwecke der Raupenkonstatierung und Revision der Kotprobeflächen.

5. Gewinnt man den Eindruck, daß sich voraussichtlich ein Fraßherd bilden könnte, so ist diese Fläche sofort

zu isolieren und dieser Teil noch während des Raupen-
zustandes zum Abtrieb zu bringen.

6. Im Sommer fleißiges, unausgesetztes und gründliches Absuchen nach Raupen, Puppen und Faltern.

7. Das Absammeln erfolgt unter Aufsicht des Forst-
personales und soll nicht im Taglohn, sondern nach Stück-
zahl entlohnt werden, weil die Bestände gründlicher abgesucht und die Beaufsichtigung erleichtert wird.

8. Die gesammelten Eier sind zu verbrennen, ebenso
sind die Falter auf den Stämmen nicht zu zerdrücken,
sondern zu sammeln und den Flammen zu übergeben.

9. In ausgesprochenen Fraßgebieten Errichtung künstlicher Zwinger, in welche alle gesammelten Raupen gebracht
werden, damit durch die Massenansammlung ein Krankheits-
herd geschaffen und überdies den tierischen Schmarotzern
die Möglichkeit geboten wird, sich vollständig entwickeln
zu können.

10. Zur Zeit des Falterfluges sind in den befallenen
Beständen Leuchtfeuer anzuzünden, welche sich bei stärkerem
Auftreten der Falter sehr gut bewährt haben.

Von anderer Seite werden als allgemeine Mittel
gegen Forstschädlinge angegeben: Unmittelbares Einsammeln der Käfer, Schmetterlinge usw. und deren Raupen
und Puppen;

Vernichten der Eierablagen, der Raupen, Puppen;

Verbrennen befallener Pflanzen in Kulturen; Verbrennen des durch Stürme herabgefallenen Reisigs im
Altholz;

Stock- und Wurzelrodung;

Ziehen von Schutzgräben in Kulturen;

Errichten von Fanggräben, Fangreisig, Fangbäumen,
Fangknüppel, Fangkloben, Brutknüppeln, dann von Isoliergräben;

Kräftige Durchforstung der Stangenhölzer, zeitige
Entfernung kränkelnder Stangen;

Entfernung kränkelnder Hölzer und Stöcke; rechtzeitige
Abfuhr des gefällten Holzes; Sommertrieb und Schälen

oder Kantigbeschlagen der Hölzer und Lagerung an luftigen, trockenen Plätzen zwecks Austrocknung;

Schütteln und Anprällen der Bäume;

Vertilgen durch Insekten tötende Mittel;

Fällung der befallenen Bäume im Notfalle;

Nächtliches Ableuchten mit Zinnfackeln oder Blendlaternen und weißen Schirmen (bei der Nonne);

Eierzählen an Probestämmen (bei der Nonne);

Leim- und Teerringe, Leimstangen und Leimzäune;

Entfernung des Unterwuchses; Zusammenharken der Bodendecke;

Töten der Spiegel;

Zusammenrechen der Bodenstreu, Bestreuen mit Ätzkalk und Aufgießen von Wasser;

Eintrieb von Schweinen und Hühnern in die Forste;

Ansiedelung insektenfressender Vögel, dann von Igeln;

Entfernen der von den Schädlingen befallenen Pflanzenteile;

Abschneiden der Stamm- und Zweiggallen;

Bespritzen erreichbarer Raupen mit Petroleumemulsion;

Umbrechen des Bodens mit dem Waldpflug;

Pflege der Ameisen, die Nutzen bringen (Riesenameisen sind schädlich).

Auch das elektrische Licht hat man zur Bekämpfung geflügelter Insekten usw. schon herangezogen, nachdem es ja längst bekannt ist, daß solche jede Lichtquelle umschwärmen und sich aus weitem Umkreise um dasselbe sammeln; sie scheuen auch das offene Licht nicht und versengen an demselben Flügel und Beine. Im Jahre 1908 waren die prächtigen Waldbestände des Lausitzer Gebirges, welche der Stadt Zittau gehören, in Gefahr, durch die Nonne vernichtet zu werden. Zur Steuerung der Not wurde versucht, den Nonnenfalter mit Hilfe des elektrischen Bogenlichtes zu vernichten. Zwei große Scheinwerfer wurden auf dem Dache des städtischen Elektrizitätswerkes aufgestellt und dieselben sandten ein mächtiges Lichtband die ganze Nacht hindurch auf die Waldungen in der Nähe.

Die Falter folgten in vielen Tausenden der Lichtbahn gegen die Scheinwerfer hin. Nun war neben derselben ein großer Exhaustor aufgestellt, der die Nonnen in seinen Luftwirbel verschlang und vernichtete; in der ersten Nacht allein wurden auf diese Weise 29 kg Nonnenfalter unschädlich gemacht. Außerdem taten die Bogenlampen der Stadt noch ihre Schuldigkeit, indem man dieselben alle ohne Glasglocke brennen ließ.

Nach einer anderen Mitteilung hat man mit dem elektrischen Lichte keine besonderen Erfolge erzielt und ist auch die Annahme, als würden die Insekten durch Licht angelockt, irrig; die Insekten werden durch das Licht erschreckt und fliegen dann umher, ohne ins Licht zu fallen. In der ostpreußischen Oberförsterei wurden Versuche mit einem elektrischen Scheinwerfer gemacht, indem man gleichzeitig Inhaustoren aufstellte, die die Luft aus dem Lichtkegel dicht vor der Lampe einsaugten. Unmittelbar vor der Lampe hatte man ein Netzwerk feiner Drähte ausgespannt, die rotglühend waren und jedes Insekt töteten, das sie berührte. Wären daher die Nonnen, um deren Vertilgung es sich hier handelte, der Lichtquelle zugeflogen, so wären sie alle vom Lichtstrom mitgerissen und vernichtet worden. Auf diese Weise wurden aber in acht Nächten nur 38.000 Nonnen gefangen, während von 15 Frauen und ebensoviel Kindern an zusammen drei Tagen 64.200 an den Stämmen haftende Nonnen durch Zerquetschen getötet wurden — eine Leistung, die auch nach dem Geldwerte weit billiger war, als die des Scheinwerfers. Das nächtlich leuchtende Licht, auch das elektrische, hat sich demnach bisher nicht vorteilhaft bei der Vertilgung von Schädlingen verwerten lassen.

Man ersieht, daß es einer unausgesetzten Tätigkeit und des Verständnisses bedarf, um allen Forderungen gerecht zu werden und die Schädlinge zu vertilgen.

Unter den den Wald beherbergenden Insekten oder solchen, die hauptsächlich auf Bäumen oder Sträuchern wohnen, gibt es solche, die durch Vertilgung anderer ziemlichen Nutzen bringen, und zwar unmittelbar und mittelbar.

Zu den unmittelbar nützlichen zählt in Deutschland nur die spanische Fliege, welche gelegentlich, besonders an Eschen und Liguster massenhaft auftritt und alsdann gesammelt, getrocknet und zum Verkauf gebracht werden kann; die spanische Fliege wird aber durch Massenblattfraß an jungen Eschen, besonders in Baumschulen schädlich, so daß man sie töten muß. Allerdings besitzt sie einen nicht unbedeutenden Verkaufswert.

Unmittelbaren Nutzen bringen auch noch in Österreich-Ungarn die Gallen der Knopperngallwespe, die eine ziemlich bedeutende Nebennutzung für die großen Eichenwälder Transleithaniens bedeuten.

Mittelbarer Nutzen läßt sich von zahlreichen Insekten erwarten, wichtiger aber ist die Rolle, welche die Schmarotzerinsekten in der Forstwirtschaft spielen.

Viele fleischfressende Insekten werden durch unmittelbare Vertilgung schädlicher Forstinsekten nützlich. Unter den Käfern zählen hierher Vertreter aus den Familien der Laufkäfer, der Kurzflügler, der Aaskäfer, der Stutzkäfer, der Buntkäfer, der Trogositiden, Nitiduliden, Kukujiden, Kolydiiden und der Marienkäferchen, welche teils auf dem Boden, teils kletternd an den Stämmen und auf den Bäumen, teils eindringend in die Fraßgänge, bald als Larven, bald als Imagines ihre Beute bewältigen. In ähnlicher Weise verfahren unter den Hautflüglern Ameisen, Weg-, Grab- und Falterwespen, unter den Zweiflüglern Raub- und Schwirrfliegen, aus den anderen Insektenordnungen die Larven der Ameisenlöwen, Florfliegen, Kamelhalsfliegen, manche Landwanzen, Libellen, die Maulwurfsgrillen u. a. m.

Von den Schmarotzerinsekten sind zu nennen: Käfer aus der Familie der Anthribiden, die Hautflügler aus den Familien der Schlupfwespen (Ichneumoniden, Evaniiden, Brakoniden, Proktotrypiden und Chalcibiden), dann einige wenige aus der Familie der Gallwespen.

Zahlreich und nützlich ist auch das Heer der Raupenfliegen (Tachininen und Sarcaphaginen) aus der Ordnung der Zweiflügler. Alle diese Schmarotzer leben meist im Inneren ihrer Wirte, selten äußerlich saugend, die meisten in den Larven und Puppen, einige von den Eiern und Imagines ihrer Wirte. Die ganz auffallende Vermehrung dieser Schmarotzer gegen das Ende der großen Fraßkalamitäten läßt den ursächlichen Zusammenhang beider Erscheinungen erkennen. Die Schlupfwespen und Raupenfliegen sind im Verein mit den parasitischen Pilzen die Hauptfaktoren, welche infolge des Vorsprunges durch ihre massenhafte Vermehrung auf natür= lichem Wege das Gleichgewicht wieder herstellen.

Gegen Pflanzenläuse in den Forsten anzukämpfen, hat nach Dr. Rüßlin keine Aussichten, denn es vermag die Bekämpfung der Blutlaus in Obstgärten oft nur wenig zu leisten. Im Walde kann eigentlich nur in Betracht kom= men die Ausbreitung infolge Übertragung durch eine ener= gische Vernichtung der Herde zu verhindern und muß dies rechtzeitig geschehen. Dazu gehören Kenntnisse und fleißige Beobachtung. Im kleinen, d. h. in Forstgarten und auf kleinen Kulturen läßt sich vielleicht durch Ausschneiden be= fallener Pflanzenteile, sowie durch Anwendung von Raupenleim und insektentötenden Flüssigkeiten etwas ausrichten. Diese müssen billig und wirksam sein, ohne die Pflanzen zu schädigen. Ganz besonders sind in diesem Sinne Schmierseifenlösungen mit geringem Petroleumzusatz zu empfehlen, deren Konzentration im speziellen Falle, je nachdem es sich um zarte Maitriebe, ältere Triebe oder Stammteile handelt, zu ermitteln ist.

Mittel zur Bekämpfung pflanzlicher und tierischer Schädlinge auf Pflanzen jeder Art.

In früherer Zeit und auch vereinzelt, besonders dort, wo Schädlinge meist in großen Mengen Unheil stiften, aber wohin neue Bekämpfungsmethoden nicht gedrungen sind, hat man sich auf den Gebrauch einfacher Hausmittel, wie Asche von Holz oder Torf, Lösungen von Eisenvitriol, von Pflanzenabkochungen usw. beschränkt, Hand in Hand damit aber stets auch gestrebt, durch energisches Vertilgen des Ungeziefers mit den Händen, insbesondere Zerdrücken der Raupen, Ausgraben solcher aus der Erde (Engerlinge, Maulwürfe, Hamster usw.) Abhilfe gegen das Überhandnehmen derselben zu schaffen. Auch durch Verbrennen mit freien Flammen, durch Rauch großer Feuer aus pflanzlichen Materialien hat man das Ungeziefer zu bekämpfen versucht. Aber alle diese Mittel waren und sind unzulänglich bei dem Umstande, als die kultivierten Flächen immer größer und ausgedehnter, die Arbeitskräfte immer kostspieliger werden und man ist zu den »chemischen Mitteln« übergegangen, von denen einzelne schon früher ganz empirisch gebraucht wurden. Sie sind es, die dermalen die weitaus größte Anwendung finden, die sich vielfach, wenn auch nicht immer und unter allen Umständen gegen alle Krankheiten und jedwedes Ungeziefer gleich bewährt haben. Ihnen gegenüber haben die der neuesten Zeit angehörenden phytopathogenen Bekämpfungsmittel, so vielversprechend solche auch sind, sich noch nicht einzubürgern vermocht und es haben daher die chemischen Mittel für den praktischen Pflanzenschutz die weitaus größte Bedeutung.

Die auf chemischer Basis aufgebauten Bekämpfungsmittel sind nach Dr. M. Hollrung (Chemische Mittel gegen Pflanzenkrankheiten) zusammengesetzt aus:

1. Einem Grundstoffe, auf dessen Eigenart die Wirkung des ganzen Mittels fußt;

2. einem Träger, zumeist Wasser, dem die Aufgabe zufällt, eine geeignete Verteilung des Grundstoffes zu bewirken, beziehentlich zu vermitteln und

3. aus Hilfsstoffen; die Aufgabe der letzteren ist es, die Grundstoffe erforderlichenfalls in Lösung zubringen (beispielsweise Soda oder eine andere alkalisch wirkende Substanz bei sogenannten wasserlöslichen Ölen oder Spiritus), ihnen schädliche Nebenwirkungen zu benehmen (Kalk), ihre

Wirksamkeit zu verlangsamen und dadurch anhaltender zu gestalten;

die Ausbreitungsfähigkeit des Mittels zu erhöhen (Seife), dasselbe haftbarer zu machen (Melasse, Harz u. a. m.).

Die Wirkungsweise des Mittels ist entweder eine innere oder äußere. Im ersten Falle erfolgt die Beseitigung der Krankheit durch Aufnahme des Mittels in die Pflanze, also von innen heraus. Im letzteren Falle wird die äußerlich an den Gewächsen ersichtliche Krankheitsursache direkt entfernt.

Nach Art des zu beseitigenden Krankheitserregers werden unterschieden: **Phytozide** und **Zoozide**.

Zu den **Phytoziden** zählen alle jene Mittel, welche geeignet sind zur Verwendung gegen die durch pflanzliche Lebewesen verursachten Krankheiten, als **Fungizide** werden speziell die zur Vernichtung **niederer Pilze** dienenden Mittel bezeichnet.

In analoger Weise haben die gegen **pflanzenschädliche Insekten** gerichteten Mittel die Bezeichnung **Insektizide** erhalten, während unter

Zooziden alle gegen tierische Pflanzenschädlinge überhaupt gebräuchlichen Bekämpfungsmittel zu verstehen sind. Die letzteren kommen entweder als **Magengifte** oder als **Kontaktgifte,** d. i. **Berührungsgifte,** zur Wirkung.

Tiere, welche saugende Mundwerkzeuge besitzen, wie Schmetterlinge, Schnabelkerfe oder welche, obwohl mit beißenden Freßwerkzeugen versehen, doch gegen die Zuführung vergifteter Nahrung geschützt sind, wie Borkenkäfer, Samenkäfer, müssen mit Kontaktgiften zu vernichten getrachtet werden. Für alle auf freiliegenden Pflanzenteilen fressende Schädlinge eignen sich dagegen in erster Linie die in den Magen gelangenden und so durch Vergiftung den Untergang des Individuums herbeiführenden Magengifte.

Die in Verwendung kommenden Mittel sind entweder vorbeugender oder heilender (kurativer) Natur und daher strenge auseinander zu halten.

Bei den vorbeugenden Mitteln ist es deren Aufgabe, das Ausbrechen der Krankheit zu verhindern, wie beispielsweise bei Samenbeizen gegen Stein- und Flugbrand, so daß die Pflanzen ganz oder doch teilweise verschont bleiben. Bei den heilenden und kurativen Mitteln dagegen werden die schon bestehenden Krankheiten beziehentlich deren Erreger zu vernichten gesucht, so daß nach Beseitigung derselben die Pflanze wieder in den normalen Zustand zurückkehrt. Von diesem Gesichtspunkte aus geleitet hat man eine große Anzahl von chemischen Mitteln in Vorschlag gebracht, auch versuchsweise in größerem oder kleinerem Maßstabe angewendet, aber es hat sich doch nur eine geringe Zahl derselben praktisch bewährt und nur mit den Verbindungen des Kupfers, Eisens und Arsens, dann des Aluminiums, Kalziums, Magnesiums und Kaliums sowie Natriums wurden günstige Resultate erzielt; neben diesen sind es noch eine Reihe von Kohlenwasserstoffen, die in praktischer Anwendung stehen. Die Ursachen, warum insbesondere die anorganischen Verbindungen nicht in ausgedehntem Maße zur Anwendung kommen, liegen darin, daß man vielfach deren Verhalten gegen pflanzliche und tierische Schädlinge überhaupt nicht kennt, daß die Wirkungslosigkeit gewisser derselben erprobt ist, dann aber auch und vielleicht hauptsächlich deshalb, weil viele derselben das Gedeihen und Wachsen der Pflanzen schädigen. Vielfach haben Metallsalze, welche giftige Wirkungen auf Menschen und Tiere äußern, auch deshalb Bedenken erregt, weil man annehmen konnte, daß diese Verbindungen in den Pflanzenteilen sich einfinden, also beim Genusse dieser letzteren ihre schädlichen Einflüsse geltend machen können. Diese Bedenken traten namentlich bei dem Beginn der Verwendung von Kupfersalzen (Kupfer-Kalkbrühen) auf und haben sich sehr lange Zeit erhalten. Hollrung bemerkt, daß Befürchtungen, der wiederholte Gebrauch der Kupfersalze könne Vergiftungen der Pflanzen und Früchte, aber auch eine Benachteiligung der Reproduktionsfähigkeit im Gefolge haben, unbegründet sind. Slyke hält eine Vergiftung der mit Kupfersalzen besprengten Trauben für ausgeschlossen, Petermann hat Kartoffeln kupferfrei befunden und Schmidt hält Weinlaub, das mit nicht mehr als 2% Kupfer enthaltender Kalkbrühe begossen wurde, für ein unschädliches Viehfutter. Selbst Arsenik scheint als Schutzmittel unbedenklich, während es auf niedere Tiere vergiftend wirkt. Fletcher analysierte Äpfel, welche zweimal mit Schweinfurtergrün besprengt worden waren, fand aber keine Spur Arsenik. Hollrung führt aber auch an, daß eine Vergiftungsgefahr für Menschen und Tiere nicht mehr vorliegt, sobald die Pflanze innerhalb drei Wochen vor der Ernte, beziehungsweise vor dem Genusse der Früchte oder der Pflanze nicht mehr mit Arsenik besprengt worden ist. Jedenfalls ist insbesondere bei weißem Arsenik Vorsicht am Platze, während Schweinfurtergrün weniger bedenklich erscheint, da es vielfach mit verschiedenen Zusätzen versehen, also nicht reines Kupferazetatarseniat ist. Viele der chemischen Mittel verbrennen auch Laub und zarte Pflanzenteile, so daß man sie in Verdünnungen anwenden müßte, die auch den Schädling am Leben läßt, so daß die Behandlung zwecklos erscheint.

Nicht in letzter Linie kommen auch die Kosten der Mittel in Betracht, denn es handelt sich um einen Massenverbrauch und ein Mittel kann nur dann darauf rechnen, auch ausgedehnte Anwendung zu finden, wenn es eben der tatsächlich guten Wirkung auch entsprechend wohlfeil ist. Es steht beispielsweise das Quecksilberchlorid (Ätzsublimat), welches auch in stark verdünnter wässeriger Lösung ($^1/_{00}$ für gewisse Schädlinge) noch vorzügliche Wirkungen aufweist, viel zu hoch im Preise, um Anwendung zu finden. Diesbezüglich werden wasserlösliche Petroleum- und Karbolineumsorten weit mehr auf allgemeine Verwendung rechnen können.

Von anorganischen Stoffen sind nach Dr. M. Hollrung (Handbuch der chemischen Mittel gegen Pflanzenkrankheiten) teils mit guten, teils mit unbefriedigenden Erfolgen, teils aber auch ohne Erfolg für die Bekämpfung der verschiedenen Pflanzenkrankheiten herangezogen beziehungsweise versucht worden:

Kupferverbindungen, als Kupfervitriol (schwefelsaures Kupferoxyd) für sich allein oder in Mischung und Verbindung mit Kalk, Kohlenstaub, Schwefelblüte, Gips, Talk, Zucker oder Melasse (Sirup), Seife, Salmiak, Ammoniak, Kali, Soda, Leim.

Salpetersaures Kupferoxyd, Schwefligsaures Kupferoxyd, Unterschwefligsaures Kupferoxydul, Schwefelkupfer, Kupferchlorid, Essigsaures Kupferoxyd, Phosphorsaures Kupferoxyd, Kieselsaures Kupferoxyd, Metaborsaures Kupferoxyd, Kupferferrozyanür.

Eisenverbindungen: Eisenvitriol (schwefelsaures Eisenoxydul), für sich allein und in Verbindung oder Mischung mit Schwefelsäure, Kalk, gelbem Blutlaugensalz; Eisenoxyduloxyd, Eisenchlorid, Schwefeleisen, Borsaures Eisenoxydul.

Zinkverbindungen: Zinkvitriol (schwefelsaures Zinkoxyd für sich allein oder in Verbindung mit gelbem Blutlaugensalz), Schwefelzink, Borsaures Zinkoxyd, Chlorzink, Kieselsaures Zinkoxyd.

Bleiverbindungen: Essigsaures Bleioxyd.

Nickelverbindungen: Schwefelsaures Nickeloxyd.

Arsenverbindungen: Arsenwasserstoff, Weißer Arsenik (auch mit Zucker gemischt), Arsensaures Kupfer (Schweinfurtergrün) für sich und in Vermischung mit Kupferkalkbrühe, anderen Kupferverbindungen; Seife Petroleum; London Purple (Arsen-Kalkverbindung, Abfall von Teerfarbstoffabriken); Arsenigsaures Ammonium, Arsenigsaures Natron und Kali, Arsensaures Blei, Arsenigsaures Kupferoxyd (Scheelsches Grün).

Quecksilberverbindungen: Quecksilberchlorid (Ätzsublimat).

Chlorverbindungen: Salzsäure, Chlorkalium, Chlorkalzium, Chlorkalk (auch in Verbindung mit Fett), Chlormagnesium.

Schwefel und Schwefelverbindungen: Schwefel, Schwefelwasserstoff, Schweflige Säure, Schwefelsäure, Schwefelkohlenstoff, Schwefelkalium (Schwefelleber).

Kaliumverbindungen: Kaliumhydroxyd (Kalilauge), Zyankalium, Rhodankalium, Schwefelsaures Kali auch in Vermischung mit Seife, Karbolsäure, Salpetersaures Kali auch in Mischung mit Tabakrückständen; übermangansaures Kali, Kaliumalaun.

Natriumverbindungen: Kochsalz, Chlornatrium, Chilisalpeter (salpetersaures Natron), Unterschwefligsaures Natron, Borsaures Natron (Borax).

Bariumverbindungen: Chlorbarium, Kohlensaurer Baryt, künstlicher, auch in Vermischung mit Zucker, Mehl.

Kalkverbindungen: Ätzkalk (Kalziumoxyd), Kalkmilch, Chlorkalzium, Chlorkalk.

Magnesiumverbindungen: Chlormagnesium, Schwefelsaure Magnesia.

Ammoniumverbindungen: Ammoniakflüssigkeit, Rhodanammonium, Kohlensaures Ammonium.

Ferner: Wasserstoffsuperoxyd, Salpetersäure, Borsäure, Kohlenstoff, Kohlenoxyd, Chloroform, Formaldehyd, Blausäure, Oxalsäure.

Dann organische Stoffe allein oder in Vermischung oder Verbindung mit anorganischen, wie Azetylen, Essigsäure, Glyzerin, Nitrobenzol, Antinonnin (Orthodrinitrokresolkalium).

Kohlenstoffverbindungen: Terpentinöl, Petroleum für sich allein, dann in Mischung mit Wasser, mit Kalkmilch, mit Seife, mit saurer Milch, mit Sand oder Erde, mit Nießwurz, mit Kupferkalkbrühe, mit Schweinfurtergrün usw., Benzin, auch Seifenemulsionen desselben, Paraffinöl in wässeriger Emulsion, Karbolsäure (Phenol), Kresol, Lysol, Steinkohlenteer, Kreosot, Naphthalin, auch in Mischung mit Kalk oder in Benzin gelöst, Naphthol, Natriumnaphtholat, Kupfer-, Eisen- und Kalknaphthol, Kreolin, Thymol.

Von rein organischen Substanzen kommen nach demselben Autor in Anwendung: Tierfette, als Trane, dann Schweinefett, fast ausschließlich als Emulsionen oder Seifenlösungen für sich allein oder auch in Vermengung mit Tabaksaft.

Leimlösungen mit nicht gleichem Erfolg.

Pflanzenöle und =fette: Rüböl, Baumwollsamenöl mit freiem Alkali oder Seife emulgiert.

Harz (Kolophonium): In Form einer sehr ver=dünnten Seifenlösung, auch mit tierischen Fetten oder Ölen vermischt.

Holzteer und Holzteeröle: In verseifter Form (mit Alkali oder Seife) sehr stark mit Wasser verdünnt.

Terpentinöl: Auch mit Seife und Wasser emulgiert.

Insektenpulver: Für sich allein, als Auszug mit Wasser, Schmierseife, dann mit Spiritus, mit Spiritus und Salmiakgeist.

Tabak: Wässeriger Extrakt, dieser mit Schmierseife, Alkohol und Wasser gemischt, auch Amylalkohol und Fuselöl zugesetzt; dann mit Zusatz von Karbol und Kreolin.

Quassiaholz: Wässeriger Extrakt desselben, auch mit Seifenlösung, Karbolsäure oder Petroleum gemischt.

Nießwurz: Wässeriger Extrakt, auch in Mischung mit Schmierseife und Paraffinöl.

Rittersporn: Wässeriger Extrakt.

Walnuß: Wässeriger Extrakt der grünen Nußschale (nach der Reife) und der Blätter.

Paradiesäpfel (Tomaten): Wässerige Abkochung.

Aloe: Lösung der Droge in Wasser.

Sabadillsamen: Abkochung mit Wasser, vermischt mit Schmierseifenlösung.

Wurmfarnwurzel: Abkochung mit Wasser unter Zusatz von Schmierseife.

Wenn man nun die ganze Reihe der chemischen Mittel und deren Anwendbarkeit zur Vertilgung von Pflanzen=schädlingen und Pflanzenkrankheiten durchgeht, so gelangt man, an Hand der wirklich erzielten Erfolge zu dem Schlusse, daß außer den wirklichen Giften, Arsen= und Quecksilber=verbindungen und der Blausäure (die Entwicklung derselben und Anwendung ist nicht allein umständlich, sondern auch gefährlich)), die in den Händen von Arbeitern nicht un=bedenklich erscheinen, eigentlich nur wenige derselben durch=

schlagende Anwendung vermöge der guten Wirksamkeit ge=
funden haben. Es stehen hier in erster Linie die Kupfer=
präparate, die insbesondere bei der Weinrebe, dann aber
auch bei vielen anderen Pflanzen gebraucht werden, dann
Eisenvitriol, Tabakslauge, Schwefelkohlenstoff, Petroleum
und Verseifungen des letzteren wie auch des Teers, tierischer
und pflanzlicher Öle, Teer, Kreosot und einige andere. In
der allerletzten Zeit ist es noch das Karbolineum, das, mit
geeigneten Mitteln in eine mit Wasser emulgierbare Form
gebracht, schon vermöge seiner Wohlfeilheit geeignet ist, sich
ein ausgedehntes Feld zu erobern. Aber auch bei den
chemischen Mitteln sehen wir, daß nur sorgfältige Anwendung
und vielmals deren öftere Wiederholung auch tatsächlich gute
Resultate liefern und es scheint, daß auch sie nicht unter allen Um=
ständen Universalmittel sind, sondern daß an einem Orte die
Erfolge gute, an anderen Orten aber unzureichende sein können.

Die flüssigen Vertilgungsmittel können je nach ihrer
Zusammensetzung außerordentlich wirksam sein und sie töten
oft augenblicklich, im Gegensatze zu den Pulvern, die oft
erst nach einigen Stunden zur vollen Wirkung kommen. Es
ist aber erforderlich, daß sie das Ungeziefer, beziehungs=
weise dessen Brut unmittelbar treffen, was ohne reichliche
Anwendung nicht unmöglich ist. Abgesehen von den mehr
oder weniger schnell flüchtigen Vertilgungsmitteln, wie
ätherische oder alkoholische Lösungen oder Auszüge, Terpentinöl,
Kienöl, Petroleum, sind aber gerade die die wirksamsten
Präparate, welche Alkalien und Säuren enthalten, die nicht
überall angewendet werden können, denn sie zerstören Ge=
webe, lösen Lacke und Polituren der Möbel usw. auf und
sind eigentlich nur auf Wände und Fußböden, Tür=
verkleidungen in Gebrauch zu nehmen.

Speziell bei den Käfern und auch bei anderen Insekten
stößt man aber bei der Durchführung von Versuchen auf
die größten Schwierigkeiten, da sich die Tiere nicht ganz
willenlos und leicht dem Willen des Versuchsanstellers
fügen, aber es ist Malenković doch gelungen, einige ganz
interessante Ergebnisse zu erhalten. Es wurden Mehlwürmer,

das sind die Larven des Mehlkäfers (Tenebrio mollitor) in eine Atmosphäre gebracht, die ausschließlich aus Blau= säure, dem heftigsten der bekannten Gifte, bestand. Erst nach fünf Minuten schien es, als wären dieselben abgetötet. In freie Luft gebracht, lebten sie aber wieder auf. Dieselben Käferlarven wurden in ein fast gänzlich luftleer gemachtes Glasgefäß gebracht. Eine halbstündige Einwirkung der Luft= leere schien die Larven auch nicht im geringsten zu schädigen. Wanzen wandeln auf Zyankalium, Sublimat, Arsenik und ähnlichen Giften in trockenem Zustande tagelang herum, ohne auch nur ein Zeichen eines Mißbehagens zu äußern. Aber sobald den Tieren diese Gifte in gelöstem Zustande geboten werden, sind sie gezwungen, solche in den Organismus aufzunehmen und gehen dann rasch, etwa in einigen Minuten bis wenigen Stunden, sicher zugrunde. Auch sonst scheint Feuchtigkeit vielfach ein Mittel zur Abhaltung von Insekten zu sein; es ist ja bekannt, daß das häufige Waschen von Fußböden am schnellsten die Flöhe vertreibt.

Gegen einzelne Gase und Dämpfe, wie jene von schwefliger Säure (hergestellt durch Verbrennen von Schwefel), Äther, Azeton, Chloroform, Essigsäure und vor allem Schwefelkohlenstoff sind Käfer höchst empfindlich. Eine Atmosphäre von Schwefelkohlenstoff, die ein Mensch vielleicht einige Zeit noch ertragen könnte, tötet beispielsweise den Bohrkäfer sehr rasch, und es gibt kein besseres Mittel gegen Insekten jeder Art, als sie den Dämpfen des Schwefel= kohlenstoffes auszusetzen. Es genügt, wenn auf $1\,m^2$ des betreffenden Raumes $100\,cm^3$ Schwefelkohlenstoff entfallen. Eine 24stündige Einwirkungsdauer reicht unter allen Um= ständen hin. Zur Erzielung eines vollständigen Abschlusses bringt man das Holz in Gefäße, die nach Art der Unrat= kanäle mit Wasser abgeschlossen sind. Auch nasse Hitze oder halbstündige Einwirkung des Dampfes reicht vielfach hin, um Insekten sicher zu töten.

Wie schon auf S. 59 erwähnt worden ist, lassen sich die bei der Bekämpfung pflanzlicher und tierischer Schädlinge in Anwendung kommenden Mittel einteilen in:

1. Vorbeugende Mittel (Phytozide).

2. Insekten tötende Mittel (Insektizide).

3. Mittel zur Bekämpfung niederer Pilze (Fungizide); in diesen Gruppen werden solche nach den Schädlingen, auf welche sie Wirkungen äußern, nach Dr. Hollrung (Chemische Mittel gegen Pflanzenkrankheiten) zusammengestellt, nachstehend angegeben.

Als den Pflanzenschädlingen vorbeugende Mittel, also als Imprägniermittel der Samenkörner, der Stecklinge können mit Erfolg verwendet werden:

Gegen Flugbrand: Waschen mit Wasser, Behandeln mit heißem Wasser, Kupfervitriol.

Gegen Steinbrand: Waschen mit Wasser, Behandeln mit heißem Wasser, Schwefelsäure, Kupfervitriol.

Gegen Kartoffelschorf: Schwefelleberlösung, 1%ige Ätzsublimatlösung.

Gegen Haferbrand: Schwefelkalium.

Gegen Rost (Getreiderost): Salzsäure, Schwefelsäure, Rhodankalium, Kalisalpeter, Soda, Zinkvitriol, Kupfervitriol (2‰), Quecksilberchlorid, Essigsäure, Oxalsäure. Es beziehen sich diese Angaben auf Versuche, die mit der Keimung von Sporen von Puccinia graminis bei Getreidekörnern gemacht worden sind; über praktische Ergebnisse läßt sich nichts ausführen.

Als Insekten tötende Mittel, also als Insektizide dienen mit mehr oder weniger Erfolg:

Gegen weichhäutige Schädiger, insbesondere Pflanzenläuse, Schildläuse, Blattläuse: Fischölseife, Speckseife, Baumwollsamenöl-, Harzbrühen, Holzteerseife, Teerölbrühe, dalmatinisches Insektenpulver, Tabakslauge, Quassiaholzbrühe (Hopfenlaus), Schwefelwasserstoff, Schwefelkohlenstoff und Gemische mit Alkohol und Seife, Kalilauge, weißer Arsenik, Ätzsublimat, Chloroform, Blausäure, Petroleum allein und mit verschiedenen anderen Substanzen gemischt, Paraffinöl, Karbolsäure, Kresol, Lysol, Antinonnin, Steinkohlenteeröl, Schwefelleber.

Gegen Blutlaus: Rüböl, emulgiertes Teeröl, Insektenpulverauszug, Tabaklauge, Quassiaholzabkochung, Eisenvitriol, Blausäure, Petroleum, Karbolsäure, Lysol.

Gegen Rindenläuse auf Apfel- und Birnbäumen: Schweinespeckseife.

Gegen die Reblaus: Harzbrühe, Wasser (durch Überschwemmen der Weingärten, Schwefelkohlenstoff (das bis jetzt einzig sichere Mittel), Benzin, Nitrobenzol, Petroleumemulsion, Schwefelkohlenstoffkalium.

Laufrey schlägt zur Zerstörung der Phyloxera und anderer Insekten eine wässrige Pikrinsäurelösung vor (1 kg Säure auf 90 l Wasser). Von dieser Lösung soll zur Vernichtung der Phyloxera je 1 l an den Fuß eines Weinstockes gegossen, eventuell mittels eines Injektors zu tieferem Eindringen gebracht werden. Die Operation muß in den Monaten Juni, Juli und August vorgenommen werden.

Dieselbe Lösung kann auch zur Vernichtung von Insekten benutzt werden, welche die Wurzeln der Obst- und anderer Bäume angreifen.

Unter den Mitteln gegen die Reblaus (allerdings streng genommen nicht hierher gehörend) sind noch zu nennen:

1. Kräftigung der Weinstockpflanzungen durch konzentrierte Düngemittel (unter gleichzeitiger Anwendung von Schwefelkohlenstoffkalium) und

2. Anbau der Reben auf Flugsandboden. Sand verhindert das Eindringen der Reblaus und die Verbreitung derselben auf die Weinstockwurzeln, weil sich die Sandkörner fest an Stamm und Wurzel anlegen und die Bildung kleiner Erdspalten nicht stattfinden kann. In Frankreich und im südlichen Ungarn sind bereits große Sandflächen mit Reben besetzt worden und man hat günstige Resultate erzielt.

Gegen Heu- und Sauerwurm: Tabakauszug mit Kupfervitriol, Schmierseife usw., Insektenpulverauszug mit Seife, Quassiaholzauszug mit Karbolsäure, Schwefelkohlenstoff mit alkoholischer Seifenlösung, Schwefelkalium, Petroleumbrühen, Nitrobenzol-Seifenbrühe, Naphthalin-Schwefelpulver, Kreolinbrühen;

gegen Aaskäfer: Rübölbrühe, Naphthalin;

gegen Ameisen: Leinölbrühe, Petroleum-Sauermilch-emulsion:

gegen Kohlraupen: Seife-Laugenlösung, Insekten-pulver-Seifenbrühe, Tabakauszug, Paradiesäpfelabkochung, Rainfarnkrautabkochung, Schweinfurtergrün - Mehlpulver, Petroleumbrühe, Kresolbrühe;

gegen den Traubenwickler: Seife-Laugenbrühe, Farnwurzel - Schmierseifebrühe (gegen Wespen, Raupen), Holzteerbrühe, Insektenpulver - Schmierseifebrühe, Benzin-emulsion;

gegen Schnabelkerfe: Leimlösung - Petroleum-emulsion;

gegen Milben: Leimlösung, Harzbrühe, schweflige Säure;

gegen Raupen: Holzteerbrühe-Rubina, schwefelsaures Kali, Chlorkalk, Benzinemulsion (graue Raupe), Holzteer-emulsion (Florraupe, Schwammspinnerraupe), Insekten-pulver-Schmierseifebrühe (Gammaraupe), Quassiaholz-Seifen-brühe (Kohlweißlingsraupen), Quassiaholzspäne-Karbolsäure-brühe (Obstbaumraupen), Ritterspornabkochung (graue Rau-pen), Rainfarnabkochung (Kohlraupen), Wurmfarnabkochung (Traubenwicklerraupen), heißes Wasser (Kohlraupen), Schwe-fel (Afterraupen der Kirschblattwespe), Schwefelkalium (Afterraupen der Kirschblattwespe), schwefelsaures Kali (Saateulenraupen), Kalziumoxyd (Afterraupen der Kirsch-blattwespe), Chlorkalk, Schweinfurtergrün-Mehl oder Kalk (Kohlraupen), Schweinfurtergrünbrühe (Spannerraupen), arsensaures Blei (Schwammspinnerraupen), Petroleum-emulsion (Schwammspinnerraupen, Kohlweißlingraupen, Spannerraupen), Benzinemulsion (graue Raupen, Kresol (Kohlraupen).

gegen Blasenfüße: Insektenpulver - Seifenbrühe, Tabakslauge, Salpeter - Tabakbrühe, Paraffinölemulsion, Karbolsäure, Antinonnin;

gegen Schnaken: Insektenpulver-Seifenbrühe, pulve-riges Ätzkalkhydrat, Naphthalin-Kalkpulver;

gegen den Getreidelaufkäfer: Tabakslauge, auch gegen das Getreidehähnchen;

gegen Engerlinge: Ersäufen durch Wasser, schwefelkiesenthaltende Asche, aus der sich Schwefelwasserstoff entwickelt, Schwefelkohlenstoff, Petroleum-Wasseremulsion, Petroleum-Seifenemulsion, Benzin-Seifenemulsion, Steinkohlenteer-Naphthalin-Kalkemulsion;

gegen Erdflöhe: Gemisch von Schwefelblumen-Ruß-Ätzkalkpulver-Gaskalk, Petroleum-Sandmischung, Petroleumbrühe, Naphthalin-Kalkpulver;

gegen den Birnsauger: 2%ige Petroleum-Seifenbrühe;

gegen Drahtwürmer: Chlorkalium, Köder aus mit Arsenik vergiftetem Klee und Luzerne, Benzin-Seifenemulsion;

gegen das Spargelhähnchen: Kalkdunst, Schweinfurtergrünbrühe, Karbolsäure (Spargelkäfer), Naphthalin-Kalkpulver;

gegen den Koloradokäfer: Schweinfurtergrün-Kupferkalkbrühe;

gegen Borkenkäfer: Petroleum;

gegen Heuschrecken: Holzteerbrühe-Rubina, Schwefelleber, Arsenik-Kleie-Zuckermischung;

gegen Milbenspinnen: Holzteerbrühe-Rubina, Tomatenabkochung, Schwefelblumen, Blausäure, Antinonnin, Lysol, Tabakslauge;

gegen den Kartoffelkäfer: Schweinfurtergrünbrühe, Kresol;

gegen die Kirschblattwespen: Insektenpulverauszug-Seife, Nießwurzabkochung, Schweinfurtergrünbrühe.

Für die Bekämpfung niederer Pilze, also als Fungizide kommen nach Dr. Hollrung (Chemische Mittel gegen Pflanzenkrankheiten) in Frage:

Gegen falschen Mehltau: Schweinfurtergrün in Mischung mit Giften, Sodanaphtholbrühe, Tabakauszug mit Kupfervitriol, Schmierseife usw., schweflige Säure, Schwefelleber, Kochsalz, Borax, Kalkmilch, Schwefelkalzium,

Doppelvitriolkalkbrühe, schwefligsaures Kupfer, Kupferkalk=
brühe, Schwefelkupferkalkbrühe, ammoniakalische Kupfer=
vitriollösung, ammoniakalische Kupferkarbonatlösung;

gegen Schwarzfäule der Reben: Kupferkalkbrühe,
Kupfervitrioljodabrühe, ammoniakalisches Kupferkarbonat,
Kupferkarbonatbrühe mit Leim, Schwefelleberbrühe, unter=
schwefligsaures Natron, Kalkmilch, Kupferchlorid, Grünspan=
brühe;

gegen Rußtau: Fischölharzbrühe, Schwefelleber;

gegen Rosenweiße der Blätter; Teeremulsion;

gegen Getreiderost: Kupferphosphatbrühe, Schwefel=
leber=Kupfervitriolbrühe:

gegen echten Mehltau: Schwefelpulver, schweflig=
saures Kupfer, Lysolbrühe;

gegen Blattfleckenkrankheit: Kupferkalkbrühe, Eisen=
vitriol=Kalkbrühe, Kupfervitriol=Boraxbrühe, Kupfervitriol=
Wasserglasbrühe;

gegen Anthraknose oder schwarzen Brenner:
Eisenvitriol, Kupferkalkbrühe, Kupfer=Schwefel=Kalkpulver,
Eisen= und Kupfervitriolkalkbrühe;

gegen die Kartoffelkrankheit: Grünspanbrühe,
2%ige Kupferkalkbrühe;

gegen Blattbräune: Kupferkalkbrühe, Kupfervitriol.

Nach Dr. Hollrung (Chemische Mittel gegen Pflanzen=
krankheiten) soll ein brauchbares, wirksames Vertilgungs=
mittel den nachfolgenden Anforderungen genügen:

1. Es muß die Vernichtung des Schädigers sicher und
rasch herbeiführen;

2. es darf dabei für die erkrankte Pflanze keinerlei
Nachteile mit sich bringen;

3. es muß die Eigentümlichkeit besitzen, sich über die
befallenen Pflanzenteile und in die von den Schädlingen
aufgesuchten Schlupfwinkel leicht zu verbreiten und alsdann
längere Zeit haften zu bleiben;

4. die Kosten müssen sehr geringe sein;

5. es darf auch für den Laien hinsichtlich seiner Zu=
bereitung erhebliche Schwierigkeiten nicht bieten;

6. es muß für Mensch und Tier unschädlich sein.

Die unter 1—4 genannten Eigenschaften sind unter allen Umständen von einem als empfehlenswert bezeichneten Mittel zu fordern. Dahingegen wird den unter 5—6 genannten Forderungen nicht immer Genüge geschehen können.

Vielleicht wäre noch als 7. einzusetzen, daß die Pflanzen durch das Mittel nicht verunstaltet werden, beziehungsweise das Aussehen der Blätter usw. nicht wesentlich verändert wird.

Im Anschlusse an diese Ausführungen werden in der Folge einige jener Insektenvertilgungsmittel samt ihren Zubereitungen angeführt, deren Anwendung in größerem Maßstabe stattfindet und welche sich ziemlich eingebürgert und auch vielfach als brauchbar in der Praxis bewährt haben.

Es sind dies:

Kupfervitriol und Kupfersalzkompositionen in fester und flüssiger Form: Kupfer=Kalkbrühen, Kupfer=Ammoniakbrühen, Kupfervitriol=Kalkpulver, Kupfersoda, Kupfer=Kalk=Zuckerbrühen, Kupfer = Zucker = Kalkpulver, Arsen = Kupfer=lösungen, Schweinfurtergrünbrühen;

Eisenvitriol;

Schwefelkohlenstoff und Schwefelkohlenstoff=Emulsionen;

wasserlösliches Karbolineum;

Petroleum und Petroleum=Emulsionen;

Tabak;

Raupenleime und endlich

verschiedene Ungeziefervertilgungsmittel.

Kupfervitriol und Kupfersalz=Kompositionen in fester und flüssiger Form als Bekämpfungsmittel für tierische und pflanzliche Schädlinge.

Kupfervitriol in wässeriger Lösung und in Verbindung mit Ätzkalk darf wohl als das älteste chemische Mittel insbesondere gegen die Krankheiten der Rebe und auch gegen andere tierische Feinde angesehen werden; wenn die Präpa=

rate auch gegen die Reblaus versagten und sich als wir=
kungslos erwiesen haben, so werden sie doch gegen Getreide=
brand, gegen den Heu= und Sauerwurm und andere Reben=
schädlinge, allgemein für die Bekämpfung niederer Pilze an=
gewendet, da sie sich zudem auch verhältnismäßig billig
stellen und Schaden an den Pflanzen nicht verursachen. Die
Bedenken, die man anfänglich gegen dieselben hegte, indem
man annahm, daß das giftige Kupfer auch in die End=
produkte der Pflanzen (Trauben usw.) übergehe, sind durch
Untersuchungen von berufener Seite als gänzlich haltlos
(siehe Seite 60) erachtet worden; der Laie wird sich aller=
dings beim Betrachten der schön giftig=blaugrünen Wein=
stöcke des Gedankens nicht erwehren können, daß die Sache
doch gefährlich sei. Die Zubereitungen des Kupfervitriols
sind verschieden und auch die Konzentrationen der Lösungen
sind verschieden, je nach der Art der Pflanze, der Stärke
der Infizierung und der Art des Präparates. Alle Zube=
reitungen müssen ziemlich schnell verbraucht werden, da sich
solche beim Lagern zersetzen und wirkungslos werden; um
dem zu begegnen, hat man auch pulverförmige Präparate
in den Handel gebracht, die entweder vor dem Gebrauche
in Wasser gelöst oder auf die vorher mit Wasser genetzten
Pflanzen mittels Zerstäubers aufgestaubt werden.

Die Wirkung der Kupfervitriol=Kalk=Kompositionen be=
ruht nach Hollrung auf dem Kupferhydroxyd und auf der
feinen Verteilung, in welcher dasselbe auf die Pflanzenteile
gelangt. Unter dem Einflusse der im Regen enthaltenen
Kohlensäure geht das Kupferhydroxyd nach und nach in
lösliches, kohlensaures Kupferoxyd über. Sofern in der
Brühe ein Überschuß von Kalk vorhanden ist, bindet dieser
zunächst eine Zeitlang die Kohlensäure des Regens und erst
dann, wenn aller Kalk in Kalziumkarbonat verwandelt
worden ist, kann Kupfer in Wirkung gesetzt, d. h. zu Kupfer=
karbonat umgewandelt werden.

Neben den reinen Kupferkalkbrühen werden auch solche
mit Zusätzen von Seife, Salmiak, dann mit Ammoniak
(ammoniakalische Kupferlösungen), dann an Stelle von Kalk

mit Kalilauge und Zucker hergestellt. Ferner erzeugt man Kupferkarbonatbrühen durch Behandeln von Kupfervitriol= lösungen und Lösungen von Soda, wobei das kohlensaure Kupfer als grünliche Masse ausfällt. Dieses wird dann nach dem Auswaschen und Absitzenlassen mit Wasser 0·06 bis 0·10 Gewichtsteile auf 100 Gewichtsteile Wasser gleich= mäßig vermischt. Auch mit Zucker oder Melasse, dann mit Leim und Seife wird Kupferkarbonat zusammengebracht oder solches in starkem Salmiakgeist gelöst. Dr. Hollrung gibt in seinem mehrfach angeführten vorzüglichen Werke eine ganze Anzahl von Vorschriften für die Herstellung.

Um eine gute und zuverlässige Wirkung zu erzielen, ist es erforderlich, die richtigen Mengen der einzelnen Be= standteile anzuwenden; allerdings sind nach den zahlreichen Vorschriften, die für die Bereitung der Brühen angegeben wurden, die Ansichten hierüber sehr voneinander ab= weichend; auch die Art der Herstellung wird nicht gleich= mäßig gehandhabt.

Dr. Hollrung (Chemische Mittel gegen Pflanzenkrank= heiten) sagt, daß es von besonderer Wichtigkeit sei, daß die Kupfervitriolbrühe freie Kupfersulfatlösung nicht enthalte, denn dieselbe bietet Anlaß, das Laub zu beschädigen. Das Vorhandensein freien Kupfervitriols läßt sich erkennen:

1. Zu der fertigen Brühe wird ein wenig einer Lö= sung von gelbem Blutlaugensalz in Wasser hinzugesetzt und weist Rotfärbung darauf hin, daß man noch Kalkmilch hinzusetzen muß, denn normale Kupferkalkbrühe weist keinerlei Färbung durch das Reagens auf. Um die Prüfung zu vereinfachen tränkt man Fließpapierstreifen mit einer Lösung von gelbem Blutlaugensalz, trocknet und taucht jeweils einen solchen Streifen in die zu prüfende Brühe, welcher sich bei unverändert vorhandener Kupfervitriollösung rot, sonst aber nicht färbt.

2. Neutrales Lackmuspapier kann ebenfalls als Reagens dienen; ein in die Kupferkalkbrühe getauchter Streifen wird bei Kalküberschuß blau, bei Überschuß von Kupfervitriol rot; tritt diese letztere Färbung ein, so muß man noch

Kalkmilch so lange hinzusetzen, bis die rote Färbung ver=
schwindet.

3. Auch durch Eintauchen einer blanken Stahlklinge,
überhaupt eines Gegenstandes aus Stahl, kann man freie
Kupfervitriollösung erkennen. Überzieht sich das Metall nach
kurzem Verweilen in der Flüssigkeit mit einer dünnen
Schicht von metallischem Kupfer, wird also rot, so ist die
Lösung noch mit freiem Kupfervitriol versehen, der mittels
Kalkmilch abzustumpfen ist.

4. Es bietet auch die Färbung der Kupferkalkbrühe
einen Maßstab dafür, ob sie die gewünschte Beschaffenheit
besitzt oder nicht. Ist ein zu großer Überschuß von Kalk=
milch vorhanden, so weist die Brühe eine etwas ins Pur=
purne spielende Färbung auf. Ist zu wenig Kalk darin,
so ist die Färbung grünlichgrau, während normale Kupfer=
kalkbrühe schön himmelblau gefärbt und klar ist.

5. Ist genügend Kalk vorhanden, so bildet sich beim
Aufblasen von Luft mit dem Mund auf der auf eine
flache Porzellanschale gegossenen Flüssigkeit ein dünnes
kalkiges Häutchen, im anderen Falle nicht.

In der richtig hergestellten Brühe darf sich nur sehr
langsam ein himmelblauer, flockiger Niederschlag absetzen.

1. **Bouille rationelle hydrocuprique.**

Flüssigkeit zur Bekämpfung und Vorbeugung von
Krankheiten der Rebstöcke, besteht aus:

7·35% kohlensaurem Natron,
9·68% Kupfervitriol,
37·48% Kieselsäure und kieselsaurer Magnesia (Talkum),
40·58% Wasser (Chlorbarium),
4·91% Verunreinigungen (Kalk, Eisen ꝛc.).

2. **Oregonbrühe gegen Schildläuse** nach Marlatt
besteht aus:

18·   Gewichtsteilen gelöschtem Kalk,
18   »   Schwefelpulver,
150   »   Wasser,
0·15   »   Kupfervitriol.

3. **Kalifornische Brühe** gegen Schildläuse nach Marlatt, ist zusammengesetzt aus:

60 Gewichtsteilen gelöschtem Kalk,
30   *   Schwefelpulver,
1000   »   Wasser,
20   *   Kochsalz; letzteres ist erst kurz vor dem Gebrauche der Flüssigkeit zuzusetzen.

4.   3 Teile Kupfervitriol,
2   »   Kalk oder

5.   2 Teile Kupfervitriol,
1 Teil Kalk auf
95 beziehungsweise 97 Teile Wasser.

6. Nach Dr. Zucker:

8 Teile frisch gebrannter Kalk werden gelöscht und mit Wasser auf 250 Teile verdünnt. Die hierbei zurückbleibenden Teile des Kalkes (Verunreinigungen, Unlösliches) werden entfernt. Anderseits werden

15 Teile Kupfervitriol in
200 Teilen Wasser gelöst und unter Umrühren der Kalkbrühe zugesetzt. Das Gemisch wird auf 500 Teile mit Wasser ergänzt. Die Flüssigkeit enthält demnach in 100 Teilen: 3 Teile Kupfervitriol, 1·6 Teile Kalk.

7. Nach Dammer:

Man gießt in einen Bottich oder in einen anderen Behälter aus Holz oder Steinzeug (aber nicht aus Metall)

90 *l* Wasser und läßt darin
2 *kg* Kupfervitriol auflösen. Anderseits nimmt man frisch gebrannten Kalk in Stücken, bringt ihn in einen Korb und senkt denselben dann in reines Wasser, aber nicht in das Gefäß mit dem Kupfervitriol. Der Kalk wird hierauf auf einer festen, harten und selbstverständlich reinen Unter= lage ausgebreitet, wo er in kurzer Zeit zu Pulver zerfällt; dieses wird durch ein feines Sieb gesiebt und dann mit Wasser zu dünner Kalkmilch angerührt. Ist der Kalk fett, von guter Beschaffenheit und frisch gebrannt, so genügt ein wenig mehr als der dritte Teil des Gewichtes an Kupfer= vitriol. Für 2 *kg* Kupfervitriol nimmt man also 700 bis

1000 *g* Kalk, den man mit dem Wasser, 10 *l*, innig ver=
mischt, so daß man eine zarte, nicht krümelige Kalkmilch
erhält. Diese wird nach und nach unter andauerndem Um=
rühren in die Kupfervitriollösung eingerührt. Man erhält
eine trübe, blaue Mischung, aus der sich beim längeren
Stehen ein blauer Niederschlag abscheidet. Beibt die
Flüssigkeit, die ganz klar sein soll, noch bläulich getrübt, so
muß man noch so viel Kalkmilch zusetzen, bis die Flüssigkeit
klar ist. An Stelle von frisch gebranntem Kalk kann man
auch Kalkmörtel zusetzen, von dem man aber vier= bis fünf=
mal so viel gebraucht, als von reinem Kalk.

8. Bordeaux=Solution (Bordelaiser Brühe) be=
steht aus

      20 Teilen Kupfersulfat,
      20   »   gebranntem Kalk,
      30   »   gewöhnlichem Schiefer,
     800   »   Wasser.

9. Azurin, auch Eau céleste, ammoniakalische
Kupfervitriollösung nicht gleichmäßiger Zusammensetzung:

   a)   10 *kg* Kupfervitriol,
         15 *l* Ammoniakflüssigkeit von 22° Bé,
       2000 *l* Wasser.
   b)   5 *kg* Kupfervitriol,
         1·7 *l* starkes Ammoniak,
       1000 *l* Wasser.
   c)   10 *kg* Kupfervitriol,
         15 *l* starkes Ammoniak,
       3791 *l* Wasser.
   d)   60 *kg* Kupfervitriol,
         75 *kg* Soda,
         10 *l* Ammoniak,
       1000 *l* Wasser.

10. Bouillie unique usage. Schutzmittel gegen
Nebenschädlinge und =krankheiten. Die unter diesem Namen
in den Handel kommende Ware ist eine klare, braune
Flüssigkeit mit etwas Bodensatz, und ist nach der An=
preisung zur Behandlung von durch Pilze und Insekten

hervorgerufenen Krankheiten, insbesondere der Reben, be=
stimmt. Die Flüssigkeit enthält:

18·71% Natronsalze,
16·31% schwefelsaures Kupfer,
64·98% Wasser.

Heufelder Kupfersoda gegen Pflanzenkrank=
heiten ist ein pulverförmiges Gemisch von

70% Kupfervitriol und
10% Soda.

Kupfervitriol=Kalkpulver.

Man empfindet die Bereitung der Kupfervitriol=Kalk=
brühen vielfach als eine beschwerliche und zeitraubende Arbeit
und hat daher pulverförmige Mischungen von Kupfervitriol
mit Kalk, Gips, Speckstein, Kohlenstaub in den Handel ge=
bracht; diese Mischungen müssen von so feinpulveriger Be=
schaffenheit sein, daß sie sich auf die zu schützenden Pflanzen=
teile verstäuben lassen.

1. Cognets=Pulver.
    10 Gewichtsteile Kupfervitriol,
    20   »   totgebrannter Gips.
a) 25 Gewichtsteile Kupfervitriol,
    75   »   zu Pulver gelöschter Kalk,
    125   »   Schwefelblüte,
    75   »   Steinkohle, gemahlen.
b) 45 Gewichtsteile Kupfervitriol,
    7·5   »   zu Pulver gelöschter Kalk,
    100   »   Steinkohle, gemahlen.
c) Fostit.
    20 Gewichtsteile Kupfervitriol,
    35   »   Talkum.
2. Kupfervitriol=Kalkpulver nach Whitehead.
a) Skawindsky=Pulver
    50 Gewichtsteile Kupfervitriol, gemahlen,
    7·5   »   Kalk, zu Pulver gelöscht,
    170   »   Steinkohlenstaub.

b) 12·5 Gewichtsteile Kupfervitriol, gemahlen,
   3·75   »   Kalk, zu Pulver gelöscht,
   46   »   Steinkohlenstaub,
   62·5   »   Schwefelblüte.

Kupferkalkbrühen mit Zucker.

Der Zusatz von Zucker bewirkt ein besseres Haften auf den Pflanzen, aber nach Barth bildet sich auch Kalkkupfersaccharat, welches rasch in das Blattgewebe eindringt.

1. Nach Peglion:
a) 15 Gewichtsteile Kupfervitriol,
  100   »   Wasser.
b) 15 Gewichtsteile Kalk, gebrannt,
  1C0   »   Wasser,
c) 75 Gewichtsteile Zucker,
  100   »   Wasser.

Lösung c) wird mit Lösung a) gemischt, dann die Kalkmilch hinzugesetzt und schließlich die Mischung mit 700 Gewichtsteilen Wasser verdünnt.

2. Nach Barth:
  20 Gewichtsteile Kupfervitriol in
 400 Gewichtsteilen Wasser lösen, in Lösung von
   3   »   Zucker in
 300   »   Wasser eingießen, dann
Kalkmilch aus 15 Gewichtsteilen gebranntem Kalk 300 Gewichtsteilen Wasser hinzufügen und schließlich alles gut durchmischen.

3. Nach Perret:
  15 Gewichtsteile Kupfervitriol,
  30   »   Fettkalk,
  30   »   Melasse,
 750   »   Wasser.

Kupfer-Zucker-Kalkpulver nach Dr. Hollrung.

40 Gewichtsteile kalzinierter (entwässerter) Kupfervitriol,

50 Gewichtsteile zu Pulver gelöschter Kalk,
10   »   gemahlener Zucker.

Bei der Anwendung wird das Pulver zunächst in der Menge von 10 Gewichtsteilen mit 120 Gewichtsteilen Wasser gut vermischt und dann noch

213 Gewichtsteile Wasser zugesetzt. Die Brühe muß sofort nach der Bereitung verwendet werden.

**Arsenkupferlösungen gegen Pflanzenschädlinge an Feld-
früchten, Obstbäumen und in Weingärten, nach Riche.**

1.   20 Gewichtsteile Kupfervitriol,
20   »   gelöschter Kalk,
2·4   »   Schweinfurtergrün,
1500   »   Wasser.

Der Kupfervitriol wird in einem gewissen Anteil des Wassers gelöst, das Schweinfurtergrün mit Wasser verrührt, dem Kalk zugesetzt, diese Mischung mit dem Rest des Wassers vermischt und schließlich die Kupfervitriollösung unter einigem Durchmischen hinzugegeben. Vor dem Gebrauche ist das Präparat stets gut aufzurühren.

2.   10 Gewichtsteile Roggenmehl,
240   »   Schweinfurtergrün,
1000   »   Wasser.

Roggenmehl und Schweinfurtergrün werden mit Wasser zu einem gleichmäßigen Brei verrührt und hierauf das verbliebene Wasser diesem unter kräftigem Mischen beigegeben.

3.   8 Gewichtsteile Roggenmehl,
900   »   Wasser,
2   »   gelöschter Kalk,
10   »   Schweinfurtergrün,
100   »   Wasser.

Die einzelnen Bestandteile werden in gleicher Weise wie bei 1. gemischt.

4.   20 Gewichtsteile Kupfervitriol werden in
500 Gewichtsteilen Wasser gelöst und der Lösung
zugesetzt:

1·5 Gewichtsteile Natriumarsenit in
10 Gewichtsteilen Wasser,
10 Gewichtsteile gelöschter Kalk in
500 Gewichtsteilen Wasser.

Schweinfurtergrünbrühen.

Man verwendete früher vielfach Aufschlemmungen von Schweinfurtergrün in Wasser allein, im Verhältnisse von 40 bis 60 Gewichtsteilen auf 1000 Gewichtsteile Wasser, jetzt aber meistens dieses Material in Vermischung mit Kalk, auch mit Kupferkalkbrühen, Arsenikbrühen, Harzbrühen, Seifenlösungen, zur Vertilgung niederer Pilze.

Bei Schweinfurtergrünbrühen, wie bei allen Vertilgungs= mitteln, welche nicht Lösungen, sondern Flüssigkeiten dar= stellen, in denen ein, wenn auch noch so feiner, fester Körper verteilt ist, ist häufiges Durchmischen während der Anwen= dung unbedingt erforderlich. Die aufgeschlemmten Teilchen haben das Bestreben, sich zu Boden zu setzen, so daß die Flüssigkeit bei dem Verstäuben oder Bespritzen in den oberen Teilen weniger an der eigentlich wirksamen Substanz ent= hält als der unteren. Hierdurch wird dann eine ungleich= mäßige Verteilung und damit naturgemäß auch ungleich= mäßige Wirkung erzielt. An Stelle von Schweinfurtergrün wird auch Scheel'sches Grün vorgeschlagen.

Harzsaures Kupfer ꝛc. als Ungeziefervertilgungs= mittel.

Nach dem französischen Patente Nr. 385.062 vom 25. Februar 1907 (F. Schirmer) werden Resinate, z. B. Natrium=Kalziumresinat, Natrium=Kupferresinat und Ge= mische dieser mit Alkaliresinaten in trockener Form oder gelöst oder in Wasser oder anderen Mitteln fein verteilt, als Schutzmittel für Bäume, Reben usw. gegen Insekten ver= wendet.

Eisenvitriol.

Man verwendet Eisenvitriol in sehr verschieden starken Lösungen, von 6%, bis 40 und 50% in Wasser, zur Bekämpfung verschiedener Schädlinge, dann aber auch in Verbindung mit Kalk, gelbem Blutlaugensalz (Berlinerblaubrühe), mit Schwefelsäure, doch sind die damit erzielten Wirkungen hinter denen mit Kupfervitriol zurückstehend. Es werden Eisenvitriollösungen gebraucht gegen die Blutlaus, gegen die Blattfleckenkrankheit, gegen Anthraknose oder den schwarzen Brenner und einige andere Pflanzenkrankheiten.

Eisenvitriollösungen gegen niedere Pilze.

Nach Bolle:
100 Gewichtsteile Eisenvitriol in
200   »   Wasser kochend lösen, dann
 10   »   Schwefelsäure hinzusetzen.
Nach Binnet:
100 Gewichtsteile Eisenvitriol werden in
  3 Gewichtsteilen Schwefelsäure gelöst, dann dieses
                    Gemisch in
200   »   Wasser eingerührt.
Nach Galloway:
  6 *kg* Eisenvitriol werden in
250 *cm³* Schwefelsäure gelöst, dann mit
100 *kg* Wasser vermischt.
Man hat auch Gemische von Eisenvitriol und Kupfervitriol für die Bekämpfung verwendet und gibt Pellegrini an, daß man
 10 Gewichtsteile Eisenvitriol in
 50 Gewichtsteilen Wasser,
 10 Gewichtsteile Kupfervitriol in
 10 Gewichtsteilen Wasser löst, beide Lösungen vermischt,
800 Gewichtsteile Wasser und dann aus
 10 Gewichtsteilen Ätzkalk und
100   »   Wasser bereitete Kalkmilch hinzusetzt.

Karbolineum.

Das gewöhnliche Karbolineum (Teerölprodukt) ist in der Praxis schon lange als Konservierungsmittel für Holz bekannt und man benützt es für Gegenstände der verschiedensten Art. Der Weinbauer schützt damit die Rebpfähle vor dem Morschwerden, der Gärtner bestreicht damit Holzzäune, der Landwirt benützt es für die verschiedensten Holzgeräte. Überall tritt es uns in seiner konservierenden Eigenschaft entgegen und wenn dies auch begründet ist in der starken Giftigkeit des Karbolineums für die kleinsten Lebewesen, die Bakterien, so tritt diese Tatsache doch nicht in das Volksbewußtsein ein. Es ist begreiflich, daß unsere Praktiker ein solches Mittel, das ihnen als guter Freund schon lange bekannt ist, auch in seiner Eigenschaft als Pflanzenschutzmittel vielfach gerne aufnahmen und ihm überall Aufnahme zu verschaffen suchen. Wenn der oberflächliche Schluß vieler Praktiker, daß das, was dem Pfahl und dem Zaun nützt, auch den Pflanzen gut sein müsse, auch sehr trivial klingt, so birgt er doch ein gutes Körnchen Wahrheit. Das Karbolineum soll ja doch auch unsere Pflanzen gegen die verderbliche pilzliche oder tierische Kleinlebewelt schützen.

Das Karbolineum ist ein Steinkohlenteeröl, tiefbraun gefärbt, teerartig aussehend und ebenso riechend, welches, wie schon erwähnt, zum Konservieren von Holz in der Erde und an der Luft benützt wird. Die wirksamen Bestandteile im Karbolineum sind schwere Teeröle (Anthrazen, Phenol und dessen Homologe) und es ist jenes Produkt, welches den höchsten Gehalt an Phenol und dessen Homologen (45 bis 48% als Maximum) aufweist, am wirksamsten. Auch Avenarius, dessen Produkt noch mit Chlor, beziehungsweise Chlorzink behandelt ist, führt aus, daß dem Kreosotöl, das vielfach den Hauptbestandteil von Karbolineumsorten des Handels bildet, die konservierenden Eigenschaften mangeln, daß solches also minderwertig sei.

Für die Zwecke der Vernichtung tierischer und pflanz=
licher Schädlinge kommt jedoch nicht das Karbolineum in
Anwendung, wie es bei der Konservierung von Holz ge=
braucht wird; dieses besitzt in seiner Zusammensetzung die
unangenehme Eigenschaft, zerstörend auf die Pflanzen ein=
zuwirken, solche, wie man sich ausdrückt, zu verbrennen,
auch dann, wenn es dieselben nur in sehr dünner Schicht
bedeckt. Man hat aber die guten Eigenschaften dieses
Steinkohlenteerdestillates in der Weise sich zu Nutzen zu
machen gewußt, daß man solches unter Zuhilfenahme von
Seife, ätzenden Alkalien und anderen Mitteln in eine solche
Form bringt, daß es mit Wasser vermischbar wird; man
emulgiert es und in dieser emulgierten Form, gemeinhin
als wasserlösliches Karbolineum bezeichnet, ist es
möglich, es in so geringen Mengen auf die Pflanzen zu
bringen, auf denselben zu verteilen, daß die nachteiligen
Wirkungen vermöge der geringen Mengen nicht mehr zur
Geltung kommen können. Das Emulgieren, also das Wasser=
löslichmachen von vegetabilischen und animalischen Ölen,
unterliegt keinen besonderen Schwierigkeiten (ölsaure, fett=
saure Alkalien, Seifen), da es sich um tatsächliche Verbin=
dungen handelt und ist schon lange bekannt; aber erst nach
und nach im Verlaufe der letzten zehn Jahre ist es ge=
lungen, auch Öle mineralischen Ursprunges (Teeröle, Petro=
leum und seine Destillate) so zu präparieren, daß sie mit
Wasser dauerhafte Emulsionen geben; aber diese dauernde
Emulsion ist abhängig von der Beschaffenheit der minera=
lischen Öle, sowohl deren Menge, als auch der Menge der
die Emulgierung vermittelnden Stoffe und wenn der eine
dieser letzteren (wie Salmiakgeist oder Spiritus) teilweise
verflüchtigt, wird das Gleichgewicht in der Mischung ge=
stört und die Emulsion wird nicht mehr innig, das Öl
scheidet sich vorzeitig ab. Es ist weniger schwierig, die zu
emulgierenden Öle klar herzustellen, als haltbare Emul=
sionen daraus bereiten zu können. Für die Herstellung
wasserlöslicher Präparate gibt es eine große Anzahl von
Verfahren, von denen einige hier in der Folge erörtert

werden; gründliche Anleitungen dafür finden sich in Andés, »Die Beseitigung des Staubes«.

Professor Dr. Lüstner, Vorstand der pflanzenpathologischen Versuchsstation in Geisenheim, berichtet (1905, Jahresbericht der königl. Lehranstalt) über die vortrefflichen Erfolge, die er seit mehreren Jahren durch den Karbolineumanstrich der Bäume im Winter erzielte. Auffallend war in dem Versuchsergebnis namentlich das vollständige Verschwinden der Schildläuse (Diaspis fallax) bei den mit Karbolineum behandelten Bäumen, sowie deren sehr üppiger Trieb. In dem gleichen Jahresbericht weist Lüstner darauf hin, daß ein einfaches Bestreichen von Krebswunden mit Karbolineum diese allmählich zum Abheilen bringe.

Nach Aderhold hat sich das Karbolineum auch gegen die Blutlaus bewährt. Es besitzt hier, wie alle Blutlausmittel, jedoch auch den Nachteil, daß einige Zeit nach dem Bestreichen die Läuse sich doch an den alten Stellen wieder ansiedeln.

Die Frage der Sommerbehandlung der Bäume mit Karbolineum hat Professor Lüstner in Gemeinschaft mit Garteninspektor Junge in Geisenheim aufgenommen und lassen sich die Ergebnisse in folgenden Sätzen zusammenstellen: »Wie unsere mehrjährigen gemeinsam ausgeführten Versuche zeigten, kann das Karbolineum mit bestem Erfolg gegen verschiedene tierische Schädlinge, besonders gegen Schildläuse verwendet werden, bei denen die Behandlung der Bäume in unbelaubtem Zustande erfolgen kann und für diese Fälle sind die Karbolineumemulsionen wiederholt empfohlen worden. Die Behandlung der Bäume in belaubtem Zustande ist von uns jedoch bisher nicht empfohlen worden und beabsichtigen wir dies auch vorläufig in Zukunft noch nicht zu tun, denn die von uns in diesem Frühjahr in den hiesigen Anlagen eingeleiteten Versuche haben zum größten Teil so schlechte Resultate gezeitigt, daß wir dringend davor warnen, das Karbolineum bei der Sommerbehandlung der Obstbäume an Stelle von

alten, erprobten und bewährten Maßnahmen in der Praxis
zu verwenden.«

Auch bei der Winterbehandlung der Bäume mit
Karbolineum muß man, um sich vor empfindlichem Scha=
den zu bewahren, immer noch mit einiger Vorsicht vor=
gehen. Es spielen hierbei namentlich die Verschiedenartigkeit
der im Handel befindlichen Karbolineumsorten eine bedeu=
tende Rolle. Aberhold hat auf diesen Umstand schon als
einen sehr gewichtigen hingewiesen. Er machte darauf auf=
merksam, daß unter dem Namen Karbolineum Produkte im
Handel sind, die wohl von demselben Rohstoffe (Stein= oder
Holzkohlenteer) herkommen, in ihrer Herstellung und End=
beschaffenheit aber nicht übereinstimmen. Dementsprechend
sei auch die Einwirkung auf die Bäume eine verschiedene.
Eine Karbolineumsorte rief bei den Versuchen Aberholds
Wundheilung hervor, eine andere gab Veranlassung zu
einer nicht unerheblichen Vergrößerung der Wunden.

Auch Lüstner weist auf diesen Umstand hin und
sagt: Die verschiedenen Ergebnisse bei der Prüfung des
Karbolineums sind darauf zurückzuführen, daß die einzelnen
Versuche hinsichtlich der Verwendbarkeit für Baumkrank=
keiten nicht mit ein und demselben Karbolineum vorgenom=
men wurden, sondern daß dabei Karbolineumsorten von
ganz verschiedener chemischer und physikalischer Beschaffen=
heit zur Anwendung kamen.

Eine noch nicht zu übersehende Bedeutung scheint das
Karbolineum für den Weinbau und die Landwirtschaft zu
besitzen. Die schönen und grundlegenden Versuche Doktor
Hiltners in München berechtigen hier zu sehr weitgehen=
den Hoffnungen. In der Rebkultur darf nach diesem For=
scher als sicher angenommen werden, daß das Karbolineum
ein ausgezeichnetes Mittel gegen die Schildläuse der Reben,
sowie gegen jene Milben, welche die Pilzkrankheit ver=
ursachen, ist. Vielversprechend sind auch die Wahrnehmun=
gen, welche Ökonomierat Fröhlich bezüglich des Spring=
wurmes gemacht hat. Für die Beurteilung der Frage, wie
die Karbolineumbespritzung auf die Winterpuppen des

Heuwurmes einwirken, sind die Versuche noch nicht ent=
scheidend.

Hilter führt dann noch weiterhin aus: Von der
Verwendung des Karbolineums in der Landwirtschaft oder
in der eigentlichen Gärtnerei hat man bisher noch nichts
gehört und doch scheint es berufen, auch hier unter Um=
ständen eine bedeutsame Rolle zu spielen. Zahlreiche, an
der Agrikultur=botanischen Anstalt seit nunmehr drei Jahren
durchgeführte Versuche haben allmählich ergeben, daß wir
in Karbolineum ein ausgezeichnetes Bodendesinfektions=
mittel besitzen, das zugleich den außerordentlichen Vorteil
bietet, den Boden nach einer gewissen Ruhepause erheblich
fruchtbarer zu machen. Es verhält sich nach beiden Rich=
tungen hin ganz ähnlich wie Schwefelkohlenstoff, ist diesem
aber weit überlegen durch die Stärke der Wirkung und
vor allem auch durch den erheblich billigeren Preis, wäh=
rend es anderseits der für die Anwendbarkeit des Schwefel=
kohlenstoffes so bedeutsamen Eigenschaft, rasch alle Boden=
teile zu durchdringen, ermangelt.

Von Hiltner wird auch noch auf die Bedeutung des
Karbolineums zur Vernichtung von Unkrautsamen und
Bodenschädlingen aller Art aufmerksam gemacht.

Wie bei einem Präparate, welches erst verhältnis=
mäßig kurze Zeit in die Praxis eingeführt ist, sich nicht
anders erwarten läßt, erheben sich natürlich auch Stimmen
gegen dessen Geeignetheit und es wird von berufener Seite
darauf hingewiesen, daß, im Gegensatze zu den voran=
stehenden Ausführungen, es als Bodendesinfektionsmittel
sich nicht eignet. Es soll auf den Pflanzenwuchs nicht nur
nicht fördernd, sondern im Gegenteil schädigend einwirken
und für die Bodendesinfektion sei ungelöschter Kalk das
beste Mittel.

Es scheinen aber alle bisher erzielten Resultate darauf
hinzuweisen, daß das Karbolineum in vieler Hinsicht ein
für den Obst= und Weinbau (und in der Landwirtschaft?)
hervorragendes Mittel ist, dessen volle wirtschaftliche
Bedeutung und praktische Verwendbarkeit erst durch weitere,

sehr umfassende und zum Teil langwierige Forschungen und Versuche vollkommen klargestellt werden muß.

Immerhin aber scheint es festzustehen, daß das Karbolineum zum mindesten für die Behandlung der Bäume (Obstbäume) ein sehr wertvolles Mittel ist, das sich eignet, das an den Bäumen überwinternde Ungeziefer abzutöten und eine gesunde und glatte Rinde zu schaffen. Das Karbolineum ist nach dieser Hinsicht ein viel wertvolleres Mittel als der vielfach übliche Kalkanstrich, dessen Wert, wie durch neuere Untersuchungen gezeigt wurde, sehr fraglich ist.

Der billige Preis des Karbolineums sowie seine leichte Anwendungsweise hat auch nicht wenig dazu beigetragen, dieses Schutzmittel so rasch volkstümlich zu machen, doch muß man strenge darauf sehen, daß nur solche Sorten von Karbolineum zur Anwendung gelangen, die auch tatsächlich den Anforderungen entsprechen. Die guten Sorten des Produktes sollen mindestens 10—15% wirksames wasserlösliches Karbolineum enthalten, es gibt aber auch Sorten, die aus über 90% Wasser bestehen. Dieses Produkt ist daher nur gleichwertig einer 4—5%igen, statt einer 10—15%igen Lösung eines anderen, ohne den großen Wasserzusatz hergestellten Karbolineums.

Das gewöhnliche Karbolineum, wie es im Handel für das Konservieren des Holzes vorkommt, ist weder für die Behandlung der Bäume noch für Baumdesinfektion geeignet, sondern nur das sogenannte wasserlösliche.

Von gewissen Teerpräparaten, so etwa Kreosot, das als Gemenge von Phenolen und ihren Äthern bezeichnet wird und das man aus Holzteer durch Behandeln mit Ätznatronlauge gewinnt, behauptet man jedoch, daß solche sich nicht als unbedingt überall verwendbar erweisen und muß man jedenfalls eine gewisse Vorsicht walten lassen, um nachträglich nicht Schaden zu erleiden.

In der Lehranstalt für Weinbau in Geisenheim wurde nachgewiesen, daß an mit Kreosot imprägnierten Rebpfählen gezogene Trauben auch als fertiger Wein einen Kreosotgeschmack hatten. Ebenso wurden weitere üble Erfahrungen mit Kreosotimprägnierungen beim Hopfenbau gemacht, zwar nicht durch Beeinflussung des Aromas der Hopfendolden, soweit kommt es nicht, sondern durch Verhinderung des Wachstums der Pflanze überhaupt. Es wird hierüber folgendes berichtet: Bekanntlich wird bei Drahtanlagen die Hopfenrebe mit Bindfaden in die Höhe gezogen; derselbe kann nur einmal verwendet werden und um denselben wiederholt gebrauchen zu können, kam man auf den Gedanken, denselben behufs Erhöhung der Widerstandsfähigkeit gegen Witterungseinflüsse mit Kreosot zu tränken. Der junge Hopfen, welcher sehr kräftige Triebe hatte, wurde angeleitet, aber nach einigen Tagen war die ganze Anlage, über 1700 Stöcke, welk! Da die Witterung bei Tage sonnig und heiß, dagegen nachts kalt war, nahm man an, die Ranken seien erfroren, obwohl die benachbarten Stangenanlagen schön und gesund aussahen. Die Erscheinung wurde auf das geringe Wärmehaltungsvermögen des Bindfadens gegenüber der Hopfenpflanze geschoben, die welken Triebe vom Bindfaden entfernt und frische angeleitet. Aber nach einigen Tagen waren auch diese wieder welk, obgleich es nachts warm gewesen war. Nun stellte es sich heraus, daß das Kreosot die Ursache des Verderbens der Hopfenranken gewesen war und es blieb nichts anderes übrig, als die kreosotierten Bindfäden zu entfernen und durch neue zu ersetzen. Frische Hopfenranken wurden angeleitet und dieselben wuchsen tadellos weiter; den Hopfenstöcken hat es weiter nicht geschadet und die Drahtanlage überholte noch ihre Nachbarn an Wachstum und Ertrag.

Wasserlösliches Obstbaumkarbolineum.

1. An Materialien werden für dieses Präparat verwendet:

60 Gewichtsteile Teeröl,

15   »   dunkles Kolophonium,

3·5 Gewichtsteile Ölsäure,
7·5   »   Natronlauge von 30° Bé.

Das Kolophonium wird mit einem kleinen Teil des Teeröles zusammengeschmolzen, nach dem völligen Verflüssigen des ersteren die Gesamtmenge des Teeröles, dann die Ölsäure und endlich die Natronlauge unter Umrühren hinzugesetzt und die Mischung so lange über schwachem Feuer erhitzt, bis solche ganz klar geworden ist und sich mit Wasser emulgieren, also zu einer milchigen Flüssigkeit vermischen läßt. Da gewöhnlich $1/_2$%ige Lösungen des Karbolineums in Anwendung kommen, so verwendet man ein Teeröl, das 21% Rohphenol enthält und vermischt 3·2 kg des Produktes mit 100 l Wasser, so daß man eine etwa 3%ige Karbolineumlösung erhält. Verwendet man Teeröl, das mehr als 21% Rohphenol enthält, will aber die früher genannte Menge zusetzen, also mit einer Flüssigkeit von bestimmter Zusammensetzung arbeiten, so muß man eine zum Verdünnen des Teeröles auf 21% Rohphenolgehalt hinreichende Menge Mineralöl hinzumischen; ist dagegen der Gehalt an Rohphenol geringer, so hilft man sich in der Weise, daß man Rohkresol, wie solches im Handel vorkommt, beigibt. Bei höherprozentigem Teeröl das Präparat durch eine größere Wassermenge zu verdünnen, geht nicht an, da die Emulgierbarkeit desselben durch die bestimmte Menge Ölsäure und Natronlauge bedingt ist. Durch Erhitzen des Obstbaumkarbolineums mit Wasser erhält man ebenfalls eine Emulsion, die sich durch Zusatz von Wollfett beständiger machen läßt. Klar lösliches Obstbaumkarbolineum kann durch Vermischen gleicher Teile Rohkresol mit Schmierseife erhalten werden.

Teeröle, wenn sie eine hinreichende Menge Kresole und Phenole enthalten, lassen sich mit wässerigen Alkalilösungen allein emulgieren, doch sind die Mischungen wenig beständig, beständiger dagegen jene, bei welchen entweder unmittelbar eine Seifenlösung, etwa in Gestalt einer Schmierseifenlösung zugegeben wird oder solche, bei denen mit dem Teeröl und Kolophonium durch die Natronlauge Ölsäure verseift wird. Man findet häufig als Zeichen einer besonderen Emulsionsfähigkeit angegeben, daß die Mischung des Obstbaumkarbolineums mit Wasser milchweiß werden muß, indes bietet die Färbung kaum einen zuverlässigen Anhaltspunkt für die Beschaffenheit des Produktes. Die weiße Färbung der Emulsion kann durch eine geringe Menge Mineralöl und vermehrten Zusatz seifenbildender Substanzen erzielt werden. Dagegen ist die Beständigkeit der Emulsion von Wert für die Wirksamkeit, damit das Teeröl sich überall gleichmäßig verbreitet. Verwendet man zu wenig Seife, beziehungsweise Seife bildende Materialien, so fällt die Emulsion schlecht, d. h. mit geringer Haltbarkeit aus. Wasserlösliches Karbolineum ist ein ganz ähnliches Produkt wie die in der Schmiertechnik, der Textilindustrie usw. verwendeten wasserlöslichen Öle. Wie schon erwähnt, ist Wollfett ein geeignetes Mittel, die Emulsion beständig zu machen, auch Leim, Stärke, Dextrin usw., doch sind die letzteren Stoffe für den hier in Rede stehenden speziellen Zweck weniger empfehlenswert. Das wasserlösliche Obstbaumkarbolineum dient zum Vernichten und zum Vertreiben von Erdflöhen, Spinnen, Schaben, Würmern, Raupen, Milben, Blutläusen, Blattläusen, Wanzen, Schildläusen, Ameisen usw. Zum Bespritzen belaubter Bäume verwendet man es durchaus in Emulsion, die $^1/_4$—$^1/_2\%$ Rohkresol enthält. Stämme und Äste werden mit stärkeren Lösungen, bis zu 1% Rohkresol enthaltend, bespritzt. Die Behandlung der Bäume mit dem Präparat kann zu jeder Jahreszeit, selbstredend den Winter ausgenommen (steht im Widerspruch mit den Ausführungen auf Seite 85), stattfinden, doch müssen bei Verwendung starker Lösungen die Unterkulturen sorgfältig geschützt werden.

Wirksame Verbindungen in dem Obstbaumkarbolineum sind die Kresole und Phenole, wie solche in den Steinkohlenteeren vorkommen und sie sind es natürlich auch, die den Wert des Produktes bestimmen; zu große Mengen Kresole und Phenole können an den Obstbäumen selbst, besonders aber an den unter denselben befindlichen Pflan-

zungen bedeutenden Schaden anrichten, während geringe
Mengen derselben die damit zu erzielenden Erfolge bedeu=
tend vermindern. Es ist daher wichtig, die zu verarbeiten=
den Teeröle auf ihre Verwendbarkeit zu prüfen und ge=
schieht dies mittels Natronlauge.

50 g einer gut durchgeschüttelten Probe des Teeröles
werden mit 50 g Natronlauge von 36° Bé vermischt, im
Wasserbad gelinde erwärmt und mit der zweifachen Menge
heißen Wassers in einen Scheidetrichter gespült. Nach dem
Abkühlen werden die auf der wässerigen Schichte schwim=
menden Kohlenwasserstoffe mit Petroläther abgenommen
und nach dem Klären die untere wässerige Schicht in einen
zweiten Scheidetrichter abgelassen. Zu dieser Flüssigkeit setzt
man so viel Salzsäure unter Umschütteln, bis dieselbe deut=
lich sauer reagiert und sich das Rohphenol oben abscheidet.
Dieses Rohphenol nimmt man mit wenig Äther auf und
läßt die Ätherlösung nach Entfernung der unteren wäs=
serigen Schicht in ein gewogenes Becherglas laufen. Den
Äther läßt man bei Zimmertemperatur verdunsten, trocknet
zirka 30 Minuten bei 50° C und wiegt nach dem Erkalten
die Masse als Rohphenol. Ein Übelstand ist es, daß sich die
Ätherschichten von der wässerigen Schicht schlecht trennen
lassen, da beide stark dunkel gefärbt sind. Man muß hier=
bei besonders vorsichtig sein und die Arbeit bei durchfallen=
dem Licht vornehmen, auf allzu große Genauigkeit kann
diese Bestimmung nicht Anspruch machen, doch ist sie für
den vorliegenden Zweck genügend. Aus dem Phenol= und
Kresolgehalt bestimmt man dann die zur Verdünnung be=
ziehungsweise zur Emulgierung anzuwendende Wassermenge.

2. 20   Gewichtsteile Teeröl spezifisches Gewicht 1·03,
   0·456   »   Natronlauge von 1·23 spezi=
             fischem Gewicht,
   0·952   »   Kolophonium.

Das Harz wird mit dem Teeröl zusammengeschmolzen,
worauf man die Natronlauge langsam zufließen läßt und
tüchtig umrührt. Einen Eßlöffel voll von dieser Lösung ver=
dünnt man mit 1 l Wasser und bestreicht damit die Bäume.

3. **Truncus Carbolineum Plantarium** stellt eine dunkelbraune, alkalisch reagierende, starf nach Teer rie= chende Flüssigkeit dar, die nach einer chemischen Analyse aus

81·85% Wasser,

11·81% Steinkohlenteeröl und

6·34% Seife besteht. Die Seife ist in gelöster Form vorhanden und dient dazu, das Teeröl in einen wasserlös= lichen Zustand überzuführen.

4. **Folia Carbolineum Plantarium.** Diese grau= braune, alkalisch reagierende, starf nach Teer riechende Flüs= sigkeit ist zusammengesetzt aus:

92·41% Wasser,

5·49% Steinkohlenteeröl,

2·10% Seife, die, in gelöster Form vorhanden, eben= falls die Emulgierbarkeit des Teeröles bezweckt.

5. **Wasserlösliches Kreosotöl.**

50 Gewichtsteile dunkles amerikanisches Kolophonium,

50   »   Kreosotöl,

56   »   Kalilauge von 25° Bé,

10   »   denaturierter Spiritus.

Das Kolophonium wird mit einer kleinen Menge des Kreosotöles zusammengeschmolzen und so bald alles flüssig ist, der Dampf des Duplikatorkessels abgestellt oder das Feuer ausgezogen, worauf man den Rest des Kreosotöls einrührt, wodurch gleichzeitig eine Abkühlung der ganzen Menge stattfindet. Nun beginnt man mit dem Eintragen der Lauge und dieses wird so lange fortgesetzt, bis das Öl fast klar erscheint. Die Menge der Kalilauge ist nur an= nähernd angegeben, denn die Beschaffenheit der Kreosotöle ist sehr verschieden und sie erfordern durchaus nicht gleiche Mengen Lauge. Ist das Öl fast ganz klar geworden, so setzt man so viel Spiritus hinzu, bis solches vollkommen blank erscheint: es ist in Wasser klar löslich. Soll es hin= gegen nur emulgierbar sein, so ersetzt man einen Teil des Kreosotöles durch ein billiges Mineralöl.

6. **Emulgiertes Teeröl nach M. Walt. Spalteholz.** Die Umwandlung von Teerölen und ihrer Bestandteile in einen Zustand, in dem sie sich mit Wasser leicht mischen lassen (emulgieren), geschieht derzeit vielfach mit Seifen. Die so hergestellten Emulsionen haben den großen Nachteil, daß die fettsauren Alkalien oder Seifen, welche sie enthalten, durch den Gehalt des Wassers an Salzen teilweise oder ganz zersetzt werden, was eine Trennung der Emulsion im Gefolge hat. Nun hat es sich gezeigt, daß die alkalischen Lösungen des Kaseins oder der Albuminate sich vorteilhaft zur Emulgierung von Teerölen, Phenolen und Mineralölen eignen. An Stelle der alkalischen Kaseinlösungen kann man mit Vorteil auch die alkalischen Lösungen derjenigen Zersetzungsprodukte des Kaseins oder anderer Eiweißsubstanzen (Leim) verwenden, welche sich bei der Einwirkung von Alkalien oder alkalischen Salzen oder durch schwache Fermentation dieser Produkte bilden. Man erhält z. B. eine emulgierende Flüssigkeit, welche zersetztes Kasein enthält, wenn man 1 kg Kasein mit 15 kg einer 1—2%igen Lauge behandelt. Es entwickelt sich hierbei Ammoniak und es bilden sich eiweißhaltige Zersetzungsprodukte, welche teils in verdünnten Säuren löslich, teils unlöslich sind. Diese Produkte können getrennt werden, um jedes für sich allein zur Verwendung zu gelangen, oder man kann die alkalische Mischung unmittelbar für die Emulgierung der Öle verwenden. In manchen Fällen erweist es sich als vorteilhaft, die Wirkung des Kaseins und seiner Zersetzungsprodukte durch einen kleinen Zusatz von Harz zu unterstützen, während in anderen Fällen sich ein solcher als nutzlos erweist. Die mit Hilfe der alkalischen Lösungen des Kaseins oder seiner Zersetzungsprodukte hergestellten Emulsionen von Steinkohlenteerölen und Phenolen haben nicht den Nachteil, sich bei Gegenwart von hartem Wasser, das viele Salze enthält, zu zersetzen, weil sie Seifen nicht enthalten. Diese Produkte geben aber mit Salzlösungen beständige Produkte, so daß die Möglichkeit der Verwendung eine allgemeinere wird, als diejenige des Kreolins, Lysols und anderer ähnlicher Produkte. Man mischt beispielsweise:

650 *kg* Kreosotöl, das einen Gehalt von ungefähr 60% an Phenolen besitzt, mit 350 *kg* Kaseinlösung, welche 12 *kg* Kasein und 12 *kg* Salmiakgeist von 0·985 enthält.

Man bekommt auf diese Weise eine mehr oder weniger milchige Flüssigkeit, welche man mit Wasser in jedem Verhältnisse mischen kann und deren Zusammensetzung folgende ist:

Rohes Kreosotöl (50—60%ig) . . 65·7%
Wasser .   . . . . 32·9%
Kasein . .   . 1·2%
Ammoniak. . . . . 0·2%

Diese Mischung besitzt einen Gehalt von 30—35% an Phenolen, welcher Gehalt bei der Herstellung von Kreolin mittels Harzseifen nicht erzielt werden kann, da es sonst nicht mehr möglich wäre, die Emulsion haltbar zu machen.

Prüfung wasserlöslicher Karbolineumsorten.

Um sich ein Urteil bilden zu können, welche Garantien man beim Kaufen einer Karbolineumsorte fordern darf, gibt Dr. E. Molz, Leiter der Pflanzenschutzabteilung der chemischen Fabrik Flörsheim, ein Verfahren bekannt, welches es dem Praktiker ermöglicht, wenigstens über zwei wichtige Punkte der Karbolineumpräparate, die Wasserlöslichkeit und den Wassergehalt derselben, sich Klarheit zu verschaffen.

1. Prüfung auf Wasserlöslichkeit. Man gibt zuerst 10 Löffel voll destilliertes Wasser oder ganz klares Regenwasser und hierauf einen Löffel wasserlösliches Karbolineum in einem Glase zusammen und läßt dann das Glas mit der Flüssigkeit einige Tage oder eine Woche stehen. Gutes Karbolineum muß hierbei eine weiße, milchartige Flüssigkeit geben, die sich ohne Abscheidung mehrere Wochen lang hält, da andernfalls durch Abscheiden von (konzentriertem, beziehungsweise reinem) Karbolineum Schädigungen auf den Pflanzenteilen hervorgerufen werden können. Scheidet sich aber sofort oder nach kurzer Zeit am Grunde der Flüssigkeit oder auf deren Oberfläche eine ölige oder schmierige Schicht ab, so ist das Karbolineum als wasser-

lösliches Produkt sehr minderwertig. (Es ist aber erforderlich, daß Karbolineum in sehr feiner Verteilung, die nur durch hohe Emulsionsfähigkeit erreicht werden kann, zur Anwendung kommt, sonst wirkt solches auf zarte Pflanzenteile zerstörend.)

2. Prüfung auf Wassergehalt. Man mischt drei Löffel voll des zu prüfenden wasserlöslichen Karbolineums mit drei Löffel voll klarem aber gewöhnlichem Petroleum in einem Arzneiglase durch kräftiges Schütteln. Bei den mit Wasser nicht verdünnbaren Karbolineumsorten erhält man auf diese Weise eine klare, einheitliche Flüssigkeit, die sich auch bei längerem Stehen nicht trübt oder in mehrere Schichten trennt. Tritt nach dem Mischen eine erhebliche Trübung ein, so ist das Produkt in der Regel durch unzulässige Mengen Wassers verdünnt. Die Verdünnung ist um so stärker, je größer die unten im Glase befindliche Wasserschicht, beziehungsweise Schicht wässeriger Flüssigkeit ist. Die Petroleumprobe ermöglicht dem Praktiker, sich wenigstens gegen eine übermäßige Verdünnung mit Wasser zu schützen. Es muß jedoch betont werden, daß im übrigen die verschiedenen Karbolineumsorten, die seit neuerer Zeit auch vielfach unter verschleierter Bezeichnung im Verkehr sind, in ihrer chemischen Zusammensetzung große Verschiedenheiten aufweisen und davon ihr Wert oder Unwert als Pflanzenschutzmittel in erster Linie abhängig ist.

In der Jahresversammlung des Schweizerischen Vereins analytischer Chemiker in Schwyz (1907) stellte Kelhofer-Wädenswyl folgende Forderungen auf, welche sowohl für die zur Bekämpfung von Pflanzenkrankheiten, als auch für die zu Desinfektionszwecken bestimmten Kresolpräparate Gültigkeit haben sollen: 1. Dieselben sollen vollkommen klar sein, sowie in Wasser, Alkohol, Äther, Petroleum, Benzin, Benzol, Chloroform und Glyzerin löslich; 2. sie müssen wenigstens 50% Phenole (Kresole) vom Siedepunkt 187—210° C enthalten, was dann zutrifft, wenn 100 cm^3 in einem etwa 300 cm^3 fassenden Fraktionierkolben mit stets gleich tief eingesetztem Thermometer (Kugel etwa 1 cm unter dem Ansatz der Übergangsröhre) im Metallbade bis zu 210° C destilliert, nach Zusatz von etwas Kochsalz zum Destillate und gemischt eine Kresolschicht von mindestens 45 cm³ liefern.

Schwefelkohlenstoff und -emulsionen.

Schwefelkohlenstoff, hauptsächlich noch in der Weise hergestellt, daß man in geschlossenen Retorten Schwefeldämpfe über glühende Holzkohlen leitet und dann neuerlich behufs Reinigung destilliert, ist in rohem oder unvollkommen gereinigtem Zustande eine blaßgelbe, höchst widerwärtig riechende Flüssigkeit von 1·293 spezifischem Gewicht. In reinem Zustande ist die Flüssigkeit wasserklar, leicht beweglich, stark lichtbrechend von durchdringend chloroformartigem Geruch; sein spezifisches Gewicht ist 1·2684, sein Siedepunkt liegt bei 46·5° C. Er verflüchtigt sich schon bei gewöhnlicher Temperatur, ist sehr leicht entzündlich und verbrennt mit blauer Flamme. Mit Luft gemischt, sind die Dämpfe sehr explosibel. Er löst sich zu weniger als 1% in Wasser, ist mit Alkohol, Äther, Chloroform, Benzol usw. in allen Verhältnissen mischbar.

Schwefelkohlenstoff wird noch immer als das einzig sicher wirkende Mittel gegen die Reblaus erachtet und findet ausgedehnte Anwendung.

Setzlinge der Reben, die unter der Behandlung wenig oder gar nicht leiden, wenn man solche zu einer Zeit vornimmt, wo der Saft noch nicht zur Entwicklung gekommen ist, werden durch eine Zeitdauer von ½ bis 12 Stunden bei einer Temperatur von 20° C der Einwirkung von Schwefelkohlenstoffdämpfen ausgesetzt und hierbei allenfalls vorhandene Rebläuse und deren Eier sicher getötet. In den Weingärten selbst werden in Entfernungen von 50 zu 50 cm mittels besonderer Stoßeisen 60 cm tiefe Löcher in den Grund gemacht, dann mit 150—200 g Schwefelkohlenstoff ausgegossen und mit Erde wieder bis zum normalen Niveau bedeckt. Um das schnelle Entweichen des Schwefelkohlenstoffes zu verhindern, wird schließlich mit Wasser begossen; Wasser ist zwar leichter als Schwefelkohlenstoff, aber es verhindert die feuchtgemachte Erde doch die Verdampfung desselben, und zwingt ihn, sich in dem Erdreich auszubreiten. Die Arbeiter müssen sich natürlich durch Respiratoren oder Zubinden des Mundes und der Nase vor dem Einatmen sichern und Rauchen ist denselben unbedingt zu verbieten.

Neben Schwefelkohlenstoff ist auch das aus demselben durch Versetzen mit einem alkoholischen Kaliumhydroxyd hergestellte Kaliumxanthogenat (xanthogensaures Kalium), das allerdings wesentlich höher im Preise steht, als Mittel gegen die Reblaus im Gebrauch.

Auch gegen die Engerlinge, Wurzelmaden verschiedener Art, Wurzelläuse, kann Schwefelkohlenstoff vorteilhaft angewendet werden; man bringt denselben ebenfalls in Löcher, die jedoch weniger tief sind, und in wesentlich geringerer Menge in den Erdboden, in dem er sich dann in Gasform verbreitet und die Schädlinge abtötet. Die Geeignetheit des Mittels zur Vertilgung von Rübennematoden ist noch nicht vollständig erprobt, dagegen hat man gegen Läuse auf Pflanzenteilen durch Aufstellen mit Schwefelkohlenstoff gefüllter kleiner Schalen und Überdecken dieser und der Pflanzen versuchsweise gute Resultate erzielt, jedoch dürfte sich das Verfahren in der Praxis als zu umständlich erweisen.

Nach allen bisher gemachten Erfahrungen, scheint der Schwefelkohlenstoff ganz im allgemeinen ein sehr geeignetes Mittel zur Behebung der sogenannten Bodenmüdigkeit zu sein.

Dem Schwefelkohlenstoff wird nachgerühmt, daß er alle jene Hindernisse beseitige, die bis dahin der Entwicklung der Bodenorganismen entgegenstünden, wodurch der im Acker festgelegte, den Pflanzen unzugängliche Stickstoff frei und von ihnen aufgenommen würde. Der Schwefelkohlenstoff wird in den Gärtnereien zum Treiben von Ziersträuchern und Blumen vielfach verwendet, besonders aber bei der Reblausbekämpfung, da er nach den vorliegenden Angaben zum größten Teil die Rebläuse vernichtet, die Reben=

müdigkeit des Bodens aufhebt und dessen Fruchtbarkeit erhöht.

Schwefelkohlenstoff-Emulsionen.

Diese Emulsionen haben im allgemeinen keine besonderen Erfolge erzielen lassen, da wenn dieselben stärker gehalten werden bei Behandlung der Weinreben schon Schaden an denselben eintritt.

1. Nach der entomologischen Versuchsstation in Florenz:

16·0 Gewichtsteile Schmierseife
10·0   »   Alkohol
12·0   »   Schwefelkohlenstoff;

das Mittel ist vor der Anwendung auf 1 Gewichtsteil mit 45—50 Gewichtsteilen Wasser zu verdünnen.

2. Nach Targioni und del Guercio:

	I.	II.
Schwefelkohlenstoff . .	10 Gewichtsteile	5 Gewichtsteile
Spirituöse Seifenlösung	10 »	10 »
Wasser	980 »	985 »

Petroleum.

Das Petroleum wird schon seit langen Jahren als bewährtes Vertilgungsmittel der Wanzen verwendet und es hat sich auch bei Pflanzen, insbesondere als Schutzmittel gegen Insekten mit saugenden Mundwerkzeugen und gegen solche Schädlinge, deren Körperbedeckung weich ist, bewährt. Allerdings ist das Petroleum an und für sich gegen Pflanzen von nicht ungefährlichem Einflusse und muß man dasselbe vorsichtig und am besten in Vermischung mit Sand oder Erde, in Mischung mit Wasser, die aber schwer homogen, d. h. in gleichmäßig vermischtem Zustande zu erhalten ist, verwenden; als besonders geeignet haben sich · die wasserlöslichen, d. h. mit Wasser emulgierbaren Petroleumkompositionen bewährt, die aus Petroleum, Seife, Soda, auch wohl aus Alkali, Olein, Spiritus und Petro-

7*

leum in Verbindung mit Wasser hergestellt werden. Bei diesen Kompositionen gelangt das Petroleum in sehr geringen Mengen auf die Pflanzen, scheidet sich nach dem Zersetzen der Emulsion auf den Teilen derselben aus, ist von nachhaltiger Wirkung und vermag keinen oder nur wenig Schaden anzurichten. Petroleumemulsionen werden besonders angewendet gegen Engerlinge, verschiedene Larven, gegen Erdflöhe, Kohlraupen, Spannerraupen, gegen den Heu- und Sauerwurm, gegen die Apfelmotte, Graseulenraupen, die Möhrenfliege, junge Kohlwanzen, Zikaden, Blatt- und Schildläuse.

Das Petroleum kann sowohl in Form von Rohöl, wie es aus den Gruben kommt, wo es zu sehr billigen Preisen erhältlich ist, als auch in raffiniertem, gereinigtem Zustande (Petroleum, Leuchtöl) zur Anwendung kommen und werden wohl die Lokalverhältnisse zumeist ausschlaggebend sein, welche der beiden Sorten in Anwendung zu kommen hat. Bei der Behandlung des Bodens mit Petroleum gegen unter der Erde vorhandene Schädlinge werden in angemessenen Entfernungen Löcher in den Boden gestoßen und diese mit der Flüssigkeit gefüllt; diese letztere verteilt sich dann sehr bald in dem gesamten Erdreich und angesichts der Insekten tötenden Wirkung werden bald alle Lebewesen vernichtet sein. Mit den Petroleum-, Sand- oder Erde- oder Sägespänemischungen kann man die Bodendecke überstreuen, den obersten Teil der Erdkrume auch damit mischen; das Petroleum kommt dann durch Eindringen sehr bald auch in die unteren Erdschichten. Die Petroleum-Emulsionen werden wie alle flüssigen Insekten-Vertilgungsmittel mittels der geeigneten Vorrichtungen in sehr fein verteiltem Zustande aufgestäubt. Nachstehend werden einige Anleitungen für Petroleum-, Sand- und Sägespänemischungen und Petroleum-Emulsionen gegeben.

Petroleumpulver.

1. Man vermischt 12 Gewichtsteile Rohpetroleum unter beständigem Durchmischen mit annähernd 85 Gewichtsteilen

trockener Erde oder trockenem Sand, so daß ein gleichmäßig durchtränktes Pulver sich bildet.

2. 30 Gewichtsteile Sägespäne oder Holzmehl weicher Hölzer werden mit 15 Gewichtsteilen Rohpetroleum innig vermischt und dann noch so viel Sand oder Erde hinzu= gesetzt, daß nach tüchtigem Durcharbeiten ein eben noch feuchtes Pulver vorhanden ist.

Bei Verwendung von Leuchtöl muß man, der Dünn= flüssigkeit Rechnung tragend, die Menge desseben entsprechend verringern.

Petroleum=Emulsionen.

1. 210 Gewichtsteile Rohpetroleum,
     20   »   raffiniertes Harzöl,
     20   »   Destillat=Olein,
      7·5   »   Natronlauge von 18° Bé
      7·5   »   denaturierter Spiritus.

Die Herstellung ist sehr einfach und erfordert keine besonderen Kenntnisse. Man rührt Mineralöl, raffiniertes Harzöl und Olein in einem Kessel zu einer gleichmäßigen Mischung zusammen. Anderseits stellt man eine Mischung von gleichen Gewichtsteilen Natronlauge und Spiritus her und fügt hiervon vorsichtig so viel zu der Öllösung, daß solche nach dem Durchmischen klar ist und sich mit Wasser, neunmal so viel als Öl, dauernd emulgiert.

2. 100 Gewichtsteile Rohpetroleum,
     45   »   Harzöl, roh,
     25   »   raffiniertes Harzöl,
     60   »   Ölsäure,
     40   »   Türkischrotöl.

3. 230 Gewichtsteile Rohpetroleum,
     75   »   Ölsäure auf 50° C erwärmt,
     60   »   Natronlauge von 30° Bé einrühren,

abkühlen lassen, dann 67·5 Gewichtsteile denaturierten Spiritus hinzumischen. Eine allenfallsige Trübung wird durch Hinzugabe von Olein, die nicht genügende Emulsions=

fähigkeit durch Vermehrung der Menge der Lauge in das richtige Verhältnis gebracht.

Tabak als Bekämpfungsmittel von Ungeziefer.

Tabakextrakt, der jetzt vielfach in Zigarren- und Tabakfabriken im großen dargestellt wird, ist ein ganz vorzügliches Bekämpfungsmittel gegen tierische Pflanzenschädlinge und wird hierbei eine Lösung von 2 kg derselben in 100 l Wasser angewendet; dieselbe ist leicht herstellbar, da der Tabakextrakt sich sofort auflöst und die Anwendung geschieht durch Aufspritzen gleich nach dem Abtrocknen des Morgentaus, ehe die sengenden Sonnenstrahlen auf die Pflanzen einwirken können. Tritt unmittelbar nach dem Bespritzen feuchtes Wetter oder Regen ein, so muß das Verfahren wiederholt werden. Gegen Blattläuse, Raupen, den Erdfloh, das Spargelhähnchen, die Ackerschnecke bewährt sich die Tabakextraktlösung vorzüglich. Auch bei der Blutlaus ist die Wirkung sicher, nur muß die Bespritzung wiederholt vorgenommen werden. Auch Saatbeete von Levkojen und Kohlarten werden durch Tabakextrakt vom Erdfloh befreit und überall, wo sich tierische Pflanzenschädlinge gezeigt haben, bildete die Tabakextraktlösung ein verläßliches Schutz- und Bekämpfungsmittel.

Der Tabakrauch wird bekanntlich von allen Gegenständen leicht angenommen und Räume, in denen viel geraucht wird, sind für viele Personen zum Aufenthalt ungeeignet, weil der Geruch der Verbrennungsprodukte des Tabakes ein äußerst unangenehmer und sehr lang anhaltender ist. Es ist bekannt, daß sich unter der Einwirkung des Tabakrauches alles bräunt, aber es sind die Wirkungen des Tabakrauches noch wenig beobachtet worden, obwohl sie sehr interessant und von nicht zu unterschätzender Bedeutung sind. Ein Stück rohes Rindfleisch in dünne Scheiben geschnitten, dem Tabakrauch ausgesetzt, wird von den Hunden nicht berührt; gelingt es aber, ihnen ein solches Stück in einer Umhüllung von Brotkrume beizubringen, so erfolgt der Tod in einer Stunde. Ein Stück Kalbfleisch mit Tabakrauch gesättigt, im Ofen ausgebraten, so daß der Saft ausgeflossen ist, bringt Ratten, die davon fressen, gleichfalls den Tod (ein sehr einfaches und leichtes Mittel, sich von dieser Plage zu befreien). Gekochtes Rindfleisch erregt unter allen Umständen Erbrechen. Dieses gar gemachte Fleisch, gekocht oder gebraten, nimmt den Tabakrauch mehr oder weniger an, je nach dem Grade des Garseins, Roastbeef, Beafsteaks am meisten, dann der Braten, am wenigsten das auf andere Weise zubereitete Fleisch. Das Eindringen des Rauches vermindert sich mit dem Kaltwerden des Fleisches. Die Wirkung hängt auch von der Beschaffenheit des Rauches ab und teilt sich der Rauch von frischem oder naß gewordenem Tabak leichter mit, als der von leicht brennendem, dessen Rauch weniger schwer ist. Am gefährlichsten, also am meisten schädlich wirkend, sind die letzten Züge aus einer Zigarre oder aus einer kurzen Pfeife.

Die Verschiedenheit der Tabake hat ebenfalls verschiedene Wirkung. Erdbeeren oder Himbeeren, dem Rauche ausgesetzt, sind vollständig ungenießbar. Wenn nun schon Nahrungsmittel wie Fleisch, bei welchem das Eindringen des Tabakrauches doch nur schwer erfolgen kann, so gefährliche Wirkung haben, wie viel mehr andere Produkte, wie beispielsweise Mehl, welches der Rauch vollkommen durchdringen kann, Milch usw. Bedingung für das sich Geltendmachen der Schädlichkeit des Tabakrauches ist natürlich in erster Linie, daß die Nahrungsmittel unmittelbar der Einwirkung desselben ausgesetzt werden — je mehr sich der Rauch in einem Raume verbreitet, um so weniger wird er empfunden —; zweitens aber wird auch ein gewisser Feuchtigkeitszustand des anzuräuchernden Objektes erforderlich sein, damit der Tabakrauch auf demselben haftet. Ganz trockene Nahrungsmittel werden weniger der Gefahr des Vergiftens ausgesetzt sein.

Jedenfalls könnten die vorgenannten Beobachtungen der vergiftenden Wirkungen des Tabakrauches für die Vertilgung von kleinen Säugetieren nutzbar gemacht werden, wenn diese letzteren nicht vor dem Geruche zurückschrecken, der allerdings durch sogenannte Witterungen zu verdecken wäre, indem man in besonderen Vorrichtungen Tabak verbrennt, dessen Rauch unmittelbar auf Fleisch usw. einwirkt. Ob der Tabakrauch auch Insekten, wie Wanzen usw., zu beseitigen imstande ist, könnte durch einfache Versuche des Verbrennens von Tabak in geschlossenen Räumen leicht erprobt werden.

Gegen Blattläuse auf Rübsenfeldern und in Hopfenpflanzungen hat sich nach Direktor Brien der Tabakextrakt sehr gut bewährt. Eine 2%ige Lösung desselben hat die im Jahre 1903 sehr von Blattläusen befallenen Sommerrübsenfelder vollständig von diesen Ungeziefer befreit, obgleich nur eine einmalige Bespritzung angewendet wurde. Zum Bespritzen diente die Austriaspritze, doch muß bei derselben ein Mundstück benützt werden, das die feinste dunstartige Verstäubung der Flüssigkeit gestattet. Ein ähnlicher Erfolg wurde mit diesem Mittel von einzelnen Landwirten in Hopfengärten erzielt. Aus verläßlichster Quelle weiß man, daß Landwirte, welche ihren von Blattläusen befallenen Hopfengarten rechtzeitig mit 2%iger Tabakextraktlösung bespritzten, 20 Meterzentner Hopfen ernteten, während Nachbarn, welche dies unterließen, nur 4·5 Meterzentner gewinnen konnten.

Verschiedene Tabakextrakt-Präparate.

Zur Herstellung des Tabakextraktes werden die starken und schwachen Rippen der Blätter, die zum Beizen der Blätter verwendeten Saucen und endlich überhaupt alle Abfälle verwendet, indem man solche mit geeigneten Wassermengen andauernd kocht und die Flüssigkeit nach dem Durchseihen auf einen bestimmten Nikotingehalt einkocht. Es ist nun natürlich für die Wirksamkeit des Präparates der Gehalt an Nikotin außerordentlich wichtig, denn davon hängt es ab, mit wieviel Wasser ein solches zu verdünnen ist. Sajo gibt als gut wirkendes Mittel eine Lösung von

2 Gewichtsteilen Tabaklaugenextrakt mit 14·5%
Nikotingehalt in

100 Gewichtsteilen Wasser an, in anderen Vor=
schriften findet man nur Tabakauszug oder Tabakslauge
angegeben. Vielfach wird der Tabakextrakt auch mit Schmier=
seife, Holzgeist, Amylalkohol und Kreolin, Kupfervitriol,
Kochsalz kombiniert.

1. Nach Neßler

   9 Gewichtsteile Tabakauszug
   6 » Schmierseife,
   7½ » Kartoffelspiritus,
   30 » Weingeist,
  150 » Wasser.

2. 45 Gewichtsteile Tabakblätter werden in 50 Ge=
wichtsteilen Wasser ausgekocht und das daraus erhaltene
Filtrat in einer Lösung von

  8·25 Gewichtsteilen Schmierseife in
  100 » Wasser gelöst, erkalten ge=
          lassen und
  2·10 Gewichtsteile Fuselöl zugesetzt,
eingerührt.

Dr. Hollrung erwähnt noch die nachstehenden Zu=
sammensetzungen.

3. 50 Gewichtsteile Tabaksauszug,
   0·75 » Schmierseife,
   100 » Wasser; gegen die Hopfenlaus.

4. Gegen den Heu= und Sauerwurm.
   6 Gewichtsteile karbolisierter Tabaksaft,
   2·75 » Kreolin,
   1·5 » Seife.
  150 » Wasser. Anwendung in 2 5%iger
          Lösung.

5. 1¾ bis 2 Gewichtsteile eingedickter Tabakauszug,
   1¾ bis 2 » Kochsalz,
   110 » Wasser; als Spritzmittel
          gegen Kohlraupen.

6.　　4 Gewichtsteile Tabaksaft,
　0·1　　»　　　Kupfervitriol,
100　　　»　　　Wasser, gegen Heu= und Sauer=
　　　　　　　　　wurm und falschen Mehltau.

7. Nach Jamina gegen falschen Mehltau, Heu= und Sauerwurm

　5·5 Gewichtsteile Tabaksaft,
　33·0　　»　　　Schmierseife,
　2·5　　»　　　Kreolin,
　2·5　　»　　　Kupfervitriol,
　11·0　　»　　　Kalilauge,
100·0　　»　　　Wasser.

Die Schmierseife wird in der angegebenen Wasser=
menge gelöst, ebenso der Kupfervitriol in der Kalilauge;
beide Lösungen unter kräftigem Umrühren mischen, schließlich
Tabaksaft und Kreolin hinzusetzen und alles durch kräftiges
Durchmischen vereinigen.

Raupenleime.

Man bezeichnet als Raupenleime stark klebende, dabei
aber nicht austrocknende Kompositionen aus Harz (Kolo=
phonium), Ölen, dann auch Teer, welche bestimmt sind, auf
die Stämme der Obst= und Waldbäume in einem Gürtel oder
Ring von 4 bis 10 cm Breite aufgestrichen zu werden; mit=
unter trägt man den Raupenleim auch nicht unmittelbar auf
den Stamm, sondern auf entsprechend breite Streifen von
Pergament= oder Ölpapier auf, legt dieses dann um die
Stämme und bindet es mittels Schnur oder Draht fest,
derart, daß das Papier fest anliegt und Insekten dazwischen
nicht durchschlüpfen können.

Guter Raupenleim muß eine entsprechende Konsistenz
aufweisen, zäh und dickflüssig sein, doch unter dem Ein=
flusse der Sonnenwärme nicht so weit erweichen, daß er ab=
rinnt und nicht mehr klebt; er darf aber auch bei niederer
Temperatur nicht fest und trocken werden, dann würden
die Insekten nicht darauf haften, sondern darüber hinweg=

kriechen, wie es auch der Fall ist, wenn der Leim nach längerer Zeit austrocknet. Es ist nicht sehr leicht, einen unter allen Einflüssen der Temperatur und den Nieder=schlägen bis zu einem gewissen Grade unveränderlichen, den Zwecken ganz entsprechenden Leim herzustellen; die nachfolgenden Anleitungen ergeben gute Resultate, doch wird man da und dort Verschiebungen in den Mengenverhält=nissen müssen eintreten lassen.

1. **Peringscher Brumataleim.**

Man schmilzt

     700 *g* Holzteer mit

     500 *g* Kolophonium und

     500 *g* schwarzer Seife zusammen, vermischt gut und verdünnt die Masse dann mit

     300 *g* reinem Fischtran.

2.   500 *g* schwarzes Pech werden mit

     200 *g* dickem Terpentin zusammengeschmolzen und der Masse noch

     375 *g* Leinöl behufs Verflüssigung zugesetzt.

3.   500 *g* Rüböl werden mit

    1000 *g* Schweinefett unter Umrühren auf dem Feuer vermischt und

    1000 *g* Kolophonium darin zum Schmelzen und Lösen gebracht.

4. In gleicher Weise werden vereinigt:

     500 *g* Kolophonium,

   2000 *g* Schweineschmalz,

   2000 *g* Stearinöl (Ölsäure).

5.   200 Teile Fichtenharz,

  1000   »   Kolophonium,

   140   »   Terpentin,

    80   »   Picis Liquid.,

   500   »   Schweinefett,

   240   »   Rüböl,

   200   »   Seb. Ovil.

6.   50 Teile Kolophonium,
      40 »   Schweinefett,
      40 »   Stearinöl (Ölsäure).
7.   30 Teile Kolophonium,
      40 »   Rüböl,
      20 »   Schweinefett,
      10 »   Schmierseife,
     100 »   Holzteer.

Diese Klebmasse wird in geschmolzenem, also warmem Zustande mittels eines steifen Borstenpinsels auf Kleb=gürtelpapier gestrichen, wie man sich solches durch Tränken von dünnem Packpapier mit Firnis herstellt. Die Breite des Klebgürtels braucht 10 cm nicht übersteigen. Derselbe wird ungefähr 1 m über der Erde am Stamme mit zwei Bindfäden (oben und unten) befestigt. Vor Anlegen des Papieres muß noch die Rinde des Stammes glatt gemacht werden und, nachdem das Klebgürtelpapier befestigt ist, wird dasselbe mit dem sogenanten Raupenleim bepinselt. Übrigens ist der geeignetste Zeitpunkt des Anlegens Ende Oktober oder Anfangs November. Der Zweck des Kleb=gürtels ist bekanntlich der, die Weibchen des Frostspanners (Cheimatopia brumata L.), welche flügellos sind und inner=halb der erwähnten Zeit von dem Erdboden aus am Stamme aufwärtsklettern (aufbäumen) abzufangen. Zur selben Zeit sieht man die Bäume an sonnigen Tagen von kleinen grünen Schmetterlingen, den Männchen, um=schwärmt, welche die an den Zweigen sitzenden Weibchen zur Begattung aufsuchen.

8. Gewöhnliche Harzwagenschmiere wird als das beste Mittel bezeichnet, um die Weibchen des Frostspanners von den Bäumen fern zu halten. Es wird ein Ring von Papier mit Schnüren oder Draht um den Baum befestigt und die Wagenschmiere auf das Papier gestrichen. Sollte die Schmiere etwas zu dick sein, so setzt man etwas Ölsäure hinzu.

9. 1000 g dicker Terpentin.
    500 g Kolophonium werden mit
    750 g Kiefernteer zusammengeschmolzen.

10. Man schmilzt

    30 Gewichtsteile rohes Wollfett mit

    10 Gewichtsteilen Blau- oder Paraffinöl zusammen und rührt dem Gemenge nach dem Abkühlen auf 30° C noch ein Gemisch von

    15 Gewichtsteilen Harzöl,

    25   »   rohem Harzöl und

    10   »   hellem Blauöl ein. Nach gutem Umrühren bringt man noch 30 Gewichtsteile Ansatz (Mutterfett) zu und rührt bis zum Erkalten die stetig dicker werdende Masse.

11. Es werden gemischt

    50 Gewichtsteile blaues Harzöl,

    50   »   dickes Harzöl (Stocköl) und

    0·5   »   Parakautschuklösung und verseift mit

    5·6 Gewichtsteilen Ätzkalkbrei.

12. 100 Gewichtsteile Kolophonium,

    70   »   Schweinefett,

    66   »   Rapsöl.

Verschiedene Ungeziefer-Vertilgungsmittel.

1. Gegen Russen, Schwaben und größere Käfer.

    10 g frisch geglühter Kienruß,

    10 g Saftgrün,

    240 g weißer Arsenik in Pulver.

2. Das Ungeziefer-Vertilgungsmittel »Puffi«

besteht aus einer mit fettlöslichem Teerfarbstoff grün gefärbten Mischung von

    Petroleum und

    Amylazetat (essigsaures Amyloxyd).

3. Nach Verein. Staat. Pat. Nr. 896.094.

1 Gewichtsteil auf etwa 30° Bé eingedampfte Lauge der Sulfitzellstoffabrikation wird mit

2 Gewichtsteilen Kerosin (Leuchtpetroleum) oder einem anderen ähnlichen Öle versetzt; die sich bildende klare Lösung ist sehr wirksam zur Vernichtung von Ungeziefer in Gärten usw. Behufs Gebrauches wird die Flüssigkeit mit

10 Gewichtsteilen Wasser verdünnt.

4. Nach Ferdinand von Stranz in Berlin
(D. R. P. Nr. 200.305).

Während in vielen Fällen, insbesondere bei grünen Pflanzen, nur schwache Kalklösungen angewendet werden können, die nicht mit Sicherheit wirken, weil stärkere Konzentrationen die Pflanzen schädigen und gleiches auch bei Ammoniak der Fall ist, können bei der gleichzeitigen Verwendung beider Flüssigkeiten so schwache Konzentrationen benützt werden, daß die Pflanzen keine Schädigung erleiden; die Schädlinge aber werden sicher abgetötet. Die Flüssigkeit besteht aus einem Gemisch von Gaswasser mit Kalkwasser (Ätzkalk), mit der die zu schützende Pflanze behandelt wird.

5. Nach Emil Eskenasy im Pansdorf
(D. R. P. Nr. 168.186).

. Es handelt sich hier um ein Verfahren zur Entfernung und Tötung von Ungeziefer, gekennzeichnet durch die Verwendung von Azetylentetrachlorid. Das Azetylentetrachlorid kann nach D. R. P. Nr. 154.657 leicht dargestellt werden, ist eine aromatisch riechende, indifferente, nicht brennbare Flüssigkeit, die bei 145° siedet und kann ohne jedes Bedenken hinsichtlich der Feuergefährlichkeit oder Giftigkeit überall zur Vertilgung von Ungeziefer angewendet werden.

6. Nach E. Fichtenau (Schwed. Pat. Nr. 23.418).

Fettsäure, Harzsäure oder ein Gemisch beider mit Aloe=extrakt versetzt, gut gemischt und getrocknet. Erforderlichen=falls kann auch Petroleum oder Lavendelöl mit Alaun zu=gesetzt werden.

7. Nach Dr. F. Sauer in Potsdam

verwendet man zum Töten von schädlichen Lebewesen in geschlossenen Räumen die Gasgemische, welche schwerer als Luft sind, derartig, daß man die Gasgemische dem zu behandelnden Raum von der tiefsten Stelle aus zuführt. Die tödlichen Gase dringen sicher in alle Räume ein. Bei dem zunächst erfolgenden Verdrängen der Luft von unten nach oben werden auch die abzutötenden Tiere nach oben getrieben, so daß ihr Einfangen oder Einsammeln erleichtert wird. Um die Räume wieder mit Luft zu füllen, saugt man das Gas in die Zuführungsleitung ab.

8. Knobolin

besteht aus 400 Teilen Kaliseife mit 60%igem Wassergehalt,
     600 » Amylalkohol,
    2 bis 3 Teilen Nitrobenzol,
   10 Teilen xanthogensaurem Kali.

9. Eclair von Valmorel.

bildet ein hellgrünes Pulver und enthält
    38·9% essigsaures Kupfer,
    24·6% schwefelsaures Natron neben Kaolin.

10. Keletis Antispora

ist zusammengesetzt aus
    80% Talkum (Federweiß),
    15% Karbolsäure,
    5% Wasser.

11. Tur von Ermisch.

Gemisch aus

86·7% Karbolsäure,

6·1% Kalk, von welchen etwa 5% als schwefelsaurer Kalk vorhanden sind.

12. Jenkers Antidin

ist anscheinend ein Gasfabriksprodukt, welchem ein Zusatz von Kalk gegeben wurde; es enthält

8·6% freien Schwefel und

1·6% Kalziumsulfit.

13. Insektenvertilgungsmittel »Tineol«.

Dieses ziemlich wirksame Präparat besteht aus

500 g Tabakrippenpulver,

500 g gemahlenen Pyrethrumblüten,

  50 g   »   Borax,

  50 g   •   rotem, chromsaurem Kali,

  50 g   »   Paprika, innig miteinander vermischt und mit

   5 g Mirbanöl und

   5 g Oleum sabadillae parfümiert.

14. Schwaben- und Rattenpulver.

Ein derartiges Präparat bestand nach einer Untersuchung aus einem weißen, stark alkalisch reagierenden Pulver aus Kalk, Borax, Zucker und Zerealienmehl; gegen Ratten dürfte sich das Mittel kaum als wirksam erweisen.

15. Rattenwurst

besteht aus mit Meerzwiebel und mit Wachholderöl vermengtem Mehl. Das Mittel wurde an verschiedenen Orten verkauft und sollen viele Katzen an demselben zugrunde gegangen sein.

16. Apteripte
zur Vernichtung von Ungeziefer im Erdboden.

Das Produkt ist eine feste, jedoch leicht zerbröckelnde Masse von grauer Färbung und stark kreolinartigem Geruche. Nach der chemischen Untersuchung besteht sie aus etwa

33% Rohnaphthalin,
16% natürlichem Tonerdesilikat (Ton) und
50% Kalkschwefelleber, hergestellt durch einen mechanischen Mischprozeß.

17. Fichteninseife zur Vertilgung von Ungeziefer

hat sich bei der Untersuchung als gewöhnliche Fettseife erwiesen, der etwas ätherisches Öl zugesetzt ist, die aber antiseptische oder die Insekten oder pflanzliche Parasiten tötende Substanzen nicht enthält. Sie kann also besondere Wirkungen nicht äußern und an ihrer Stelle kann jede andere Seife angewendet werden.

18. Hanföl gegen Hautschmarotzer.

Als ein vorzügliches Mittel zur gefahrlosen Vertreibung von Hautschmarotzern ist Hanföl anzusehen. Zwei bis drei Stunden nach dem Einreiben desselben hört bei den mit Ungeziefer bedeckten Haustieren das Jucken auf, die Schmarotzer sind abgestorben. Das Hanföl ist billig und leicht zu beschaffen und besitzt nicht wie andere Mittel dieser Art giftige Eigenschaften. Seiner Anwendung steht deshalb auch bei Pferden gegen Stechfliegen usw., wie bei Hunden und Kälbern, welche die Einreibungen abzulecken pflegen, nichts im Wege. Ganz besonders bewährt sich die Einreibung von Hanföl gegen Schmarotzer beim Federvieh.

19. Harz- und Öl-Seifenlösungen
gegen Schild- und Blattläuse.

Diese Schutzmittel werden im allgemeinen hergestellt, indem man pflanzliches Öl (Leinöl, Rüböl, Baumwollsamen-

öl) oder Kolophonium mit einem Alkali (Soda, Pottasche)
im Überschusse und Wasser so lange erhitzt, bis Verseifung
eingetreten ist; der Wert dieser Mittel liegt ebenfalls in der
stark alkalischen Beschaffenheit der Seifenlösung und dem
dünnen Überzug von Seife auf den einzelnen Pflanzen=
teilen. Bei einer Seife, welche in 100 Teilen 10 Teile Öle
und 5·1 Teile Lauge enthält, verdünnt man bei der Ver=
wendung mit der 10= bis 50fachen Wassermenge.

20. Herrings Masse zum Bespritzen von Obst=
bäumen

besteht aus

1	Gewichtsteil	Chlornatrium,
2·3	Gewichtsteilen	Quecksilbersulfid,
8	»	Quecksilbersublimat,
0·7	»	Schwefel und
500 bis 5000	»	Wasser.

21. Holzölkuchen
als Insektenvertilgungsmittel und Bodendesinfiziens.

In China und auch in Japan werden aus den
Früchten (Nüssen) des Ölfirnisbaumes (Aleurites cordata,
Elaeococca vernicia) große Mengen von Holzöl gewonnen,
die sowohl in den Produktionsländern selbst, als auch in
Europa und Amerika zu Anstrichzwecken und zur Lack=
fabrikation dienen. Die bei der Öldarstellung als Rückstand
hinterbleibenden Kuchen sind stark giftig und daher als
Viehfutter nicht geeignet, aber sie bilden ein sehr wertvolles
Düngemittel und haben noch die besondere Eigenschaft,
alle Insekten, welche sich von den Wurzeln der Pflanzen
nähren, abzutöten. Diese Eigenschaft macht die Verwendung
des Abfallproduktes ganz besonders wertvoll für die wein=
bautreibenden Bezirke Deutschlands, und L. Hoffmann in
Shanghai hat in einer besonderen Eingabe an das preußische
Ackerbauministerium diesbezügliche praktische Erfahrungen
zur Kenntnisnahme übermittelt.

22. Vertilgen von Insekten und Larven in tech=nischen Drogen.

Man stellt in einem offenen Gläschen eine kleine Menge Schwefelkohlenstoff in das Gefäß mit der be=treffenden Droge und schließt letzteres dann möglichst luft=dicht ab.

23. Insektenvertilgungsmittel von R. Bosch in Stuttgart.

Dasselbe besteht aus einer Nitrophenolwasserlösung, welcher wasserlösliches (d. h. mit Wasser emulgierbares) Harzöl zugesetzt wird. Diese Flüssigkeit kann auch durch Aufsaugen mittels Leichtspat, Infusorienerde in Pulverform gebracht werden; dasselbe wird dann als Verstäubungs=mittel angewendet.

24. Insektenvertilgungsmittel von Prda in Fulnek (Mähren).

Es handelt sich hier um ein ganz seltsames Mittel welches Schloßgärtner Prda zum Schutze seiner Pflanzen gegen Erdflöhe, Kohlweißlinge, Würmer, Raupen usw. in Anwendung bringt. Er bereitet eine Tinktur, indem er die verschiedenen Gemüse= und sonstigen Pflanzenfeinde, das heißt alle erreichbaren schädlichen Insekten in eine ent=sprechend große Flasche füllt, darauf ungefähr 6 Teile ge=reinigte Kuhjauche (Urin) und 1 Teil Spiritus bringt und die ganze Mischung durch einige Tage in der Sonne mazerieren läßt. Er weicht in diese Tinktur die verschiedenen zur Aussaat bestimmten Samen ein, sät sofort aus, be=handelt sie weiter wie üblich und teilt mit, daß solche Pflanzen rasch und üppig wachsen und gegen tierische Schädlinge unempfindlich sind. Diese Mitteilung wird mit aller Reserve gegeben, jedoch bemerkt, daß in vielen der=artigen Versuchen oft eine bedeutende Wahrheit liegt und

viele wertvolle Erfindungen basieren darauf. Vielen Fach=
leuten dürfte bekannt sein, daß verschiedene Tiere vor dem
Geruch der Kadaver von ihresgleichen zurückschrecken und
in dieser Tatsache dürfte vielleicht ein Hinweis betreffend
die Wirksamkeit des eigenartigen Mittels zu suchen sein.

25. Insektenvertilgungsmittel in flüssiger Form.

Von flüssigen Insektenvertilgungsmitteln sind eine große
Anzahl Kompositionen teils in Gebrauch, teils empfohlen
worden, die sich je nach der Art der in denselben enthal=
tenen Bestandteile, als auch der Widerstandsfähigkeit der
Insekten gegen dieselben mehr oder weniger bewährt haben.
Substanzen, welche unmittelbar den Tod des Insektes zur
Folge haben, sind natürlich von größerer Wirksamkeit als
solche, welche nur betäubend wirken oder vor dessen Geruch
die Tiere die Flucht ergreifen.

    a) 2·000 Gewichtsteile Petroleum,

       0·100 Gewichtsteil Kienöl (sogenanntes russisches
          Terpentinöl),

       0·002 Gewichtsteile Poleyöl.

    b) Petroleum mit etwas Wintergrünöl parfümiert.

    c) 4 Gewichtsteile Petroleum,

       $\frac{1}{2}$ Gewichtsteil Terpentinöl,

       0·1   »   Benzin, parfümiert mit La=
        vendelöl.

    d) 1·200 Gewichtsteile Petroleum,

       0·150   »   Kienöl,

       0·150   »   Benzin,

       0·075   »   Eukalyptusblätter,

       0·010   »   Eukalyptusöl.

Man mischt Petroleum, Kienöl und Benzin, behandelt
die Eukalyptusblätter 24 Stunden lang mit der Flüssigkeit,
seiht dann durch Gewebe und setzt das Eukalyptusöl hinzu.

    e) Sehr gut haben sich Ölemulsionen aus Seife und
Petroleum oder Seife, Paraffinöl und Naphthalin als
Schutzmittel gegen Pflanzenschädlinge bewährt.

Man löst beispielsweise:

1½ Gewichtsteile Waltranseife in 50 Gewichtsteilen Wasser, fügt 50 Gewichtsteile Rohdestillate unter tüchtigem Umrühren zu und setzt das Vermischen so lange fort, bis eine gelbe, cremeartige Emulsion entstanden ist. Durch Zusatz von Naphthalin, welches sowohl in Seife wie in Mineralölen löslich ist, wird eine bessere Emulsion erzielt und ein derart hergestelltes Präparat soll von vorzüglicher Wirksamkeit sein.

f) 10 *kg* Schmierseife,
   3½ *kg* Wasser,
   1 *kg* Naphthalin,
   3½ *kg* Petroleum.

g) 10 Gewichtsteile Waltranseife,
   7   »   Rohpetroleum,
   ¼ Gewichtsteil Naphthalin.

Die Herstellung dieser Präparate erfolgt in der Weise, daß man die Seife in einem Kessel schmilzt und das Petroleum, in welchem das Naphthalin vorher gelöst wurde, unter Umrühren zusetzt, worauf man abkühlen läßt. Die derart hergestellte Emulsion hält sich durch Monate hindurch. Zum Gebrauche löst man 1 *kg* in 100 *l* Wasser und bespritzt die Pflanzen damit. Diese Behandlung ist sehr wirksam gegen Blattläuse und andere Pflanzenschädlinge. Auch bei Tieren ist eine Abwaschung mit einer Lösung dieser Emulsion von gutem Resultat, um dieselben von den Parasiten zu befreien.

26. Insecticide liquide
(flüssiges Insektenvertilgungsmittel).

Dieses in Flaschen in den Handel kommende Präparat stellt nach vorgenommenen Untersuchungen eine gelbliche, beim Schütteln schäumende und stark alkalisch reagierende Flüssigkeit dar, die nach Melissenöl riecht. Die Trockensubstanz beträgt 11·9%, und der Aschenrückstand 2·9%. Erstere enthält nach Abzug der mineralischen Bestandteile etwa 9%/₀ Seife und ganz unerhebliche Mengen eines narkotischen Stoffes, der als Nikotin bezeichnet werden kann.

27. Krämers Plantol I

a) besteht aus Mineralöl, Harz, Pottasche, Harzseife und Wasser, während

Plantol II

b) an Stelle des Mineralöles flüchtige Steinkohlenteeröle und wahrscheinlich auch geringe Mengen ätherischer Öle enthält.

28. Mittel zum Töten von Pilzen auf Kulturpflanzen aller Art von Pierre Ducaniel und Société H. Gonthiere & Cie., Paris.

Die Herstellung des Mittels geschieht in der Weise, daß man einer Lösung von Kalziumzyanid (CN.CCa) eine äquivalente Menge eines Kupfersalzes, wie Sulfat, Nitrat, Azetat, Chlorid usw. zufügt. Es bildet sich dann neben dem entsprechenden Kalziumsalz ein fleckiger, braunschwarzer und sehr leichter Niederschlag von Kupferzyanamid. Es ist vorteilhaft, überschüssiges Kupfersalz anzuwenden, damit die erhaltene Kupferbrühe zwei wirksame Bestandteile hat, ein unlösliches Kupfersalz in Form von Kupferzyanamid und ein lösliches in Form von Nitrat, Sulfat, Azetat usw.

29. Parasitol zur Vertilgung von Insekten und Schmarotzern auf Pflanzen.

Man vermischt
100 kg grünes Sulfurolivenöl, das vermöge seiner Herstellungsweise immer noch etwas Schwefelkohlenstoff enthält, unter beständigem Umrühren bei 32—40° C mit

10 *kg* Rohnaphthalin. Nach vollständiger Lösung wird das ganze durch ein Sieb getrieben, um allenfalls vorhandene feste Teilchen auszuscheiden. Dann wird der Mischung eine Lösung von

2 *kg* Kreosotöl in

120 *kg* Ätzkalilauge von 18—20° Bé bei 25° C unter beständigem Umrühren zugesetzt und mit dem Rühren so lange fortgefahren, bis völlige Verseifung erzielt ist. Die auf diese Weise erhaltene Seife bildet eine dicke, in Wasser vollständig lösliche Flüssigkeit, welche sich lange Zeit unverändert hält, ohne daß Naphthalin oder Kreosotöl sich ausscheiden. Die Wirksamkeit des Parasitols gründet sich teilweise auf den Seifengehalt, hauptsächlich aber auf den Gehalt an Naphthalin, Kreosot und Schwefelkohlenstoff, welche, ohne die Pflanzen ungünstig zu beeinflussen, Insekten und Schmarotzer sicher vernichten. Behufs Anwendung wird das Parasitol mit 90—95% Wasser vermischt auf die Pflanzen aufgespritzt oder mittels Zerstäubers aufgebracht; es haftet sehr gut und wird von Niederschlägen nicht leicht weggewaschen.

30. Pyrethrum-Seifenextrakt gegen Heu- und Sauerwurm der Reben.

Man löst

4·5 Gewichtsteile Schmierseife, gelbe oder grüne, in

150·0 Gewichtsteilen Wasser auf, bringt auf

2·2 Gewichtsteile Pyrethrumpulver so viel von der Seifenlösung, daß beim Durcharbeiten ein dünnflüssiger Brei entsteht und verdünnt diesen nach und nach, bis man 200 Gewichtsteile Seifenlösung einverleibt hat. Die Mischung wird mittels Spritze oder Zerstäubers aufgebracht. Für besonders kräftig wirkende Präparate kann der Gehalt an Schmierseife selbst bis zu 5⁰/₀ betragen.

31. Quassiaholzextrakt.

Quassiaholz findet schon seit langer Zeit als Mittel gegen verschiedene Insekten, so insbesondere Fliegen, Flöhe usw.

Anwendung, und zwar immer die Abkochung desselben in Wasser. In der neueren Zeit ist die Abkochung auch gegen Pflanzenläuse, Milben, Raupen und auch gegen Rebenschädlinge verwendet worden, zumeist mit Seife, dann auch mit Petroleum und Karbolsäure kombiniert.

a) Nach Witehead (gegen die Hopfenlaus):

   1 Gewichtsteil Quassiaholzspäne wird mit

  100 Gewichtsteilen Wasser tüchtig gekocht, dann 24 Stunden stehen gelassen, die durchgeseihte Flüssigkeit mit einer Lösung von

   1 Gewichtsteil Schmierseife in

  100 Gewichtsteilen Wasser gemischt.

b)   4 Gewichtsteile Quassiaholzspäne,

     3   »   weiche Seife,

  500   »   Wasser. Gegen die Knospengallmilbe.

c) Nach Klein (gegen Blatt- und Blutlaus):

  α) $7^1/_2$ Gewichtsteile Quassiaholzspäne,

   50   »   Wasser.

  β) $12^1/_2$ Gewichtsteile Schmierseife,

   50   »   Wasser. Bei Gebrauch werden gemischt:

   1   Gewichtsteil Quassiaholzextrakt,

   1   »   Seifenlösung mit

   8   Gewichtsteilen Wasser oder

  1·0 Gewichtsteile Quassiaholzextrakt,

  0·6   »   Seifenlösung mit

  8·4 Gewichtsteilen Wasser.

Wie man ersieht, handelt es sich um verschiedene Konzentrationen und Mengenverhältnisse zwischen Quassiaholzspänen und Seife.

d) Nach Gardeners »Chronicle«:

  α)   1·5 Gewichtsteile Quassiaholzspäne,

  20·0   »   Wasser.

  β)   0·9 Gewichtsteile weiche Seife,

 100·0   »   Wasser,

   0·7   »   Petroleum.

e) Spritzmittel gegen Raupen:

0·5 *kg* Quassiaholzspäne,
0·6 *kg* weiche Seife,
0·4 *kg* Karbolsäure,
110·0 *kg* Wasser.

f) Nach Gilardi (gegen den Heu= und Sauerwurm):

$\frac{1}{2}$ Gewichtsteil Quassiaholzauszug,
$\frac{1}{4}$—$\frac{1}{2}$ » Karbolsäure,
100 Gewichtsteile Wasser.

32. Rubina, Mittel gegen Blattläuse, Milben= spinnen usw.

100 Gewichtsteile Holzteer und
100 » Natronlauge von 25° Bé werden
andauernd zusammen erhitzt, bis der Holzteer emulgiert ist. Behufs Verwendung wird das Gemisch in der 25= bis 50fachen Menge Wasser gelöst und mittels Zerstäubers auf die Pflanzen gebracht. Auch kann man behufs Erzielung einer noch besseren Verteilung des Teeres im Wasser Schmier= seife, zur Erhöhung der tötenden Wirkung auf Insekten auch Petroleum hinzusetzen. Für die Vernichtung niederer Pilze genügen Teeremulsionen, welche neben $1\frac{1}{2}\%$ Alkali nur $\frac{1}{2}\%$ Teer enthalten.

33. Mittel, um Vögel, Mäuse usw. von Obstsaaten abzuhalten.

In Frankreich wendet man nachstehendes Mittel an: Alle Samen mit harter Schale kommen vor der Aussaat in ein Gefäß, welches mit Bleimennige gefüllt ist (jedenfalls in mit einem Bindemittel versehener Form) und werden damit gehörig angefeuchtet. Kein Vogel, keine Ratte oder Maus, kein Insekt berührt solcherart behandelten Samen.

Mittel gegen pflanzliche Schädlinge.

Bekämpfung des Hederichs.

Von Ritter in Damerow bei Rostock sind in den letzten drei Jahren Versuche zur Bekämpfung des Hederichs mit Kalkstickstoff ausgeführt worden, wonach der Kalkstickstoff eine ähnliche Wirkung gehabt hat, wie das Bespritzen der Felder mit Eisenvitriollösung. Ganz junge Hederichpflanzen werden durch beide Mittel zum Absterben gebracht, größere Pflanzen aber nicht, jedoch unterdrückt, so daß sie von den Kulturpflanzen überwachsen werden. Freilich ist der Erfolg gering, oder auch ganz ausgeschlossen, wenn der Hederich bei der Anwendung der genannten Mittel schon vor oder in der Blüte steht. Die beste Zeit zur Bekämpfung ist dann, wenn der Hederich das dritte bis vierte Blatt hat. Um den Kalkstickstoff leicht mit der Kurzmannschen Maschine »Westfalia« ausstreuen zu können, vermengte Ritter denselben mit Sand. Er streute auf 1 ha 70 kg Kalkstickstoff. Der Erfolg war ein guter, der Hederich wurde unterdrückt, der Kalkstickstoff wirkte düngend und nicht schädlich auf den Hafer. Während des ersten Wachstums des Sommergetreides herrschte warmes, regnerisches Wetter in allen drei Versuchsjahren, so daß Ritter über die Ergebnisse bei trockener Witterung kein Urteil abgeben kann.

Mittel gegen die Herbstzeitlose.

Die Herbstzeitlose ist nicht nur, weil sie unnützen Platz einnimmt, sondern auch wegen ihrer giftigen Eigenschaften als ein schädliches Unkraut zu betrachten. Als Mittel zu ihrer Vertilgung lassen sich hauptsächlich die folgenden drei anführen: Man bricht die Wiese auf, nimmt das Land einige Jahre unter den Pflug und legt es dann wieder zu Gras nieder. Daß der Zweck vollkommen erreicht wird, ist sicher, denn auf Äckern kommt sie nie vor, sondern immer nur auf Wiesen, Weiden und solchen Pflanzungen, die keine

Bearbeitung zulassen oder erhalten. Indessen entschließt man sich nicht gerne zum Aufbruch einer Wiese und es dürfte daher, wenn dieses Unkraut nicht schon die ganze Wiese bedeckt und der Ertrag derselben auf Nichts gesunken ist, eines der beiden nachgenannten Mittel vorzuziehen sein. Man sticht jede Pflanze im Herbst, wenn sie blüht oder auch im Frühjahr samt der Wurzel aus, was mit einem langen Messer oder mit einem besonderen Instrument, einer Art Erdbohrer geschieht. Das Verfahren scheint zeitraubender und mühsamer als es wirklich ist und ein Teil des Aufwandes kann sogar noch durch den Verkauf vermindert werden.

Man läßt im Frühjahre, sobald die Blätter der Pflanze etwa Handlänge erreicht haben, sämtliche Pflanzen ausraufen. Bei diesem Verfahren bricht zwar der Stengel der Pflanze oberhalb der Zwiebel gewöhnlich ab, aber die Hauptzwiebel verfault oder verdorrt im Boden und es zeigen sich im Spätjahre keine Blumen mehr. Wiederholt man nun dieses Verfahren durch zwei Jahre, so kann man versichert sein, daß bald das gänzliche Verschwinden dieser Pflanzen herbeigeführt wird. Auch kann dieses Mittel dem Ertrag der Wiese, da das Gras um diese Zeit erst etwa 9 cm lang ist, nicht schaden. Andere in Vorschlag gebrachte Mittel bestehen darin, daß man entweder im Herbste jeden Morgen, sobald die Blüte der Herbstzeitlose sich zeigt, sie abreißt, um die Befruchtung zu verhüten, oder im Herbste vor der Heuernte die Samenkapseln abpflückt, wodurch die alten Pflanzen allmählich absterben und eine neue Besamung verhindert wird; oder man mäht zu diesem Zweck die ganze Wiesenfläche vor der Samenreife dieser Pflanze, also früher als gewöhnlich ab. Indessen scheinen die letzteren Mittel, da sie auf jeden Fall mehrere Jahre hindurch fortgesetzt werden müssen, nicht ohne ziemlichen Kostenaufwand und Verlust an Heuertrag ausführbar zu sein. Um endlich das Aufkommen dieses Unkrautes auf Wiesen, welche frei davon sind, zu verhindern, muß man sich hüten, Dünger oder Kompost, unter welchem sich Samen dieser Pflanzen befinden, auf die Wiesen zu bringen. Ebensowenig darf man den Heubodenabfall oder sogenannte Heublumen, wenn solche viel von diesem Samen enthalten, zum Aufstreuen auf die Wiesen benützen.

Mittel gegen den Kartoffelpilz.

Dr. von Weinzierl gibt für die Bespritzung des Kartoffelkrautes, um den Kartoffelpilz zu bekämpfen, die folgenden Vorschriften an.

1. Zur Herstellung der Kupfervitriol-Kalkbrühe sind zu nehmen:

2 *kg* Kupfervitriol,
2 *kg* gebrannter Kalk,
100 *l* Wasser.

Man verwendet zwei Holzgefäße, am besten gut gereinigte, gebrauchte Petroleumfässer. In das eine dieser Fässer bringt man 50 *l* Wasser und hängt darin 2 *kg* Kupfervitriol in einem Säckchen aus engmaschigem Gewebe so auf, daß dasselbe einige Finger breit tief in der Flüssigkeit untertaucht. Über Nacht ist dann die Auflösung vollständig erfolgt. Im anderen Gefäß werden die 2 *kg* Kalk mit 50 *l* Wasser abgelöscht und die erhaltene Kalkmilch durch ein engmaschiges Sieb in die Kupfervitriollösung gegossen (jedoch nicht umgekehrt). Die auf diese Weise hergestellte Lösung muß frei sein von festen Bestandteilen, sonst ist eine Verstopfung des Spritzapparates zu befürchten.

2. Mit dem Bespritzen darf nicht gewartet werden, bis das Kraut vollkommen ausgebildet ist und vielleicht gar schon die Krankheit zeigt, sondern mit demselben soll schon begonnen werden, wenn das Kraut zwei Drittel seiner Entwicklung erreicht hat; am sichersten wirkt zwei- bis dreimaliges Bespritzen, und zwar Mitte Juni, beziehungsweise Mitte Juli und Mitte August.

3. Für ein Joch genügen bei einmaligem Bespritzen 500 *l* Lösung, das ist also 10 *kg* Kalf, so daß sich der

Bedarf bei dreimaligem Bespritzen auf 30 *kg* Kupfervitriol und 30 *kg* Kalk stellt.

4. Das Bespritzen erfolgt bei trockenem Wetter mit der teils tragbaren, teils fahrbaren Peronosporaspritze. Für große Felder empfiehlt sich die Syphoniaspritze.

5. Die Leistung ist beiläufig die gleiche wie bei der Hederichbekämpfung, es kann ein Mann in einem Tage etwa 1½ Joch mit einer Spritze bespritzen.

Mittel gegen die Kleeseide.

Um die Kleeseide bei ihrem ersten Auftreten zu ent=
decken, ist große Aufmerksamkeit erforderlich, da sie sich meist erst nach dem ersten Kleeschnitt bemerkbar macht. Deshalb lasse man, besonders um die Zeit der ersten Fechsung die Felder durch einen zuverlässigen Arbeiter begehen und die dem einigermaßen Geübten sofort erkennbaren Seidestellen durch Stöcke bezeichnen. Das sicherste und beste Mittel, die Seide dann zu vernichten, besteht darin, daß man sie nebst dem Klee umgräbt. Kühn empfiehlt zu diesem Zwecke, den Klee an den mit der Seide behafteten Stellen zunächst mit der Sichel abzuschneiden und alles Abgeschnittene wegen der Fähigkeit der abgerissenen Seidenstengel, unter Umständen wieder auf anderen Kleepflanzen weiterzuwachsen, in Säcke zu verpacken und vom Felde zu entfernen. Dann läßt man eine kurze Zeit verstreichen, bis die Seidenflecke sich recht scharf durch die beginnende Neubildung der Ranken ab=
zeichnen. Die Flecke sehen dann wie übersponnen aus. In diesem Stadium gräbt man ohne weiteres in schmalen Stichen um, indem man eine kleine Sicherheitszone vom Gebiete des scheinbar nicht befallenen Klees zugibt. Mit der Neusaat auf dem abgelagerten Lande wartet man mindestens etwa vier Wochen, bis sicher alle, auch die weniger tief mit Erde be=
deckten Teile der Pflanze abgestorben sind. Es dürfte kaum ein Grund vorliegen, diesem einfachen, billigen Verfahren die vielfach empfohlenen, chemisch wirkenden Mittel vorzu=
ziehen. Unter diesen dürfte Eisenvitriol noch das zweckmäßigste

sein. Man löst nicht weniger als 30 *kg* desselben in 100 *l* Wasser auf und begießt damit die Seidestellen mittels einer Gießkanne mit feiner Brause bei warmem, trockenem Wetter tüchtig, so daß Klee und Seide sicher vernichtet werden. Alle Mittel, welche erst nach der Samenbildung angewendet werden, sind im Erfolg nicht durchschlagend und stellen sich in ihrer Anwendung sehr kostspielig.

Als einigermaßen brauchbar soll hier noch das Ab= brennen der Seidenester angeführt werden. Man sichelt die betreffende Stelle in genügend weitem Umkreis ab, füllt in Säcke und verbrennt deren Inhalt an geeigneter Stelle sorgfältigst. Benützt man das Abgeschnittene dagegen zu Futterzwecken, so läuft man Gefahr, die Seidekörner, welche nachgewiesenermaßen unbeschädigt den Verdauungsapparat der Tiere passieren können, mit dem Stallmist wieder auf den Acker zu bringen. Die abgesichelte Stelle muß gut mit Häcksel bedeckt, reichlich mit Petroleum begossen und darauf angezündet werden. Es kommt hierbei darauf an, daß das Feuer ein nachhaltiges ist und möglichst auch die auf dem Boden liegenden Samen vernichtet, was sich indessen nur in sehr unvollkommenem Grade erreichen läßt. An Orten, wo Moor= und Heidebrände zu befürchten sind, ist dieses Ver= fahren nicht verwendbar.

Mittel gegen den Meltau der Rosen.

Ein gutes Mittel zur Bekämpfung des Meltaus der Rosen ist der Schwefel, aber nur, wenn er rechtzeitig und zweckmäßig angewendet wird. Am vorteilhaftesten ist es, ihn als Vorbeugungsmittel zu gebrauchen und die Rosen zu schwefeln, ehe die Krankheit ausgebrochen ist, denn eine Be= kämpfung des Übels ist schwerer, als das Verhindern der Keimung der den Blättern aufliegenden Sporen. Da sich die Zeit des Auftretens der Krankheit nicht genau vorher sagen läßt — in der einen Gegend macht sie sich bereits Mitte Juni, in der anderen erst etwa zu Anfang Juli bemerkbar — so empfiehlt es sich, schon Mitte Juni eine

Schwefelung vorzunehmen. Man verwendet den feinsten ge=
mahlenen Schwefel und bringt ihn mittels eines geeigneten
Zerstäubers derart auf die Pflanzen, daß diese aussehen,
als ob sie mit gelbem Staub bedeckt wären; auch die jungen
Triebe soll man so viel als möglich zu treffen suchen. Falls
der Schwefel Neigung zum Zusammenballen zeigt, so kann
man leicht Abhilfe schaffen, indem man je 5 *kg* Schwefel
mit ¹/₂ *kg* Kalk kräftig durchmischt. Beim Bestäuben der
Pflanzen tritt man nicht dicht an dieselben heran, sondern
bleibt etwa 75 *cm* davon entfernt. Der Schwefel wird dann
wie eine feine Wolke sich über die Pflanzen ausbreiten,
wodurch in der Regel alle Teile gut getroffen werden. Die
Arbeit muß in Zwischenräumen von drei bis vier Wochen,
je nach dem Wetter, wiederholt werden, auch ist darauf zu
achten, daß, wenn ein Regen den Schwefelüberzug abge=
waschen hat, die Schwefelung von neuem auszuführen ist,
sobald die Blätter abgetrocknet sind. Auch soll man die
Arbeit erst dann beginnen, wenn kein Tau mehr auf den
Blättern liegt. Ist die Krankheit bereits ausgebrochen, muß
man alle 14 Tage schwefeln, um die Gefahr der Ansteckung
gesunder Pflanzen zu verhindern, beziehungsweise zu ver=
mindern und die bereits vorhandene Krankheit einzudämmen.

Mittel gegen den Meltau der Reben.

Zur Vorbeugung, beziehungsweise Heilung der Mel=
taukrankheit (Oidium Tuckeri) hat man baldmöglichst, und
zwar während, sowie nach der Blütezeit bei trockenem Wetter=
später wiederholt möglichst bei nach vorangegangenem Regen,
wieder eintretendem Sonnenschein, feingepulverten Schwefel
auszustreuen; der Schwefel wird in einer ganz dünnen
Schicht mittels Blasebalges oder der Puderquaste auf alle
einjährigen Rebstockteile verteilt und diese Behandlung ist
so lange zu wiederholen, als sich noch Meltau zeigt. Bei
sonnigem Wetter muß dies geschehen, weil sich dann unter
dem Einflusse des Luftsauerstoffes mehr schweflige Säure
aus dem Schwefel entwickelt, die das Oidium tötet. Zu dies

aufgestreutes Schwefelpulver bewirkt nur schwarzborkige
Beerenhautmißbildung und vorzeitigen Beerenabfall. Mel=
taukranke Blätter sollen abgeschnitten und abgefallene Blätter
vom Boden aufgelesen und verbrannt werden.

Mittel gegen die Mistel.

Die Mistel zieht ihre Nahrung unmittelbar aus dem
von ihr befallenen Baume, indem sie ihre Saugwurzeln
in das Zellgewebe (Splint) hineinzwängt, darin sich rasch
verbreitet und mit diesem geradezu verwächst. So unschein=
bar und harmlos auch diese Pflanze dem Beschauer dünken
mag, so gefährlich wird sie dem Gastgeber, dem sie all=
mählich den Saft aus dem letzten Ästchen zieht, ihn so un=
mittelbar dem Verderben entgegenführend. Die Verbreitung
der Mistel erfolgt fast ausschließlich durch Vögel, nament=
lich die Drosselarten (Krammetsvögel). Die Frucht der Mistel,
welche einen Leckerbissen für die erwähnte Vogelgattung be=
deutet, besteht aus einer weißen, runden, schleimigen Beere,
worin drei bis vier Samenkerne enthalten sind. Letztere
durchwandern, da sie eine sehr harte Hülle besitzen, unver=
ändert und mit voller Keimkraft den Verdauungskanal und
senken, sobald sie mit dem Kot der Vögel auf die Äste ge=
langen, wieder die Saugwurzeln in die Rinde, um ihr Ver=
nichtungswerk von neuem in der geschilderten Weise zu be=
ginnen. Im Obstgarten trifft man diese Schmarotzer nur
auf älteren Äpfel=, seltener auf Birn=, niemals aber auf Stein=
obstbäumen, im Walde auf höheren Tannen, Birken, Eschen
usw. In Anbetracht der großen Gefährlichkeit der Mistel
für unsere Obstanlagen liegt es auf der Hand, daß es
Pflicht eines jeden Obstzüchters ist, diesem Schädlinge ganz
energisch an den Leib zu rücken und ihn auf jede nur mög=
liche Art und Weise auszurotten. So leicht ist dies nun
freilich nicht, da sie ein recht zähes Dasein besitzt und ihre
Wurzeln tief und weitverzweigt in die Rinde eindringen.
Es muß deshalb der ganze Strauch samt der Baumrinde
sorgfältig mit einem scharfen Messer ausgeschnitten werden,

wobei man die Saugwurzeln so tief als möglich mit aus=
zuschneiden hat. Die Wundstelle muß dann gut mit Stein=
kohlenteer, dem zweckmäßig auch etwas Steinkohlenasche bei=
gemengt werden kann, verstrichen werden. Erscheint die Mistel
im nächsten Jahre wieder, was sehr häufig vorkommt, so
verfährt man in der gleichen Weise. Auf jeden Fall aber
hat die Vertilgung zu geschehen, bevor die Beeren reif ge=
worden sind, indem sonst diese durch die Drosseln weiter=
getragen und so der Ausbreitung dieser Parasiten wesentlich
Vorschub geleistet wird.

Vertilgen von Moos und Flechten an Bäumen.

In ein entsprechend großes Gefäß gibt man

        1 Teil Holzasche, dann
        1 » gebrannten Kalk und füllt solches dann mit
        8 Teilen Wasser, worauf man einige Zeitlang um=
rührt. Nach etwa einer Woche läßt sich die Flüssigkeit,
welche sich immer schnell abklärt, verwenden. Mit Hilfe
eines alten Maurerpinsels wird die Flüssigkeit auf die
Rinde der mit Moos und Flechten bewachsenen Bäume ge=
strichen. Kalk und Kali wirken nun zerstörend auf das Moos
und die Flechten . ein und nach einigen Tagen färben sich
die Schmarotzer rötlich und fallen ab. Hüten muß man
sich vor zu starker Lösung, dies erkennt man daran, daß
die Parasiten sich sehr schnell rot färben; zu schwache Lö=
sungen aber sind von ungenügender Wirkung. Das Mittel
erweist sich bei jüngeren Bäumen als vortrefflich, ältere
Bäume aber werden mit der Baumkratze gereinigt und dann
mit Kalk bestrichen.

Vertilgen des Mooses auf Rasenflächen.

Auf älteren Rasenflächen und vorwiegend an schattigen
Stellen bildet sich Moos, und in dem Maße als dieses
überhand nimmt, geht der Bestand an Graspflanzen zurück,
so daß oft völlig kahle Stellen auf den Rasenflächen ent=

stehen. Diesem Übelstand kann man durch Düngekalk, der im Herbst möglichst fein verteilt auf den Rasenflächen ausgestreut wird, vorbeugen, aber solchen nicht dauernd beseitigen. Weit vorteilhafter und sicherer wirkt Eisenvitriol; die Anwendung desselben geschicht am besten in den Herbst- und Wintermonaten, und zwar für kleinere Rasenflächen, indem man sich eine 10%ige Eisenvitriollösung herstellt, d. h. in einem Liter Wasser 100 g Eisenvitriol auflöst, und mit dieser Lösung mittels einer Gießkanne mit Brause die in Frage kommenden Rasenflächen bespritzt. Sind größere Rasenflächen mit Eisenvitriol zu behandeln, so ist die Verwendung in flüssiger Form etwas zeitraubend und es ist besser den Eisenvitriol in feinpulveriger Form auszustreuen. In letzterer Weise verwendet, rechnet man auf ein Quadratmeter etwa 10 bis 15 g. Es ist jedoch darauf zu sehen, den Eisenvitriol nur in Form eines feinen Pulvers zu verwenden, damit er sich gleichmäßig auf den Flächen verteilt und die Wirkung eine vollkommene wird. In gröberem Pulver oder gar in kleinen Körnchen ausgestreut, tritt leicht der Übelstand ein, daß hier und dort Graspflanzen zu stark angegriffen werden und schließlich absterben. Der Erfolg der Behandlung mit Eisenvitriol macht sich schon nach Verlauf von einem Tage bemerkbar, indem das Moos im Rasen vollständig schwarz wird und abstirbt, während die Graspflanzen nicht im geringsten beschädigt werden. Die Behandlung der Rasenflächen mit Eisenvitriol gegen die Moosbildung hat sogar noch den Vorteil, daß die Graspflanzen zu üppigem Wachstum angeregt werden und eine tiefdunkelgrüne Färbung annehmen. Im Sommer ist die Verwendung des Eisenvitriols nicht empfehlenswert, da die Grasnarbe sehr leicht leidet.

Mittel zur Bekämpfung von Pilzkrankheiten auf Pflanzen nach Dr. Rumm.

Das Verfahren besteht darin, daß die Pflanzen mit Kupfer-Zuckerkalk behandelt werden. Die Spritzflüssigkeit enthält auf je 1 Molekül Kupfersulfat und Zucker $2^3/_4$ bis $3^1/_4$ Moleküle zu Pulver gelöschten Kalk. In dieser Lösung ist das Kupfer viel feiner verteilt, als in den sonstigen ähnlichen Präparaten. Es kann daher keine Verstopfung der Sprengapparate eintreten und man kann die Pflanzen viel gleichmäßiger behandeln. Die festen Austrocknungsprodukte sind auf den Pflanzen viel gleichmäßiger verteilt, so daß auf den Blättern das unlösliche Kupfer in viel wirksamerer Form ausgeschieden wird.

Mittel gegen den Rostpilz auf Spargelfeldern.

Gegen den Rostpilz auf Spargelfeldern hat sich das Aufstreuen von Holzasche bewährt; man verwendet von derselben in feingesiebtem Zustande etwa 250 g auf einen Quadratmeter.

Mittel gegen den Schwamm (Holz-, Gebäude-, Haus-, Ader- und Mauerschwamm).

Einer der gefährlichsten, wenn nicht der gefährlichste Feind des Holzes in Baulichkeiten ist der unter den vorstehenden Namen bekannte pflanzliche Parasit, eine kryptogamische Pflanze, deren Heimat die Nadelholzwaldungen sind, in denen er sich an sumpfigen Plätzen, welche dem Licht wenig zugänglich sind, an angefaulten und abgestorbenen Baumstämmen, Wurzelstöcken usw. zeigt und in seinem Äußeren den anderen ballenartigen Pilzen ähnlich ist. Die Formen seiner äußeren Erscheinung sind höchst mannigfaltig und weniger von seiner Eigentümlichkeit als von äußeren Umständen bedingt. Die Fortpflanzung erfolgt nicht durch zufällige äußere Umstände, Feuchtigkeit, Fäulnis, wie viele noch immer glauben, sondern durch Samen, wie bei anderen Pflanzen, die hier Sporen genannt werden. In tiefster Verborgenheit entwickelt sich zuerst ein aus zarten zylindrischen Zellen bestehendes Gewebe, Myzelium genannt, welches bei Pilzen die Stelle der Wurzel, Stengel und

Blätter vertritt. Rasch wächst es empor, klammert sich an altes Holz, wächst ohne einen bestimmten festen Typus, wie er sonst bei Pflanzen wahrnehmbar ist, sondern richtet sich, wie schon erwähnt, nach der Beschaffenheit der ihn umgebenden Räumlichkeiten, verbreitet sich in groben spinnenwebenartigen Fasern über Holz- und Mauerflächen bis zu 70 bis 100 cm Länge, mit Neigung zu fächerartiger Ausbreitung, dringt dabei in die Zellen, Gefäße und Markstrahlen des Holzes, umspinnt es und löst derart insbesondere das Nadelholz in längliche viereckige Stäbchen oder Stücke auf und verwandelt sie, in einer verhältnißmäßig kurzen Zeit, in eine leicht brüchige Masse. Bei örtlichen Hindernissen oder bei Mangel an Flächenraum bilden sich schmale Bänder oder Stränge, welche durch alle Fugen, selbst durch den Mörtel zwischen den Ziegeln, auch in morsche Ziegel dringen, und sich vom tiefsten Keller bis in alle Stockwerke hindurch in verhältnismäßig kurzer Zeit ausbreiten. An einigermaßen geeigneten Stellen sucht er freien Horizont zu gewinnen, um zur Bildung des Fruchtlagers, dem verderblichsten, die Fortpflanzung bewerkstelligenden Stadium zu gelangen, um so gefährlicher, als man dies lange Zeit hindurch gar nicht beachtete. Äußere Umstände üben auch hier großen Einfluß auf die Formen des Pilzes aus, von denen hier nur so viel erwähnt sei, als zum näheren Verständnis erforderlich scheint. Anfänglich im Dunkeln, erheben sich auf den von den Sporen bewohnten Stellen rundliche, warzenartige, besonders saftige, erbsengroße oder auch größere Flecken, welche netzartige Adern bilden, sich in der Mitte verstärken und schon Samen oder Sporen entleeren. Allmählich vergrößern sich diese netzartigen Stellen, fließen zusammen und bilden rundliche Flächen, die eine große Menge zimtbrauner Sporen absondern. An dem bandförmig zwischen dem Holzwerk schnell vordringenden Myzelium entsteht ein dickeres Fruchtlager, das sich anfänglich als eine wie von einem schimmelartigen zarten Flaum überzogene Masse darstellt, dann sich gelblichrosenrot färbt, mit mächtigen faltigen Rändern und An

deutungen konzentrischer Kreise versehen ist. In ihrer Mitte
entsteht ebenfalls eine netzartige, auch mit Sporen erfüllte
Schicht, welche die Wissenschaft mit dem Namen Hymenium
bezeichnet. Beim Berühren verfärbt es sich, wird fast
augenblicklich weinrot, später schmutzigbraun, endlich schwarz.
Die Sporen, von äußerst geringer Größe, sind zimtbraun
gefärbt und werden bei der Reife mit einer fast unglaub=
lichen Kraft meterweit hinweggeschleudert, so daß man oft
ziemlich ausgedehnte Räumlichkeiten mit ihnen bedeckt findet.
In diesem Zustande der Reife sondert das Fruchtlager eine
anfänglich wasserhelle, später milchartige, trübe Flüssigkeit
von widrigem Geschmack ab, die noch nicht chemisch unter=
sucht worden ist.

Dieser abtropfenden Flüssigkeit verdankt der Schwamm
die Bezeichnung Merulius lacrymans, Tränenschwamm.
Die Flüssigkeit arbeitet gleichsam die Weiterverbreitung durch
das fortwährende Befeuchten des Holzes vor, indem sie
dessen Zersetzung und die Herrichtung eines geeigneten Nähr=
stoffes befördert. Zieht sich das Myzelium mittels sehr ge=
eigneter feiner Fäden ins Innere des Holzes weiter, es
durchdrängend und zersetzend, so nennt man dieses Vor=
kommnis gewöhnlich Trockenfäule.

Die Vegetation des Schwammes dauert stets so lange,
als überhaupt noch gesunde Holzteile, welche ihm zur
Nahrung dienen können, vorhanden sind; er stirbt erst dann
ab, wenn zerstörbares Holz nicht mehr vorhanden ist. Er
zieht seine Nahrung also aus dem Holze und zerstört das=
selbe dadurch, wobei sich Kohlensäure entwickelt und dem
Holze Wasser entzogen wird; welches vorher mit dem nicht
oxydierten Kohlenstoff der Holzfaser verbunden gewesen ist
Es beschränkt sich indessen der Einfluß des Pilzes nicht auf
die Vermehrung der Kohlensäure und auf die Verminderung
des Sauerstoffes, sondern er zerlegt auch, indem sein Frucht
wasser als Ferment eine Art künstliche Fäulnis oder Gärung
einleitet, die seinem Einflusse unterliegenden organischen
Körper in die Spaltungs= und Endprodukte ihres Zerfalles,
wie Kohlenwasserstoffe, Ammoniak, Kohlensäure und Wasser.

Die Ausscheidungen und Ausdünstungen dieser Pilze, welche einen feuchten, modrigen, leichenartigen Geruch verbreiten, sind für die Gesundheit höchst nachteilig und können sich infolge derselben nervöse Zustände, wie Kopfschmerz und Schwindel, dann Affektionen der Schleimhäute des Halses, Fieber usw. bilden.

Die Grundbedingung für die Entstehung des Hausschwammes und auch dessen Weiterverbreitung ist die Feuchtigkeit. Ist man imstande, der Einwirkung dieses Agens zu begegnen, so verhindert man die Bildung und zerstört den Fortschritt des Schwammes. Diesem Gesichtspunkt hat man lange Zeit hindurch nicht die erforderliche Aufmerksamkeit geschenkt und es blieben daher viele der Mittel, die man in Vorschlag und in Anwendung brachte, erfolglos. Hat sich der Schwamm schon eingefunden, so läßt er sich am sichersten dadurch vertilgen, daß man alle von demselben befallenen Teile des Holzes, Mauerwerks usw. aus dem Gebäude entfernt und durch neue ersetzt und wenn es angeht, durch Zugöffnungen unter den Fußböden in den Mauern, welche unter Umständen auch mit Schornsteinröhren in Verbindung gesetzt werden, die beständige Zirkulation der Luft herbeizuführen sucht. Luftzug und Sonnenlicht sind die besten Mittel zur Vertilgung des Holzschwammes, nachdem die vom Schwamm ergriffenen Stellen ausgeschnitten und mit Chemikalien behandelt wurden.

Alle in Vorschlag gebrachten Chemikalien lassen sich nur dann mit mehr oder weniger Erfolg verwenden, wenn der Pilz noch nicht in das Holz eingedrungen ist. Erfolgt die Anwendung erst nach der Bildung des Fruchtlagers, so helfen diese Mittel nicht, da in diesem Stadium das Holz bereits durch den eingedrungenen Pilz zersetzt worden ist. Die Benützung der verschiedenen in Anwendung gebrachten Mittel wird nur dazu dienen, die Weiterverbreitung des Pilzes von einem Holzstück auf das andere zu verhüten. Nach Göppert läßt sich das aus dem infizierten Holz kommende Myzel viel besser durch Verbrennen mit einer Fackel als mittels Chemikalien vernichten.

Malenkovics (Mitteilungen über Gegenstände des Ar=
tillerie= und Geniewesens 1904) nennt neben dem Merulius
lacrimans und anderen Meruliusarten insbesondere die
folgenden Holzschwammarten:

Polyporus vaporarius und verwandte Arten ins=
besondere in Weinkellern, Unterständen aus Holz, Holz=
stößen, auf Nadelholzbaumstrünken (unter der Rinde an den
eisblumenartigen oder netzförmigen Verzweigungen leicht
erkennbar);

Polyporus ignarius, falscher Feuerschwamm, auf Laub=
holz, besonders Eichen, häufig im Freien auf Geländern;

Daedalea quercina, auf Laubholz, besonders der Eiche
(Balken, Türpfosten und Gebäuden), im Freien unter
Brücken häufig;

Trametes odorata und Tr. radiciperda, auf Fichten=
Kiefern= und Tannenholz (Balken, Brettern);

Kortiziumarten (sollen auf demselben Stückholz wie der
echte Hausschwamm neben diesem vorkommen);

Psathyrella disseminata (Agaricus disseminatus) im
Freien auf alten Stämmen, in Weinkellern auf Holz, Mauern
und Weinflaschen in Form einer dunkelbraunen Watte
umhüllend;

Agaricus melleus mit eßbarem Fruchtträger (in Wien
Hallimasch genannt), auf lebenden Baumstrünken, Eisenbahn=
schwellen, Grubenhölzern, hölzernen Brunnenröhren usw.
Von diesem Pilz befallenes Holz leuchtet im Dunkeln.

Paxillus acheruntus auf feuchten Kellerdecken, dann
unterhalb der Dielen.

Lenzitesarten, ein wichtiger, sehr oft vorkommender
Holzzerstörer, der oft auf Planken und auf Nadelholz zu finden
ist, welches im Freien (auf Holzplätzen usw.) lagert. Auch
unter Brücken ist er sehr oft wahrnehmbar. Sein Frucht=
träger (Hut) bildet meist Konsolen auf dem Holz und ist
im Herbst leicht zu finden. In Gebäuden kommt dieser Pilz
an Fenster= und Türstöcken, dann auf dem Dachgehölz vor
und ist durch hohen Harzgehalt ausgezeichnet.

Lentius squamosus, auf Nadelholz, auf Bauholz, in Gebäuden selten.

Die dem Polyporus angehörenden Löcherpilze wachsen an lebenden Bäumen, so P. fomentarius L. an Bächen (liefert den Feuerschwamm), P. igniarius Fr. an Weiden, Obst- und anderen Bäumen (Weidenschwamm, unechter Feuerschwamm), P. officinalis Fr., P. laricis Jacq. (Lärchenschwamm für Zunder verwendet), die wenig schädlich sind.

Der Wurzelschwamm ist ein sehr gefährlicher Parasit unserer Waldbäume, und zwar für Kiefern, Fichten, Tannen, Wacholder usw., welcher sowohl an jungen Pflanzen wie an alten Stämmen, besonders aber häufig in Kiefernstangen auf altem Ackerboden vorkommt. Das Myzel des Wurzelschwammes zerstört zunächst die Wurzeln und steigt in die unteren Stammesteile, bei der Kiefer nicht über Stockhöhe, bei Fichten höher empor und erzeugt Rotfäule. Das zersetzte Holz ist an den weißumrandeten schwarzen Punkten zu erkennen. Sobald die wasserführenden Gewebe getötet sind, werden die Pflanzen blaßgrün und sterben endlich ab. Bräunliche, heller beränderte, gezonte, krusten- oder konsolförmige Fruchtträger treten an den Wurzeln oder an dem oberirdischen Wurzelstock auf. Außerdem ist der Wurzelschwamm an den zarten, weißen Myzelhäutchen zwischen den Rindenschuppen zu erkennen. Aus der Rinde der erkrankten Stämme tritt gewöhnlich Harz aus.

Zur Bekämpfung des Wurzelschwammes wird das Ausziehen, auch Verbrennen der befallenen jungen Pflanzen, der Aushieb der erkrankten Stämme, Roden und Verbrennen oder Überroden der Stöcke, ferner Einmischen von Laubhölzern in die befallenen Bestände oder vollständiges Ersetzen der Nadelhölzer durch sie auf den gerodeten Stellen empfohlen.

Die Mittel, welche zur Beseitigung des Hausschwammes empfohlen und angewendet wurden, sind außerordentlich zahlreich, es seien hier genannt: Anwendung von heißem Sand, Aufstreuen von gebranntem Kalk, Beizen aus Schwefelsäure, Salpetersäure, salpetersaurem Quecksilber, Alaun, Chlorkalk, Eisen- und Kupfervitriol, Kochsalz, Kochsalz mit Holz- oder Torfasche gemischt, dann holzessigsaures Eisen, hydraulischer Kalk, Kreosot, Petroleum, verschiedene als Mykothanaton und Antimerulion bezeichnete Präparate, mit Kochsalz und Borsäure imprägnierte Infusorienerde, Teer usw.

Professor Sorokin, der sich eingehend mit der Vertilgung des Hausschwammes befaßte, ist zu folgenden Resultaten gekommen:

1. Zugluft vertilgt den Hausschwamm binnen 24 Stunden; die Versuche wurden in einem Treibhause vorgenommen und schon nach 24 Stunden war der Hausschwamm eine verdorrte runzelige braune Masse.

2. Luft ist ebenfalls geeignet, den Schwamm zu töten; wird derselbe gleichzeitig der Einwirkung des Lichtes und des Luftwechsels ausgesetzt, so vertrocknet er binnen wenigen Stunden.

3. Das Benetzen des Holzes mit Kochsalzlösung verhindert das Auftreten des Holzschwammes; je konzentrierter die Lösung, um so nachhaltiger ist die schützende Wirkung. Besonders konzentrierte Kupfervitriollösung übt eine noch kräftigere Wirkung aus; Karbolsäure tötet den Schwamm sehr schnell.

4. Gewöhnlicher Birkenteer ist ein sehr wirksames Mittel gegen den Hausschwamm, durch Bestreichen der Balken, der inneren Fläche der Fußbodenbretter mit demselben wird fast sicher dem Auftreten des Schwammes vorgebeugt, die große Billigkeit des Materials und die Einfachheit seiner Anwendung machen den Birkenteer zu einem der bequemsten und billigsten Mittel zur Vertilgung des Hausschwammes.

Eine Reihe von Vorschlägen bezwecken bauliche Maßregeln, durch welche der Schwamm in Gebäuden überhaupt unmöglich gemacht wird, deren Anführung aber hier zu weit gehen würde; im allgemeinen soll es genügen, Neubauten vollkommen gegen Schwammbildung zu schützen, wenn man die beim Bau allgemein üblichen Vorsichtsmaßregeln kon sequent durchführt und dafür sorgt, daß nur trockener Kies, Schlacken, Infusorienerde als Füllmaterial der Böden, sowie nur trockenes Holz als Bauholz verwendet wird, daß man auf entsprechende Isolierung der Balkenlager usw. sein Augenmerk richtet und, um ja recht sicher zu gehen, das gut trockene Holz mit verdünnten Lösungen von kieselsaurem Natron vor seiner Anwendung bestreicht. Über die chemischen Mittel zur Vertilgung des Hausschwammes liegen sehr verschiedene Erfahrungen vor, die zweifelsohne auch mit den Orten, an denen der Pilz bekämpft wurde, in einigem Zusammenhange stehen. Das eine Mittel hat bei einer oder mehreren Verwendungen sich als vorzüglich geeignet gezeigt, an anderer Stelle aber vollkommen versagt. Über die verschiedenartige Beurteilung der Schwammvertilgungsmittel geben die nachstehenden Ausführungen Aufschluß.

Nach S. Langenberger (Der Hausschwamm) erweisen sich von den Mitteln für die Anwendung in der Praxis nur wenige als ziemlich zweckdienlich. So ist z. B. die Wirkung von Afral eine sehr wenig befriedigende. Durch Versuche im botanischen Institut der königl. tierärztlichen Hochschule in München konnte an einer mit $2\frac{1}{2}\%$iger Afrallösung versetzten Nährgelatine noch üppige Pilzvegetation festgestellt werden. Antiformin, eine Chlorkalklösung mit Sodazusatz, verliert infolge der unter der Einwirkung von Luft eintretenden Veränderung der Zusammensetzung der Lösung sehr bald seine Wirkung. Im übrigen greift Chlor das Holz stark an. Antimerulion, eine Lösung von kieselsaurem Natron, vermag nicht zu verhindern, daß an dem damit behandelten Holz in verhältnismäßig kurzer Zeit wieder Hausschwammbildungen auftreten.

Antinonnin, Orthodinitrokresolkalium, kann als das geeignetste Mittel zur Vertilgung des Hausschwammes gelten. Es kommt als gelbfarbige Paste in den Handel, ist völlig geruchlos, in Wasser leicht löslich und erweist sich in 2—3%iger Lösung als äußerst wirksam zur Vernichtung von Pilzwucherungen. Dasselbe kann in solchen Lösungen mit Vorteil auch bei der Mörtelbereitung Verwendung finden

zum Schutze gegen Fäulnis, beziehungsweise Schimmel=
bildungen usw. Karbolineum, das bekannte Steinkohlen=
teerprodukt, gewährt wirksamen Schutz gegen Fäulnis und
Pilzbildungen am Holz, kann aber wegen seines Geruches
nicht in allen Fällen angewendet werden. Chlor, beziehungs=
weise Chlorkalk kann wegen der sich stark entwickelnden
Chlorgase für Wohnräume kaum in Betracht kommen;
außerdem gilt hier auch das bei Antiformin gesagte. Ferner
kann sich infolge Verbindung von Chlor mit Kalk Chlor=
kalzium, ein hygroskopisches Salz bilden, durch das dem
Holz oder dem dasselbe umgebenden Mauerwerk erhebliche
Mengen von Feuchtigkeit zugeführt werden können. For=
malin ist ein vorzügliches Desinfektionsmittel, wird jedoch
infolge von Oxydation in verhältnismäßig kurzer Zeit
wirkungslos. Wird es in Wohnungen angewendet, so ist
für ergiebige Lüftung zu sorgen, da die Formalindämpfe
auf die menschlichen Schleimhäute und Atmungsorgane
heftige Reizwirkungen ausüben. Kreosot wird in seiner
Wirkung gegen Pilzbildungen von keinem anderen Mittel
übertroffen, kann jedoch wegen seines starken und anhaltenden
Geruches in Wohnungen wenig Anwendung finden. Über=
dies macht sich auch seine stark ätzende Eigenschaft un=
angenehm fühlbar. Kupfervitriol wird vielfach zur Be=
kämpfung parasitärer Pilze mit bestem Erfolge angewendet.
Zur Vernichtung des Hausschwammes erweist er sich aber
nicht immer wirksam genug, was zum Teil wohl auch darauf
zurückzuführen sein dürfte, daß er mit Kalk schwefelsauren
Kalk und unlösliche Kupferverbindungen bildet. Kochsalz=
und Eisenvitriollösungen können nach den von Hartig
angestellten Versuchen ebenfalls nicht als wirksam erachtet
werden. An dem damit behandelten Holz zeigte sich nach
einigen Monaten neuerliche Entwicklung des Hausschwamm
Myzels. Mikrosol, eine in Wasser leicht lösliche Masse
von grünlicher Farbe, ist schon in $1\frac{1}{2}$—2%iger Lösung
geeignet, den Hausschwamm zu vernichten. In solcher Ver=
dünnung ist es auch nahezu farb= und geruchlos. Bei
Vorhandensein von Kalk in der Umgebung des Holzes kann

jedoch die im Mikrosol enthaltene freie Schwefelsäure teil=
weise in schwefelsauren Kalk sich umsetzen und infolgedessen
das Mittel an Wirksamkeit verlieren. Mineralsäuren,
Schwefelsäure, Salzsäure usw. können selbst in sehr
großer Verdünnung dem Holze noch beträchtlichen Schaden
zufügen. Mykothanoton, als sogenannter Schwammtod
angepriesen, zeigte bei den von Hartig angestellten Ver=
suchen, daß nach vorschriftsmäßiger Anwendung des Mittels
an Holzteilen diese schon nach wenigen Wochen wieder von
Holzschwamm ergriffen wurden. Teer erweist sich zwar als
ein wirksames, pilztötendes Mittel, verliert jedoch allmählich
seine pilztötende Wirkung. Er dringt nur wenig in das
Holz ein und kann unter Umständen dem Holz nachteilig
werden, weil er das Entweichen von Feuchtigkeit aus diesem
verhindert. In Wohnungen kann Teer auch wegen seines
Geruches zur Schwammtötung nur beschränkte Verwendung
finden. Quecksilberchlorid ist schon wegen seiner giftigen
Eigenschaften sowie wegen seiner Flüchtigkeit und der hieraus
sich ergebenden Gefahren in größeren Mengen Anwendung
zu finden nicht geeignet, keinesfalls aber in den zum Auf=
enthalt für Menschen bestimmten Räumen.

Malenkovics hat über die Geeignetheit verschiedener
Mittel die folgenden Erfahrungen gemacht:

1. Niedrig siedende Phenole sind zur Konservierung nicht
geeignet; auch phenolsulfosaure Salze sind nicht brauchbar.

2. Hochsiedende Phenole und β=Naphthol eignen sich.

3. Flüchtige Stoffe, z. B. Formaldehyd, sind in der
Regel nicht geeignet.

4. Chlorzink und Kupfervitriol sind schlechte Holz=
konservierungsmittel.

5. Alle Fluorverbindungen sind geeignet, vor allem
aber die freie Flußsäure, weniger die freie Kieselflußsäure.

6. Kupferverbindungen verdienen vor anderen Salzen
keinen Vorzug.

7. Von den im Handel befindlichen Mitteln gegen
Holzschwamm bewähren sich Antinonnin, Antigermin und
Antipolypin recht gut, Mikrosol minder, Pinol nicht.

$2^1/_2\%$iges Phenolnatrium und $2^1/_2\%$iges Kresol=
natrium waren nach 2 und nach 6 Monaten nicht pilzfrei;

$2^1/_2\%$iges β=Naphtolnatrium nach 2 und nach 6 Mo=
naten pilzfrei;

2%iges Mikrosol nach 2 und 6 Monaten nicht
pilzfrei;

10%iges Pinol nach 2 Monaten nicht pilzfrei;

2%iges Antipolypin, 1%iges Antinonnin, 1%iges
Antigermin nach 2 Monaten und nach 6 Monaten pilzfrei;

$2^1/_2\%$iges Formaldehyd nach 2 und nach 6 Monaten
nicht pilzfrei;

12%iges Fluorkupfer und $2^1/_2\%$iges Kieselfluorkupfer
nach 2 Monaten nicht pilzfrei, nach 6 Monaten pilzfrei;

$2^1/_2\%$iges Fluornatrium, $2^1/_2\%$ige und $^1/_2\%$ige Fluß=
säure, 1%ige Kieselflußsäure nach 2 und nach 6 Monaten
pilzfrei;

$^1/_2\%$ige Kieselflußsäure, $2^1/_2\%$iges O=phenolsulfosaures
Kupfer, $2^1/_2\%$iges Chlorzink, $2^1/_2\%$iger Kupfervitriol nach
2 Monaten und nach 6 Monaten nicht pilzfrei;

1%iges Sublimat nach 2 und nach 6 Monaten pilzfrei.

Die Ergebnisse einer großen Reihe von Versuchen mit
holzzerstörenden Pilzen lassen sich nach Malenkovics fol=
gendermaßen zusammenfassen:

1. Um gute Wirkungen zu erzielen, soll man mindestens
24 Stunden lang tränken oder dreimal streichen.

2. Stoffe, die gegen Schimmelpilze nichts oder wenig
nutzen, helfen auch nicht gegen holzzerstörende Pilze (Chlor=
zink, Kupfervitriol, niedrig siedende Phenole, flüchtige Stoffe,
Mikrosol, Pinol usw.).

3. Brauchbare wasserlösliche Holzkonservierungsmittel
sind:

a) Antinonnin, Antigermin, Antipolypin;

b) hochsiedende Phenole, β=Naphthol;

c) freie Flußsäure mit oder ohne Zusatz von Fluoriden;

d) Sublimat (1%ig).

Alle anderen bekannten, in Wasser löslichen Konser=
vierungsmittel versagten.

In der Praxis muß bei der Anwendung der Mittel mit einem Sicherheitsfaktor gerechnet werden, und es ergibt sich für die einzelnen Lösungen die nachfolgende Tabelle:

Bei 24 Stunden andauernden Tränkungen:

2%iges Antinonnin und 2%iges Antigermin;

5%iges Antipolypin;

5%ige hochsiedende Phenole, 5%iges β-Naphthol;

2·5—5%ige Flußsäure;

5%ige Salze der Flußsäure mit mindestens 1% freier Flußsäure;

1—2%iges Sublimat.

Bei Anstrichen wird man die vorstehend angegebenen Konzentrationen erhöhen müssen, bei der Imprägnierung unter Druck oder bei lang andauernden Tränkungen wesentlich erniedrigen können.

Paraffinieren, Teeren des Holzes sind nicht unter die Mittel zu zählen, welche den Schwamm von dem Holz abhalten oder denselben zu zerstören vermögen.

Neben freier Flußsäure kommt das Fluornatrium, dann passende Mischungen von Fluormetallen in Betracht. Diese letzteren sind allen bisherigen Holzkonservierungsmitteln sowohl an Wirksamkeit, wie auch hinsichtlich der Wohlfeilheit weit überlegen. Weitere Versuche müssen noch endgültig bestätigen, daß Fluorgemische ebensowenig als Sublimat die Anwendung des pneumatischen Verfahrens erfordern und somit ihre Anwendung eine weit einfachere wird, als bei Chlorzink, Kupfersulfat und Teerölen.

Falk, der sich sehr eingehend mit dem Studium des Hausschwammes beschäftigt hat, soll es gelungen sein, ein höchst einfaches Mittel herauszufinden, welches die Vernichtung des Hausschwammes an eingebauten Holzteilen gestattet. Bekanntlich ist die Grundbedingung der Existenz eines jeden Lebewesens, daß an der Stelle seines Gedeihens die physikalischen Voraussetzungen seiner Lebensfunktionen erfüllt sind. Luft, Licht, Wasser, Temperatur sind gewöhnlich die Hauptfaktoren, welche in bestimmter Qualität oder Quantität vorhanden sein müssen und wenn diese Qualität oder Quantität gewisse durch Forschung zu ermittelnde Grenzen überschreitet, beziehentlich unter denselben bleibt, wird die Existenz des betreffenden Lebewesens in Frage gestellt, bei genügender Überschreitung der Grenzen sogar mit Sicherheit unterbunden. So fand Falk, daß auch der Hausschwamm nur innerhalb ziemlich enger Temperatur= grenzen lebensfähig ist; diese Grenzen ermittelte er zu un= gefähr — 5 und + 30° C. Außerhalb dieser Grenzen kann sich der Hausschwamm nicht fortpflanzen und geht innerhalb kurzer Zeit vollständig ein. Da es ein leichtes ist, Räume mit gewöhnlichen Mitteln auf 30° C zu heizen, so ist das Verfahren der Hausschwammvertilgung nach Falks For= schungen äußerst einfach. Bei einem praktischen Heizversuche in einem mit Holzschwamm behafteten Raum hat man auch nicht nur das sofortige Ausbleiben mussigen Schwamm= geruches konstatiert, sondern auch das Schwinden der charakteristischen fleckenartigen Schwammherde deutlich nach= weisen können. Falk wird demnächst mit der Kältewirkung der Temperaturen unter — 5° C Versuche ausführen, welche aller Wahrscheinlichkeit nach die Resultate seiner Laboratoriums= forschungen über die Lebensbedingungen des Hausschwammes bestätigen werden.

Klein in Baden=Baden weist mit Rücksicht auf dieses Verfahren darauf hin, daß kurz andauernde Versuchszeiten nicht den Beweis schaffen, daß der Hausschwamm auch tat= sächlich zerstört sei und vertritt die Ansicht, daß eine Tem= peratur von 40° C wohl hinreiche zum Vertreiben des Ge= ruches und zum Austrocknen des Myzeliums, keineswegs aber zur Abtötung der Schwammsporen, die nach seiner Ansicht nach 1 bis 1½ Jahre keimfähig bleiben. Somit behält das Holz, obwohl geruchlos, doch seine Krankheit, die unter günstigen Bedingungen wieder zum Ausbruch kommen kann. Auch hat das Holz seine Tragfähigkeit ver= loren, wodurch schwere Unglücksfälle entstehen können. Eine Abtötung der Sporen durch Kälte, wie sie bei einem Aus= wintern des Baues gegeben ist, hält Klein für aus= geschlossen, da selbst bei 15° Kälte die Schwammsporen keimfähig bleiben. Oberbau-Inspektor Forschner hat einen, allerdings sichtbaren und zutage liegenden Fall von Hausschwamm allein durch die 40 bis 50° C betragende Wärmeentwicklung eines Petroleumofens, der vier bis fünf Tage lang über der infizierten Stelle beständig brannte, zum Absterben gebracht und ist der Überzeugung, daß ein Austrocknen durch Hitze der Schwammbildung Einhalt tun kann. Bis jetzt ist aber leider noch nicht festgestellt, wie lange die Wärmeeinwirkung ausgeübt werden müßte, um von bleibendem Erfolge zu sein, auch nicht, ob nach dieser Behandlung die Schwammsporen noch keimfähig sind oder nicht. Ebenso müßte erst wissenschaftlich festgestellt werden, ob und bei welchem Hitzegrade das Myzel seine Lebensfähigkeit einbüßt. Erst wenn es hierüber feststehende, wissenschaftlich erprobte Regeln gibt, ist die Anwendung von Hitze zur Schwammtötung in bestehenden Gebäuden denkbar, da sonst die jedesmalige Feststellung, wie weit die Austrocknung stattgefunden hat, mit allzu großen Kosten verbunden ist.

1. **Antifungin, Mittel gegen Hausschwamm.** Verschieden zusammengesetzte Flüssigkeiten, z. B.:

20 Gewichtsteile Borax,

80   »   Wasser, in verschiedenen Verhältnissen in Wasser gelöst.

2. **Antipolypin, Mittel gegen Hausschwamm.** Besteht aus β-Naphthol, Natriumhydroxyd und Fluornatrium.

3. **Rohkreosole und Rohphenole,** also die wirksamen Bestandteile des Steinkohlenteers werden in Verbindung mit Mineralöl oder einer Seifenlösung ebenfalls zur Vertilgung des Hausschwammes verwendet. Ein solches Mittel läßt sich (nach »Seifensieder-Zeitung«, 1908) folgendermaßen herstellen:

30 Gewichtsteile Trinitrophenole werden in

70 Gewichtsteilen heißen Wassers gelöst und nach dem Erkalten unter beständigem Umrühren langsam mit

40 Gewichtsteilen Natronlauge von 15° Bé vermischt.

4. Man erwärmt

100 Gewichtsteile Petroleum auf 30—40° C, dann werden

0·020   »   Ameisensäure,

0·500   »   italienisches Steinöl,

0·050   »   ätherische Eisenazetattinktur und

1·5   »   100"/oige Karbolsäure hinzugesetzt.
Die Mischung wird so lange gerührt, bis sie homogen ver=
bunden ist.

5. Nach dem Dänischen Patent Nr. 6318, N. A. Al=
brechtsen, schützt eine Mischung von

4 Gewichtsteilen Chilisalpeter und

100   »   einer gesättigten Kochsalzlösung, das
Holz besonders wirksam. Die Flüssigkeit wird in die Löcher,
die zu den Brettern des Fußbodens führen, gegossen.

6. Chlorzink wird ebenfalls empfohlen, und zwar in
einer 10%igen Lösung. Der noch bei der Herstellung des
Mittels empfohlene Zusatz von 5°/ooigem Quecksilberchlorid
kann nur dort zur Anwendung kommen, wo sich das vom
Schwamm befallene Holz nicht in Wohnräumen oder dem
Aufenthalt von Menschen dienenden Lokalitäten befindet.

7. Durch vorsichtiges Eintragen von Schwefelsäure in
die gleiche Gewichtsmenge rohe Karbolsäure und hierauf folgen=
des Erwärmen, erhält man Sulfokarbolsäure, die dann in der
fünf= bis zehnfachen Menge Wasser gelöst wird. Mit der Flüssig=
keit bepinselt man die vom Holzschwamm befallenen Stellen.

8.   40 Gewichtsteile Borsäure,

950   »   Kochsalz,

5   »   Paraform,

5   »   Eisenvitriol werden zusammenge=
mischt in 4000 Gewichtsteile kochendes Wasser eingetragen
und die erhaltene Lösung mit dem Pinsel aufgestrichen.

9. 1000 Teile Kochsalz,

50   ·   Borsäure,

5   »   Paraform,

5   »   Eisenvitriol, werden in

4000 Teilen Wasser gelöst und die Lösung nach
dem Erkalten filtriert.

10. 100 Teile Eisenvitriol,
     100 »   Kupfervitriol werden in
      60 Teilen Wasser gelöst. Die Lösung wird filtriert
und mit   5 Teile rohem Galmei auf einer Farbreibmühle
verrieben.

11.   70 Teile schwefelsaure Magnesia,
      70 »   Viehsalz,
      25 »   Borsäure,
      25 »   Kupfervitriol,
      25   Eisenvitriol,
      15   chromsaures Kali werden in
    2000 »   heißem Wasser gelöst und die Lösung
nach dem Erkalten filtriert.

12.   50 Teile Alaun und
      25 »   Kochsalz werden in 100 Teilen Wasser
gelöst.

13.   10 Teile roher Galmei,
       5 »   Natronwasserglas von 40° Bé und
       5 »   Wasser werden auf einer Farbreibmühle
verrieben und die Masse dann mit 30 Teilen Wasserglas
von 40° Bé verdünnt.

14.   15 Teile Eisenvitriol,
      75 »   Kupfervitriol und
      75 »   Kochsalz werden in
     150 Teilen Wasser gelöst und die Lösung filtriert.

Mittel gegen Baumschwämme (Polyporusarten).

Zur Zerstörung von Baumschwämmen, wie solche
vielfach an Laub- und auch an Nadelholzgewächsen vorkommen, dann gegen die Rotfäule und Ringscheibe der
Kiefer hat sich Antinonnin (Orthodinitrokresolkalium) in selbst
noch verdünnteren Lösungen als 1 : 1500 als ausgezeichnetes
Mittel bewährt.

Mittel gegen tierische Schädlinge.

Mittel gegen Ameisen.

Man schüttet auf die Ameisenhaufen eine angemessene Menge Schwefelkohlenstoff und bedeckt den Haufen dann sofort mit einem dicken Brei aus Lehm und Wasser, um zu verhindern, daß die Dämpfe in die Luft entweichen. Je nach der Größe des Nestes sind 50 bis 500 g Schwefelkohlenstoff oder auch mehr erforderlich. Die Dämpfe dringen in die einzelnen Gänge der Ameisen und ersticken diese dort. Man muß zu der Vertilgung eine bestimmte Zeit wählen, also am besten die frühe Morgenstunde nach einem warmen Tage und einer klaren Nacht. Aus den vorhandenen Eiern kann auch nach dem Töten der Ameisen eine junge Brut auskriechen; deshalb muß man dafür sorgen, daß die Schwefelkohlenstoffdämpfe längere Zeit in der Erde bleiben oder man muß die Vertilgung sofort nach dem Erscheinen der jungen Ameisen wiederholen. In Häusern lassen sich die Ameisen vertilgen, wenn man in die Nester etwas Schwefelkohlenstoff schüttet oder spritzt und dieselben dann mit Lehm verschließt.

Um Ameisen von Obstgärten, denen sie durch Anfressen der jungen Triebe, Blütenknospen und der Früchte schädlich werden, abzuhalten, empfiehlt Obstzüchter Daiben, die Bäume mit Jauche zu bestreichen und diese schien auch zu wirken, jedoch nur kurze Zeit, denn wenn dieselbe abgetrocknet war, verschwand auch der Geruch und die Ameisen waren zu Hunderten wieder zur Stelle. Auch andere Mittel blieben erfolglos, nur eines hat sich als probat gezeigt: die Bestreichung des Stammes mit Kreide. Der Baum, ob jung oder alt, wird am Stamm an möglichst glatten Stellen mit Kreide überfahren, desgleichen der Baumpfahl unterhalb des Bandes und sofort verschwindet das schädliche Ungeziefer, ohne sich wieder einzufinden. Die Ameisen machen, wie die Erfahrung lehrt, alle möglichen Versuche, um über die mit der Kreide bestrichenen Stellen zu kommen, doch die einen fallen wie betäubt gleich herab, die anderen, an den Füßen mit Kreidestaub beschwert, können nicht mehr kriechen, fallen ebenfalls ab und nach einigen Tagen ist das ganze am Fuße des Baumes in lockerer Erde versammelt gewesene Heer von Ameisen ver= schwunden.

Die Säuberung der Gartenbeete von Ameisen gelingt am vollkommensten in folgender Weise: Etwa über die Mitte des Baues stülpt man einen leeren größeren Blumen= topf, der einiges loses Laub enthält und dessen Abzugloch verstopft wurde. Nun begießt man dessen Umgebung wieder= holt und durchdringend mit einer Brause. Um dieser un= liebsamen Überschwemmung zu entgehen, sucht der größte Teil der Ameisen Zuflucht unter dem trockenen Topf und wird dort durch Überbrühen mit heißem Wasser leicht getötet.

Man mischt in einer Schale Honig mit Pottasche und stellt solche dort auf, wo die Ameisen sich aufhalten. Schon nach kurzer Zeit werden Ameisen nicht mehr zu sehen sein. An Stelle von Pottasche kann man auch Hefe oder Hirsch= hornsalz verwenden.

Nach Dr. Gordan hat mehrfaches Besprengen der durch Ritzen in ein Gartenhaus eingedrungenen Ameisen mit größeren Mengen Kreolin und Spiritus keinen merk= lichen Erfolg gezeigt, während einmaliges Besprengen mit verdünnter Formalinlösung (1 : 10) ganz vorzüglich wirkte. Binnen kurzem gingen die Ameisen zugrunde, sie wurden dann zusammengekehrt und verbrannt; nach 14 Tagen zeigten sich die Tiere wieder vereinzelt, wahrscheinlich durch eine nichtbespritzte Fuge eingedrungen. Nach nochmaligem Besprengen mit verdünnter Formalinlösung blieb das Gartenhaus von Ameisen frei. Es ist anzunehmen, daß es auch in Gärten usw. gelingt, die Ameisen mit verdünnter Formalinlösung zu vernichten. Dort müssen dann die Haufen aufgegraben und die Formalinlösung in dieselben hineingegossen werden. Auch verdünntes Petroleum soll sich mit Erfolg verwenden lassen.

Imprägnierflüssigkeit, um Holz vor Ameisen zu schützen.

Es werden zusammen verkocht:

5 Gewichtsteile Kupferazetat,
30 » Asa foetida,
3 » Arsenik,
10 , Aloe,
10 , Ruß,
10 » Kalk,
10 » Asche,
1000 » Wasser mit

1000 Gewichtsteilen gemahlenen Trestern von Senfkorn und die Masse auf das zu schützende Holz aufgestrichen.

Mittel gegen Bienen und Wespen, gegen deren Angriffe auf Obst.

Man ist vielfach geneigt, die Bienen als Obstschädlinge anzusehen, da dieselben tatsächlich das Obst wegen seines Zuckergehaltes aufsuchen und solches aufzehren, doch hat man Zweifel gehabt, ob gesundes Obst von denselben angefressen wird. Wie die »Amerikanische Bienen-Zeitung« berichtet, wurden im Laufe der letzten Zeit Versuche gemacht, um zu ermitteln, ob Bienen dem Obst wirklich Schaden zufügen können, und diese mit der größten Genanigkeit ausgeführten Untersuchungen ergaben, daß Bienen gesunde Früchte niemals angreifen, sondern daß sie nur an schon beschädigte Früchte gehen. Zu dem Zwecke wurden gleichstarke Bienenvölker gewählt, deren Aufsatz in drei gleiche Teile geteilt wurde. In die erste Abteilung wurden gesunde, unbeschädigte Früchte gelegt, in die zweite beschädigte und in die dritte gesunde Früchte, die man in Honig getaucht hatte und die mit demselben vollständig bedeckt waren. Die Bienen machten sich sofort über die beschädigten und die von Honig triefenden Stücke her. Nach sechs Tagen wurden die Stöcke untersucht. Die beschädigten Früchte waren bis auf die Schalen, die in Gänze in ihrer Form erhalten blieben, aufgezehrt, die mit Honig bedeckten waren sauber abgeleckt, aber vollständig gesund, nicht angefressen, wie auch die gesunden ganzen Früchte in der ersten Abteilung. Solche gesunde Früchte wurden auch um den Bienenstand herum aufgehängt, aber von den Bienen gar nicht berücksichtigt, da sie eben nicht imstande waren, sie anzubeißen. Der Wert dieser Ergebnisse wird noch durch die Tatsache erhöht, daß gerade während der Beobachtungszeit die natürlichen Honigquellen gänzlich versiegt waren. Einige Bienenvölker wurden sogar ihrer Vorräte beraubt, um die Versuche noch schlagender zu gestalten, aber die Bienen verhungerten, während die köstlichsten Früchte in ihrem Honigraum lagen. Die dünne Schale des Obstes bildete ein für Bienen unüberwindliches Hindernis. An den Weinhalden und auf den Obstbäumen sind es die Vögel, welche die schönsten Früchte anbeißen und dann die Überreste den Bienen und Insekten überlassen.

Wespen und Hornisse werden besonders den feinen süßen Früchten, welche sie anfressen und den Bienenstöcken, die sie ihres Honigs berauben, nachteilig, kommen auch zuweilen in Lagerräume und greifen Zucker und andere Süßigkeiten an. Dagegen töten sie aber auch Fliegen und andere Insekten. Die Wespen hängen ihre Nester am liebsten an die Balken oder Dächer von Gebäuden, sowohl im Innern als auch außen, doch oft auch an Baumästen im Freien auf oder machen sie unter der Erde. Die Hornisse dagegen wählen lieber die Höhlungen in alten Bäumen, aber auch Strohdächer. Besonders rätlich ist es, im Frühjahre diejenigen zu töten, welche den Winter in Löchern zugebracht haben, neue Nester bauen und Eier legen. Sie halten sich dann viel auf Holzgeländern auf, wo sie die feinen Fasern und Spänchen zum Bau ihrer Nester holen. Auch später ist es noch nützlich, sie einzeln zu töten, da die Jungen in den Nestern verhungern müssen, wenn die Alten getötet sind. Aber auch in den Nestern selbst kann man sie zur Vertilgung aufsuchen, sofern man sich nur

durch Bienenkappen und Handschuhe oder auf sonst andere
Weise gegen ihre Stiche zu schützen weiß. Am besten ist
es, hierzu die Zeit der Dämmerung oder einen regnerischen
Tag zu wählen, wo die wenigsten in den Nestern fehlen.
Der Nester, die an erhabenen Gegenständen befestigt sind,
entledigt man sich am besten, indem man einige Male
hineinschießt oder sie ablöst und in einem Sacke auffängt,
dessen oberer Saum um einen hölzernen Reif genäht ist
und den man, nachdem er unter diesem Reifen zugebunden
worden ist, in kochendes Wasser taucht. Zur Vertilgung
der Nester, welche in die Erde gemacht sind, öffnet man
das Loch etwas, schüttet Asche oder ungelöschten Kalk hinein
und stampft die Erde fest oder schüttet einige Spaten voll
Erde darüber. Noch besser ist es, eine starke Rakete so weit
als möglich in das Loch zu stecken und dann anzuzünden.
Befindet sich ein Nest in einem hohlen Stamm, so verklebt
man die Öffnung fest mit Lehm, wobei man benachbarte
Öffnungen nicht vergessen darf, da solche oft miteinander
in Verbindung stehen; oder man zieht einen Bündel Werg
durch zerlassenes Pech, umwickelt außen mit Werg, verstopft
damit die Flugöffnung und zündet dann das Werg an.
Das lockere Werg flammt dann ab, das mit Pech getränkte
bleibt aber vor dem Loch kleben; Tiere, die davon fliegen
wollen, werden mit brennenden Strohwischen versengt. Man
muß aber Wasser in Bereitschaft haben, um bei allenfall-
sigem Feuerfangen des Baumes löschen zu können. Zum
Fangen der Wespen und Hornisse ist nachgenanntes Mittel
zu empfehlen: man füllt eine reine gläserne Flasche bis
auf drei Fünftel des Inhaltes mit gewöhnlichem, mit
Wasser verdünntem Kornbranntwein, dem etwas Honig
oder Zucker zugesetzt ist und sorgt dafür, daß der Hals
der Flasche nicht klebrig wird. Die Flasche wird so nahe
als möglich bei dem zu schützenden Gegenstand an einem
Baumast festgebunden, so daß sie eine möglichst schiefe
Lage erhält, weil in die aufrecht stehende das Insekt schwer
hineinkriechen und aus der zu schief liegenden wieder entkommen kann. Die Wespen und Hornisse ziehen den Ge-

nuß dieser Mischung dem aller Früchte vor und man hat darauf zu achten, die Flasche von neuem zu füllen, nachdem sie vorher gereinigt worden ist, wenn sie keine Tiere mehr aufnehmen kann. Die Insekten lassen sich auch fangen, wenn man Leimruten, mit Honig bestrichen, vor die Öffnungen der Nester stellt.

Nach einer anderen Angabe eignen sich zum Fangen der Wespen hohe Einmach=, Hyazinthen= oder sonstige Gläser, weithalsige Flaschen (auch schadhafte, doch darf nichts auslaufen können), die man mit irgend einem geringen Obstsaft bis zu zwei Drittel anfüllt und durch einige Tropfen Rum oder Branntwein stark duftend macht. Den Saft kann man billig aus allerhand Abfällen bereiten: fleckiges Obst, Schalen und Kerne kocht man mit Apfelsinen= schalen, ordinären Sirupen oder Farinzucker in Wasser, seiht die Flüssigkeit durch, vermischt sie, so lange sie noch heiß ist, mit einem guten Teil Borax und dem Alkohol. Abgekühlt wird sie in die Gläser verfüllt und diese verbindet man mit festem, weißem Papier, in das man dann kreuzweise Einschnitte macht. Die entstandenen Ecken werden etwas nach innen umgebogen. Damit ist eine Öffnung entstanden, die das Insekt wohl hinein=, aber nicht wieder heraus= läßt. Um den Hals des Gefäßes wird ein festes Band geschlungen, das zugleich ein leichtes Aufhängen an Baum= ästen, Spalieren, Fensterkreuzen usw. ermöglicht. In solchen Fallen fangen sich nicht nur Wespen, sondern auch eine Menge Nachtschmetterlinge, was den Obstanlagen noch anderweitig zugute kommt.

Vertilgung von Wespennestern.

Die Wespennester, welche sich in der Erde befinden, kann man leicht durch Schwefelkohlenstoff unschädlich machen und die Vertilgung wird am besten abends vorgenommen. Man gießt in ein Wespennest beziehentlich das in der Erde erkennbare Loch etwa 20 bis 40 g Schwefelkohlenstoff und tritt das Loch zu oder wirft ein paar Spatenstiche Erde darauf. Der sofort verdampfende Schwefelkohlenstoff dringt überall ein und tötet jegliches Lebewesen. Die einzelnen einherfliegenden Wespen lassen sich ziemlich leicht fangen, wenn man Flaschen, beispielsweise Weinflaschen zu $\frac{1}{4}$ bis $\frac{1}{2}$, mit Zuckerlösung füllt und dieselben in der Nähe der Obstpflanzungen aufhängt.

Mittel gegen Blattläuse.

Die Blattläuse finden sich auf fast ausnahmslos allen Pflanzen, ihre Vermehrung ist eine ganz außerordentliche: sie saugen an den angezapften Pflanzenteilen, die Exkremente im flüssigen Zustande fallen auf die unteren Blätter, trocknen daselbst zu einem klebrigen Überzug und beeinträchtigen die Ernährung und Ausdünstung der Pflanzen. Viele Insekten, Fliegen, Aderflügler, Nachtschmetterlinge finden sich neben Ameisen zum Schmaus des süßen Saftes der Exkremente ein, aber die Läuse selbst und ihre Brut lassen sie unberührt. Hierbei bieten die von Blattläusen befallenen Blätter eine günstige Brutstätte für durch die Luft zugeführte Pilzsporen und einen Herd für allerlei von Rost- und Schimmelbildung herrührende Krankheiten.

Da wo die Blattläuse an kleinen Topfpflanzen, einzelnen kleinen Bäumchen im Garten auftreten, können sie mit der Hand zerdrückt werden, aber wenn es sich darum handelt, größere von ihnen befallene Pflanzenanlagen zu reinigen, kann dieses Mittel natürlich nicht in Anwendung kommen. Nur wenige Insekten, wie ganz kleine Schlupfwespchen, deren Larven in der Blattlaus als Parasiten wohnen, dann einige Käfer (Marienkäferchen, Blattlauskäfer sind als nützlich gegen dieselben erkannt worden.

Für die Vertilgung der Blattläuse haben sich vor allem Seifenlösungen, dann Petroleumemulsionen bewährt, von denen eine ganze Anzahl an anderer Stelle angeführt sind; das Seifenwasser trocknet an den damit gründlich benetzten Läusen, verstopft die Luftlöcher und die Tiere gehen zugrunde. Die Bespritzung geschieht am besten abends, wenn die Sonne untergegangen ist, mittels besonderer Zerstäuber, welche die Seifenlösung staubförmig über alle Teile der Pflanze verbreiten und natürlich auch die Blattläuse treffen, wenn man den feinen Sprühregen auf die befallenen Teile lenkt, was nicht schwer ist.

Auch das Einstäuben mit pulverigen Substanzen (Schwefelblumen, Kalkstaub, Gips, gesiebte Holzasche [alkalisch]), läßt gute Erfolge erwarten, doch muß es des Morgens, wenn der Tau noch auf den Blättern usw. liegt, oder nach einem Regen oder endlich nach vorangegangener Bespritzung mit Wasser vorgenommen werden. Als die Pulver aufzubringenden Mittel bedient man sich der Pulverzerstäuber (Blasebälge), vermittels derer man nach Erfordernis größere oder geringere Mengen des Vernichtungsmittels aufbringen kann. Wichtig bei der Benützung der Flüssigkeiten sowohl als auch der Pulver ist, daß die Verfahren mit denselben mehrmals wiederholt werden, und zwar so oft und so lange, bis alle Läuse vernichtet sind, denn auch nur eine geringe Zahl am Leben bleibender Individuen bietet den Anlaß zu der Bildung neuer Blattlauskolonien. Bei von Blattläusen befallenen Topfpflanzen legt man den belaubten Teil in ein mit Wasser oder Seifenwasser gefülltes Gefäß; die Pflanze muß dabei eine solche Lage haben, daß alle Teile derselben eingetaucht bleiben, sonst ziehen sich die Läuse an trockene Stellen.

Zu den besten Vertilgungsmitteln soll die nach den Angaben Baumanns (Anstaltsgärtner in Geisenheim am Rhein) bereitete Quassiabrühe gehören. 1¼ kg Quassiaholz werden eine Nacht in

10 l Wasser eingeweicht und am anderen Morgen tüchtig gekocht. Nun gießt man

100 l Wasser in ein Petroleumfaß, legt ein Stück Packtuch darüber und schüttet die Quassiaholzabkochung darauf. Ist die Brühe vollständig in das Faß gelaufen, so beseitigt man das auf dem Packtuch, das als Filter gedient hat, liegende Holz, das nicht weiter brauchbar ist. Alsdann rührt man

$2^1{}_2\,kg$ Schmierseife unter die Mischung, die nun zum Bespritzen der Pflanzen fertig ist und jederzeit Verwendung finden kann. Sie ist ein Radikalmittel gegen das lästige Ungeziefer, ohne den damit befallenen Blättern irgendwelchen Schaden zuzufügen, sogar beim Pfirsichbaum kann man sie ohne Bedenken gebrauchen. Die Quassiabrühe sollte auch in keiner Baumschule fehlen; man nimmt den von den Läusen befallenen Trieb, taucht ihn in die Brühe und schon nach einer Stunde sind die Tierchen schwarz gefärbt und lassen sich beseitigen. Die fertiggestellte Quassiabrühe kann vom Frühjahr bis in den Herbst in dem lose bedeckten Faß stehen bleiben, ohne an ihrer Wirkungskraft einzubüßen. Man beginnt mit dem Bespritzen, sobald sich die Blattlaus zeigt und wiederholt man die Arbeit mehrmals, so wird das Ungeziefer wirklich ganz verschwinden.

Obstbautechniker Mach empfiehlt ebenfalls die Be= spritzung mit Quassiabrühe. Hierzu werden $1^1{}_2\,kg$ Quassia= holzspäne in

$5\,l$ Wasser 24 Stunden zum Erweichen aufgestellt und dann eine Stunde lang gründlich gekocht. Um die groben Anteile zurückzuhalten, wird die Abkochung durch ein Ge= webe geseiht. Hierauf werden

$2^1{}_2\,kg$ Schmierseife in

$5\,l$ Wasser gelöst, beide Brühen zusammengegossen und mit Wasser auf insgesamt $100\,l$ verdünnt. Die so erhaltene Quassiabrühe kann mittels tragbarer selbsttätiger Spritzen, deren Verteiler einen kräftigen Strahl geben muß, zur Ver= nichtung der Blattläuse benützt werden. Die Verwendung empfiehlt sich besonders in den späten Nachmittagsstunden, damit die Brühe genügend einwirkt und nicht etwa schnell verdunstet. Wo es möglich ist, können auch die Zweige in die Brühe getaucht werden. Weiter empfiehlt sich dort, wo Wasserleitung, Schlauch mit Verteiler oder sonst kräftige Spritzen zur Verfügung stehen, das regelmäßige Spritzen mit kaltem Wasser am Morgen und am Abend. Das kalte Bad behagt den Läusen nicht. Beim Winterschnitt sind die mit den Wintereiern der Blattlaus versehenen Triebe

(schwarze, pulverkornähnliche Eier in der Nähe der Knospen)
abzuschneiden und zu verbrennen.

Neßlersche Flüssigkeit zum Bespritzen der Pflanzen,
besonders gegen Blattläuse:

<pre>
  8 Gewichtsteile Kaliseife,
 12   »   Tabakabkochung,
 10   »   roher Amylalkohol werden in
 40 Gewichtsteilen denaturiertem Spiritus gelöst und mit
200   »   Regen= oder Flußwasser versetzt.
</pre>

Mittel gegen Blutegel in Fischteichen.

Wenn diese Tiere in Teichen überhand nehmen, so
werden sie den Fischen gefährlich und ist dies besonders in
Karauschenteichen der Fall. Man vertilgt sie am besten durch
Schleie, die man in den Teich bringen läßt oder fängt sie,
indem man Blut auf ein leinenes Tuch gießt und dieses
in das Wasser hängt; die Blutegel hängen sich in Menge
an dasselbe und können so aus dem Teiche gezogen werden.
Auch können sie durch Kochsalz, das man in den Teich
bringt, getötet werden.

Mittel gegen Blutläuse.

Man kann bei Gefahren des Auftretens der Blutlaus
in der Weise vorbeugen, daß man den Stamm und stärkere
Äste von losen Rindenteilen, dann von anhaftenden Moosen
und Flechten durch Abkratzen derselben reinigt, auch stark
borkige Rinden durch Beschneiden mit großen Messern oder
scharfen Kratzern so gut als tunlich ebnet, damit den Fein=
den so wenig als möglich Verstecke zu der Vermehrung ge=
boten sind. Ferner kann man Wundstellen und Vertiefungen
auch mit Baumwachs oder mit Lehm ausstreichen. Dort,
wo die Schildlauskolonien sich angesetzt haben, werden die=
selben am Stamm und den erreichbaren Ästen mit Hölzern
zerdrückt, der Baumstamm, Äste und Zweige oft auch, wenn
dies möglich ist, mit Spiritus bepinselt oder besser noch be=

sprißt und dann angezündet. Auch kann man auf einen Stock oder auf eine Stange mit Spiritus getränkte lose Baumwolle bringen, diese anzünden und mit dieser Art Fackel das Ungeziefer verbrennen. Immerhin muß dabei vorsichtig verfahren werden. Zweckmäßig kann man mit dem mechanischen Zerdrücken auch eines der vielen Mittel verbinden, welche in Form von Flüssigkeiten als Insektenvertilgungsmittel Anwendung finden. Taschenberg bezeichnet auch das Kalken der Wurzeln als erfolgreiches Mittel gegen die Blutlaus an den Wurzeln, wobei es auf das Wachstum fördernden Einfluß haben soll. Im Bereiche der Krone des Baumes, also so weit als sich der Schatten um die Mittagsstunde ausbreitet, wird die Erde ringsum so weit weggenommen, daß die Wurzeln oben frei liegen, dann 1 bis 2 Gießkannen voll Kalkwasser oder Aschenlauge aufgegossen und nun etwa 3 *cm* hoch gebrannter gemahlener oder mit Wasser zu Pulver gelöschter Kalk aufgeschüttet und die Grube bis zum normalen Niveau wieder mit der Erde gefüllt.

Bei der Bekämpfung dieses schädlichen Tieres kommt es nach einer zuverlässigen Quelle, weniger auf die Auswahl der die Schmarotzer tötenden Mittel, beziehungsweise Flüssigkeit an, als darauf, daß dieselbe

a) gemeinsam seitens aller benachbarten Apfelbaumzüchter;

b) möglichst schou im Spätherbst und Winter sowie

c) zusammen mit gründlichster, sorgfältigster Bearbeitung aller Rindenteile mit Baumscharrer, scharfer Bürste oder ebensolchem Pinsel und Wegschneiden sowie Verbrennen aller stark mit Blutläusen besetzten Baumteile vorgenommen, wird, ferner

d) unter Überdeckung der Baumscheibe bis dicht rings um den Baumstamm mit alten, aber nicht zerrissenen Leinwandlaken, damit auf diesen etwa zu Boden fallende Blutläuse aufgefangen und vernichtet werden können.

Zur Vernichtung der an den Apfelbaumwurzeln schmarotzenden Blutläuse empfahl Richter das Untergraben

von Tabakstaub (3 *kg* für einen großen Baum) als äußerst
wirksam. Zu beachten ist überhaupt der Wert des Nikotins
als blutlaustötendes Mittel.

Da sich die Blutlaus hauptsächlich an solchen Stellen
ansiedelt, wo sich an Ästen, Stämmen, Zweigen oder Wur=
zeln kleine Wunden befinden, ja sich sogar im Sommer
vielfach junge Läuse an den Blattwinkeln der jungen Triebe
niederlassen und mit ihrem spitzen Schnabel den Saft auf=
saugen, so wird dadurch in dem Längenwachstum des Holz=
gewebes eine Hemmung hervorgerufen. Es entstehen nach
und nach knollige, krankhafte Anschwellungen an den be=
fallenen Zweigen, die dürren Spitzen mehren sich, durch die
Millionen saugender Blutläuse wird der Baum entkräftet,
er bringt keine Früchte mehr und kann infolge allgemeiner
Entkräftung im Verlaufe mehrerer Jahre durch stark auf=
tretenden Frost und durch die sich massenhaft in den Wun=
den ansiedelnden Borkenkäfer völlig zugrunde gehen.

Die Blutlaus greift nicht alle Apfelsorten an, sie zieht
Sorten, die feineres Holz besitzen, vor. Es werden sehr stark
befallen: Keswicker Küchenapfel, Cellini=, Langstons Sonder=
gleichen, Wintergoldparmäne, Luiken, Ribston=Pepping,
Große Kasseler=, Gäsdonker=, Karmeliter=, Luneviller, Ana=
nas=, Goldgelbe, Luxemburger und englische Spital=Rei=
nette, Zwiebelborstorfer, Morgenduftapfel, Hawthornden,
Roter Herbst=Calvill, Roter Winter=Taubenapfel, Roter
und weißer Trierscher Weinapfel, Großer rheinischer Wein=
apfel, Weißer Winter=Calvill, Goldreinette von Blenheim,
Pariser Rambour, Spätblühender und weißer Winter=
Tafelapfel, Champagner=Reinette und königlicher Kurzstiel.

Wenig, beinahe gar nicht befallen und dann mehr als
junge Pflanzen in den Baumschulen, selten als ältere
Bäume werden: Charlamowski, Gravensteiner, Kleiner Lang=
stiel, Hohenheimer Riesling, Sternreinette, Dowtons Pep=
ping, Jcarus Pepping, Boikenapfel, Geflammter Kardinal
und Wormannscher Ziderapfel.

Natürliche Feinde der Blutläuse gibt es leider nur
sehr wenige, denn die Vögel fressen Blutläuse nicht. Nur

die jungen Larven der Florfliegen, die sogenannten Blatt=
lauskäfer, die Ohrwürmer, die Kreuzspinnen und die Netz=
spinnen vertilgen Blutläuse.

Gute Resultate sollen erhalten werden bei Anwendung
von Harzölseife bei belaubtem Zustande der Bäume und
von Karbolineum nach dem Laubfalle. Die Harzölseife wird
mit Wasser im Verhältnisse von 1:20 verdünnt und mittels
Pinsels aufgetragen, während mit Karbolineum die befallenen
Stellen vorsichtig betupft werden.

Die Bekämpfung der Blutlaus durch Bespritzen der
Bäume in belaubtem Zustande hat nur dann Aussicht auf
Erfolg, wenn der Kampf rechtzeitig aufgenommen wird und
wenn sich alle Obstzüchter gleichmäßig an der Arbeit be=
teiligen.

Bei den Geisenheimer Obstanlagen hat man bemerkt,
daß ein kalter Wasserstrahl, mit Druck auf die Blutlaus=
kolonien gebracht und dieses des öfteren wiederholt, nach den
gemachten Beobachtungen vorzügliche Dienste leistet. Diese Be=
handlung ruft an den Bäumen sicherlich keinen Schaden
hervor, im Gegenteil, es ist eine Wohltat für dieselben.

Held=Hohenheim empfiehlt die nachgenannten Mittel
zur Vernichtung der Blutläuse überall dort, wo andere
mechanische Mittel nicht ausreichen oder nicht angewendet
werden können:

a) Bespritzen mit $1^0/_0$iger Lysollösung, 1 knapper Eß=
löffel voll auf 1 l Wasser;

b) Bespritzen mit $3^0/_0$iger Sapokarbollösung;

c) Bespritzen mit Petroleumemulsion;

d) Bespritzen mit konzentriertem Blutlausgift, be=
stehend aus:

150 g Schmierseife,

200 cm^3 Fuselöl,

9 g Karbolsäure, in Wasser zu 1 l aufgelöst und
mit der zehnfachen Menge nicht zu kalkhaltigem Wasser
verdünnt.

e) Man löst

500 *g* Schmierseife (schwarze Seife) in

5 *l* heißem Wasser, gibt

500 *g* Insektenpulver (Pyrethrum) hinzu und mischt alles gut durcheinander. Sodann bringt man noch

95 *l* Wasser dazu, rührt tüchtig um und bespritzt mit der Flüssigkeit die von der Blutlaus befallenen Bäume. Nach einem ein- bis zweimaligem Spritzen sind die Bäume von der Blutlaus befreit. Die Flüssigkeit stellt sich auf zwei Pfennige pro Liter und ist somit sehr billig. Nebenbei hat sie den Vorzug, daß jedermann sie ohne Umstände leicht herstellen kann.

f) Bei unbelaubtem Zustande der Apfelbäume wird nach angestellten Versuchen des Ökonomierates Göthe Schwefelkohlenstoff empfohlen. Mit einem an ein Stäbchen gebundenen Schwamm, der in die Flüssigkeit getaucht wird, überstreicht man die befallenen Stellen. Die Läuse gehen unmittelbar darauf zugrunde. Die Rinde soll unter der flüchtigen Berührung nicht leiden. Es ist aber besondere Vorsicht nötig, denn Schwefelkohlenstoff ist giftig und sehr feuergefährlich.

Kalkanstrich gegen die Blutlaus.

Als sehr wirksames Mittel gegen die Blutlaus hat sich der Anstrich mit gelöschtem Kalk insofern erwiesen, als derselbe das Tier von den Bäumen abhält, also dasselbe unterdrückt. Man bereitet sich Kalkmilch durch Verdünnen frisch gelöschten Kalks mit so viel Wasser, daß die Flüssigkeit rahmartig dick ist und bestreicht mittels eines Pflanzenfaserpinsels den Stamm, die Äste und stärkeren Zweige; es ist hierbei erforderlich, Rauheiten der Rinde mit dem Pinsel gut auszustupfen, damit unbestrichene Stellen nicht vorhanden sind. Da der Anstrich unter dem Einflusse der Niederschläge natürlich teilweise verschwindet, muß derselbe von Zeit zu Zeit erneuert werden.

Über die Verwendung von Kalk zur Bekämpfung der Blutlaus wird von anderer Seite ausgeführt: Von den verschiedenen Mitteln zu diesem Zwecke wird wohl am erfolgreichsten und besten der Kalk angewendet und es hat sich herausgestellt, daß in kalkreichem Boden stehende Obstbäume weit weniger von diesem Schädling befallen werden. Außer einer Kalkdüngung, die demnach empfehlenswert ist, ist anzuraten, die Bäume ebenfalls mit Kalk zu bestreichen, da diese dann vor der Blutlaus und anderem Ungeziefer geschützt sind. Der dem Boden zugeführte Kalk trägt übrigens auch wesentlich zur Zersetzung des Bodens bei, denn es ist bekanntlich nicht hinreichend, daß derselbe genügend Nährstoffe in sich birgt oder zugeführt erhält, sondern es müssen diese Stoffe auch aufgeschlossen und der Pflanze zugänglich gemacht werden.

Neßlersche Blutlaustinktur.

 50 Gewichtsteile Schmierseife, grüne, werden in
650 Gewichtsteilen Wasser gelöst, dann
100 Gewichtsteile Fuselöl und
200   »   Spiritus hinzugesetzt.

Diese Mischung eignet sich in dieser Konzentration nur zum Auspinseln der Blutlauskolonien.

Petroleumemulsion gegen Blutläuse.

  1 *l* Petroleum wird mit einer Lösung von
  3 *kg* Schmierseife in
100 *l* Wasser in der Weise vermischt, daß man zunächst das Petroleum mit sehr geringen Mengen der Seifenlösung nach und nach verrührt und dies so lange fortsetzt, bis etwa ein Viertel der Seifenlösung mit dem Petroleum vereinigt ist. Dann fügt man die übrige Seifenlösung unter tüchtigem Durcharbeiten hinzu.

Tabakextrakt-Seifenlösung gegen Blutläuse.

1 Gewichtsteil Tabakextrakt wird mit
10 Gewichtsteilen Wasser verdünnt, mit dieser Flüssigkeit
2 Gewichtsteile Schmierseife innig verrührt und hierauf nach und nach unter gutem Durchmischen noch
90 Gewichtsteile Wasser hinzugefügt.

Mittel gegen Erdflöhe.

Der Erdfloh überwintert unter Laub, Erde usw. und fällt in den ersten Frühlingstagen die jungen Pflanzen, besonders die Kohlarten, im Mistbeete und im freien Land an, richtet oft die schrecklichsten Verheerungen an, vermehrt sich bei warmer Witterung ungemein schnell und liebt überhaupt Trocknis und Wärme. Von den zahlreichen, gegen diesen argen Feind des Gartens anempfohlenen Mitteln sichert keines einen vollständigen Erfolg. Das Begießen der Pflanzen mit Abkochung von Tabak, Wermut usw., das Bestreuen derselben mit Asche, Ruß, Schwefel usw. nützt nichts, sondern schadet oft eher den Pflanzen als den Erdflöhen; das Aufstellen von Leimruten, um die Käfer zu fangen, ist kindische Spielerei. Am besten ist es noch, zwischen die zu schützenden Gewächse Radieschen und Gartenkresse zu säen, damit sich die Käfer auf diesen Pflanzen allein, die sie vorziehen, versammeln und die anderen indessen den Angriffen der Erdflöhe entwachsen, denn für bereits erstarkte Pflanzen sind sie nur noch wenig gefährlich. Auch überbraust man die jungen Samenpflanzungen mit kaltem Wasser, um dadurch die Erdflöhe zu verjagen und gleichzeitig das Wachstum der Pflänzchen bei trockener Witterung zu beschleunigen. Die Erdflöhe sollen sich auch abhalten lassen, wenn man die Beete in der Mitte eines Grasplatzes anlegt, indem sie durch Gras nicht springen können. Das Einquellen der Samen wird — von verschiedenen Seiten empfohlen — wahrscheinlich nicht durch die dem Wasser beigemischten Stoffe (Salz, Ruß usw.) helfen, sondern durch das dadurch beschleunigte Wachsen, denn wie schon erwähnt, sind die Erdflöhe nur den zarten Pflanzen gefährlich. Auch sollen die Samenbeete dadurch vor den Erdflöhen geschützt werden, daß man vor dem Aufgehen der Sämereien, den beim Rassinieren der Öle verbleibenden Rückstand, mit Wasser vermischt, über dieselben sprengt.

R. Thiele verwendete Kalkstaub, Ruß, Tabakstaub, Naphthalinkalk, Schwefelwasserstoff, Schwefelkohlenstoff, Zwiebelabkochung, Glasplatten mit Baumwachs und Vogelleim bestrichen, von denen Tabakstaub am besten wirkte, während alle anderen Mittel wirkungslos waren und Zwiebelbrühe sogar den Pflanzen schadete. Auch Tabaklaugen in verschiedenen Konzentrationsgraden wurden, auch in Verbindung mit klebenden Substanzen, Zucker und Gummi, versucht, doch gaben die Anwendungen nicht nur kein günstiges Resultat, sondern erwiesen sich noch als Anlockmittel.

Ein drei Jahre währendes Aussetzen der Kohlpflanzungen sowie das Vertilgen der mit Erdflöhen besetzten Unkräuter dürfte wohl am besten sein.

Erdflöhe werden am sichersten von den Samenbeeten abgehalten, wenn man Lauch, Zwiebeln oder Knoblauch dazwischen sät oder die Saaten zwischen Reihen dieser Beete baut.

Pulver gegen Erdflöhe nach Whitehead.

Man mischt, am besten durch eine Siebmaschine

30 Gewichtsteile Schwefelblumen,
50   »   Ruß, gewöhnlicher Kaminruß,
350   »   Ätzkalkpulver,
350   »   Gaskalk.

Das Pulver wird auf die natürlich durch den Tau oder künstlich durch Wasserzerstäubung angefeuchteten Pflanzen aufgeblasen.

Mittel gegen den Heu- und Sauerwurm.

Die Traubenmotte, der Schmetterling des Heu- und Sauerwurmes, verhält sich des Tags über ruhig, bei eintretender Dunkelheit aber wird sie lebhaft; sie legt die Eier an die Blütenknospen, besonders häufig an diese seitlich in der Nähe des Stieles. Das aus dem Ei ausschlüpfende winzige Räupchen bohrt sich in die Knospe und frißt sie aus; seine Anwesenheit verrät sich durch die anhaftenden Exkremente, ein kleines Häufchen von bräunlichem oder gelbem Pulver. Nach 8 bis 10 Tagen spinnt das Räupchen mehrere Knöspchen zusammen und verbirgt sich in diesem Gewebe. Die verfaulenden Teile von diesen Exkrementen und die von Schimmelpilzen umränderten Pflanzenteile bilden eine Feuchtigkeit enthaltende Masse, in der sich die Räupchen anscheinend sehr wohl befinden. Sie weiden mit besonderer Vorliebe die fünf gelben Nektarien an der Basis des Fruchtknotens ab, die Zucker enthalten und den angenehmen milden Duft ausströmen, welcher den blühenden Reben eigen ist. Um zu ermitteln ob die Raupen außer den Weinreben auch andere Pflanzen verzehren, fütterte Dr. Dewitz eine Anzahl Raupen des Heu= oder Sauer= wurmes gruppenweise mit Beeren und Früchten verschiedener Stauden, Sträucher und Bäume, die in der Nähe von Weintrauben wachsen und verglich die Exkremente der Gruppen miteinander. Er fand die meisten Exkremente beim Verfüttern der Früchte von Weißdorn, Heckenrose, Pflaumen, Brombeeren und Jungfernreben. Letztere und Brombeeren scheinen von den Räupchen besonders gern gefressen zu werden.

Die beste und auch älteste Methode der Vernichtung ist, daß man die Gespinste noch vor der Blüte genau nachsieht und wo sie zusammengesponnen scheinen, mit einer derben Nadel die Räupchen zur Vernichtung herauszieht, indem man sie ansticht. Dies soll man aber gleich bei der ersten Brut der Heuwürmer tun, dann kann der zweite, der Sauer= wurm, gar nicht aufkommen. Andere Vorsichtsmaßregeln, wie Abfangen der Schmetterlinge (auch Traubenwickler ge= nannt) mittels Lampen oder Klebfächer usw. haben nicht diesen Wert. Gelingt es, die Püppchen aufzustöbern und zu vernichten, so ist dies von besonderem Vorteil.

Der Heu= und Sauerwurm sind Rebenschädlinge, die besonders im Moselgebiet schon häufig die Ernten ganzer Gemarkungen und gerade der besten vernichtet haben. Dr. Lüstner schildert den Kampf der Amerikaner gegen das Auftreten der Obstmade durch Bespritzen der Bäume mit Parisergrün, einer Arsen enthaltenden Körperfarbe, das wohl die Schädlinge tötete, aber auch die Pflanzen angriff. Durch Verwendung von Kalk zu der Mischung habe man dann die schädlichen Wirkungen auf die Bäume neutralisiert. Auf diesen Versuchen habe man weitergebaut und auch die Sauerwürmer an den Rebstöcken zuerst in Amerika, dann in Algier und Südfrankreich zu vernichten gesucht. Man wende heute arsensaures Blei an und gebe dieses zu der Kupfervitriolkalkmischung. Dr. Dewitz in Geisenheim habe in den letzteren Jahren größere Versuche mit arsensaurem Blei im Rheingau gemacht und günstige Erfolge erzielt. Durch Bespritzung mit einer Mischung, die arsensaures Blei enthält, werde dem Schädlinge die Nahrung vergiftet, so daß er sterben müsse. Diese Bekämpfung könne aber nur bei der ersten Generation des Schädlinges — des Heu= wurmes — also zur Zeit der Traubenblüte angewendet und müßten besonders die Gespinne bespritzt werden. Bei der zweiten Generation — dem Sauerwurm — kann diese Be= spritzung, eben weil dieses Mittel ein starkes Gift ist, nicht angewendet werden. Dewitz warnt noch vor der allgemeinen Anwendung des Mittels, da noch manche Beobachtung zu machen wäre und teilt mit, daß zuerst noch größere Versuche im Rheingau und an der Mosel unter Leitung von Sach= verständigen aus Geisenheim vorgenommen würden.

Mittel gegen Grillen (Hausgrillen, Heimchen).

Dieses Tierchen ist ein lästiges Ungeziefer in Häusern, welches durch sein Zirpen, durch das Aushöhlen der Wände, in denen es lebt und durch das Benaschen von Speisen sehr unangenehm wird. Die Vertilgung ist schwierig. Man sucht die Öffnungen in den Wänden zu erforschen, aus denen sie des Nachts hervorkommen und legt vor dieselben gemahlenen und mit Arsenik vermischten Zucker. In Backstuben, in denen die Grillen besonders häufig sind, legt man ein Bündel Erbsenstroh in eine Ecke, schüttelt dasselbe öfters aus und tritt die aus denselben herausfallenden Grillen tot.

In Ungarn ist eine Grillenart heimisch, die bisher als durchaus unschädliches, sogar nützliches Tierchen bekannt war, weil sie sich für gewöhnlich von kleinen Insekten nährt. In zwei wasserarmen Sommern hat sich aber diese Grillen= art (Grillus desertus) derart vermehrt, daß sie in Millionen auftrat und durch Nahrungsmangel gezwungen wurde, ihre Lebensweise zu ändern. In den Weingärten war alles schwarz von Grillen und die Tiere machten sich über die jungen Triebe der Weinstöcke her, verzehrten Blatt, Stengel und Blüte und vernichteten alle Erntehoffnung. Man versuchte sie durch Insektenseife, Quassia, Tabaksaufguß zu vernichten. Alles vergeblich. Insektenpulver war zwar wirksam, aber in der benötigten Menge zu teuer. Bei Versuchen mit Schmier= seifenlösung stellte sich ein großer Erfolg ein, man ging von anfänglich 10%igen Lösungen bis auf 1%ige Lösung herab und diese genügte noch vollständig. Mit der Uhr in der Hand wurde das Absterben der Grillen beobachtet und in weniger als fünf Minuten waren sie vernichtet. Die Seifen= lösung wurde mittels einer Reblausspritze auf den Boden zwischen den Rebenreihen gespritzt, wo die Grillen in Massen umhersprangen. Ein einziger Mann konnte Millionen dieser Schädlinge auf diese Weise in einem Tage vernichten und etwa zwei Joch Grund von ihnen säubern.

Mittel gegen Heuschrecken.

Die Heuschrecken, die in südlichen Ländern oft ungeheuren Schaden anrichten, werden in der gemäßigten Zone selten gefährlich, doch haben sie schon zu verschiedenen Zeiten Mittel= europa heimgesucht. Kälte und Nässe sind die wirksamsten Mittel gegen diese Tiere, da sie unter deren Einwirkung sehr bald zugrunde gehen. An Orten, wo sie sich in Massen niederlassen, muß man sie durch Aufgebot vieler Menschen totschlagen oder aber durch Walzen tottjahren lassen. Durch Abfeuern von Mörsern oder Geschützen, Rauch, Spritzen mit Wasser kann man sie töten, zerstreuen oder von einer Gegend abhalten. Die Eier, welche sie in die Erde oder in das Gras in Gestalt von Klumpen legen, werden von Raben, Mäusen, Schweinen verzehrt, sind sie aber in Menge vorhanden, so muß man sie durch Umpflügen der Äcker (im Herbst und Frühjahr) zu töten suchen oder einsammeln lassen. Zwischen Gärten, Hecken, Gesträuch findet man die meisten. Junge Heuschrecken, die noch nicht fliegen können, treibt man im Frühjahr, mit belaubtem Zweigen in der Hand, in eigens zu diesem Zwecke gegrabene Gruben, tritt sie hier tot und schüttet sie mit Erde zu. Bei diesem Treiben muß man mit den Zweigen ganz leicht auf die Erde schlagen, nicht zu nahe hinter ihnen hergehen, sie nicht gegen eine Bodenerhebung oder gegen den Wind treiben, da sie sonst zu müde werden und nicht weiter wollen. Sind sie an dem Graben angelangt, so muß man ihnen Zeit lassen, sie springen oder fliegen dann alle hinein. Vom Getreide muß man sie besonders abzuhalten suchen, da sie schwer aus demselben wieder herauszubringen sind. Haben sie schon einen Teil des Getreidefeldes eingenommen, so sondert man diesen von den anderen durch einen Graben ab, mäht das Getreide und treibt sie dann aus den Stoppeln in den Graben.

Mittel gegen Hülsenfrüchte-Schädlinge.

Ein einfaches Mittel gegen den Erbsenkäfer soll das Herauslocken desselben aus seinem Versteck, den Erbsen, sein. Er befindet sich bereits im Dezember ausgebildet, doch in einem Erstarrungszustande in der Erbse und ist angeblich nur notwendig ihn durch Wärme zu erwecken und aus den Erbsen herauszulocken. Man erreicht dies nach den gemachten Mitteilungen folgendermaßen: Die Erbsenkörner werden im Jänner und Februar 8 bis 14 Tage lang in einen auf 20 bis

25° R erwärmten Raum gebracht und der Käfer dadurch aus seinem Winterschlaf geweckt und zum Verlassen seines Aufenthaltsortes gezwungen werden. Da nun um diese Zeit den Käfern die Bedingungen zu ihrer Fortpflanzung fehlen, so sollen sie unrettbar verloren, die Erbsen aber als Saatgut verwendbar sein.

Mittel zum Abhalten von Erbsenfeldern.

2 Gewichtsteile gemahlener ungelöschter Kalk,
2   »   Asche,
1 Gewichtsteil Kochsalz werden innig vermischt und über die Erbsensaat gestreut. Auch Bestreuen der Pflanzen zur Zeit des Aufbruches der Blüten, das Begießen mit einer schwachen Lösung von Eisenvitriol sollen gute Wirkung äußern; sicher ist, daß diese beiden letzteren Mittel sehr vorteilhaft auf den Ertrag der Erbsen, wie aller Hülsenfrüchte überhaupt, einwirken.

Mittel gegen Kellerasseln und Tausendfüßer.

Als bestes Vertilgungsmittel hat sich das Aufstellen von Birkenbesen, welche man aufrecht stehend im Keller verteilt, bewährt. Dieselben werden mit Vorliebe von diesem Ungeziefer aufgesucht und als Zufluchtsort benützt. Schüttelt man von Zeit zu Zeit die Besen aus und tritt die herausgefallenen Tiere tot oder taucht die Besen schnell in heißes Wasser, so kann man auf leichte Weise Kellerasseln und Tausendfüßler vernichten.

Dieselben Erfolge erzielt man durch Auslegen von weiteren ihnen genehmen Verstecken, wie hohle Stengel, umgekehrte Blumentöpfe, einige Häufchen ausgejäteten Unkrautes, Kartoffelschnitte. Wenn man diese Stellen täglich nachsieht und die kleinere oder größere dort vorgefundene Anzahl von Tieren tötet, so befreit man sich allmählich von diesem Ungeziefer. Sehr zu empfehlen ist übrigens das Anstreichen des betreffenden Raumes mit frischer Kalkmilch und wenn der Anstrich wiederholt und sorgfältig ausgeführt wird, so läßt sich das Ungeziefer sicher beseitigen. Auch das Ausstreuen einer Mischung von gemahlenem Borax und weißem Streuzucker, des Abends aufgestreut, soll ziemlichen Erfolg verbürgen.

Mittel gegen Kohlweißlingraupen.

Die zweite Generation des Kohlweißlings gibt immer Anlaß zum Auftreten der Raupenplage und die k. k. Pflanzenschutzstation in Wien verbreitet sich über die Bekämpfung folgendermaßen: Die Schmetterlinge setzen ihre Eier in Häufchen bis mehr als 100 an der Blattunterseite der Kohl- und Krautarten ꝛc. ab. Nach 10 bis 14 Tagen schlüpfen die Raupen aus. Die Bekämpfung kann in zweifacher Richtung erfolgen. Vorerst wäre an die Vernichtung der Eier zu schreiten. Die Blattunterseiten sind möglichst sorgfältig abzusuchen und die darauf befindlichen Eier zu vernichten. So lange die bereits ausgeschlüpften Raupen noch beisammen bleiben, können sie ebenfalls abgesucht und vernichtet werden. Ist dieser Zeitpunkt versäumt, so kann nur noch durch Bespritzen die Raupenplage bekämpft werden. Das harmloseste Mittel, dessen Anwendung allerdings zuweilen nicht den gewünschten sicheren Erfolg haben dürfte, ist die Bespritzung mit heißem Wasser von zirka 55° C. Diese Temperatur ist möglichst genau einzuhalten, denn ist die Temperatur unter 55° C, werden die Raupen nicht vernichtet, ist sie über 60° C, so leiden die Pflanzen. Als weitere Bekämpfungsmittel wären die nachstehenden Brühen anzuführen: Die Dufoursche Lösung, die bereitet wird indem man

3 *kg* Schmierseife in

10 *l* Wasser auflöst, in ein großes Faß gibt und
     unter Umrühren mit

1 *kg* dalmatinischem Insektenpulver Pyrethrumpulver)
     vermischt; zum Schlusse wird noch mit

90 *l* Wasser verdünnt.

Tabakextrakt in 1%iger Lösung in Verbindung mit
2½%iger Schmierseifelösung oder
1% Kochsalz.

Ganz besonders muß jedoch hervorgehoben werden,
daß die Behandlung mit diesen Mitteln nur bei ganz jun=
gen und wenig entwickelten Pflanzen empfohlen werden
kann. Es ist nämlich nicht ausgeschlossen, daß auf Kraut
oder Kohl, wenn derselbe bereits in der Kopfbildung be=
griffen ist, Spritzer der verwendeten Lösungen auch noch
nach mehreren Wochen vorhanden bleiben, die das Gemüse
selbstverständlich unverkäuflich, beziehungsweise ungenießbar
machen.

Mittel gegen Maikäfer und Engerlinge.

Bisher haben die aus Frankreich stammenden Ver=
suche, die Engerlinge durch Benzin und Schwefelkohlenstoff
zu töten, welcher mit einer Art großer Injektionsspritze,
die in den Boden gestoßen wird, in den Erdboden einge=
bracht werden, nach Dr. Nüßlin noch keinen nennens=
werten Erfolg gehabt. Auch die gleichfalls aus Frankreich
stammenden Versuche, durch Engerlinge, welche mit insekten=
tötenden Pilzen (Botrytis tenella) künstlich infiziert und
in die Erde gebracht werden, um in der freien Natur An=
steckung und Vernichtung der Engerlinge herbeizuführen
sind bisher ohne praktisch brauchbaren Erfolg geblieben.

Die Maikäfer schaden insbesondere dem zu Ende April
und im Mai ausbrechenden jungen Laub der Bäume und
Sträucher und das beste Mittel, um den von denselben
verursachten Schaden zu verhüten, ist das Einsammeln.
Dieses geschieht am besten auf folgende Weise: Zwei oder
drei Stunden nach Sonnenaufgang oder um 3 bis 4 Uhr
nachmittags, zu welchen Zeiten die Käfer locker an den
Bäumen hängen, fängt man an, die Bäume einen nach
dem anderen tüchtig zu schütteln; die heruntergefallenen
Käfer liest man auf und sammelt sie in einem Sack aus
grober Leinwand. Auf Grasboden breitet man Tücher auf

den Boden aus, weil die abgeschüttelten Käfer sich sonst leicht in dem Gras verkriechen können. An starken Bäumen, deren Stamm sich nicht schütteln läßt, müssen von Leitern aus womöglich alle Äste zugleich geschüttelt werden. Wo sich Abschütteln nicht anwenden läßt, wendet man das Räuchern mit Wermut, Wacholderholz, Bilsenkraut oder Schwefel unter den Bäumen an, wodurch die Maikäfer von diesen abfallen und vom Boden aufgelesen werden müssen. Zur Sicherung einzelner Bäume, auf die man besonderen Wert legt, hat man empfohlen, dieselben während der Maikäferzeit mit Kalkstaub (an der Luft zerfallenem, gebranntem Kalk) zu bestreuen. Trotzdem der gebrannte Kalk ätzend ist, soll er doch, trocken auf die Bäume gestreut, keinen Nachteil bringen und von dem ersten Regen wieder abgewaschen werden. Selbst der Straßenstaub wird von dem Maikäfer gefürchtet, weshalb Bäume, die an der Straße stehen, weniger von Maikäfern heimgesucht werden. Auch der üble Geruch einer am Baume angehängten brennenden Lunte soll die Maikäfer verscheuchen. Allerdings ist, wie mit dem Vertreiben der Schädlinge überhaupt, nicht viel erzweckt, sie suchen eben dann die Umgebung heim.

Die Larven der Maikäfer, die Engerlinge, sind den Pflanzungen viel schädlicher als die Käfer selbst, doch wird naturgemäß durch rechtzeitiges und gründliches Einfangen und Vertilgen der Käfer, die massenhafte Entwicklung der Engerlinge teilweise hintangehalten. Die Engerlinge leben drei bis vier Jahre unter der Erde, woraus sich auch erklärt, daß es besonders reiche Maikäferflugjahre gibt. Die Engerlinge sind gelblichweiß mit safrangelbem Kopf und bläulichem Hinterleib und sie bringen den Getreidefeldern furchtbaren Schaden, weil sie die Wurzeln der Pflanzen abfressen und abnagen. Auf Kartoffelfeldern findet man oft jede Kartoffel von den Engerlingen zerfressen. Von den mancherlei gegen dieselben empfohlenen Mitteln ist nur ein einziges zuverlässig: das Auflesen derselben beim Pflügen oder Graben, welches durch Kinder geschehen kann und sich schon dadurch bezahlt macht, daß die Engerlinge ein vortreffliches Fütterungsmittel für das Federvieh und die Schweine abgeben. Würde dieses Mittel nur zehn Jahre lang mit Gewissenhaftigkeit angewendet, so würden damit die Maikäfer sicherer vertilgt werden, als gegenwärtig, wo man die Käfer selbst einsammelt, damit aber gewöhnlich wartet, bis sie ihre Eier abgelegt haben und das Geld für dieses Einsammeln eigentlich zum Fenster hinauswirft.

Mittel gegen die Maulwurfsgrille.

Die Maulwurfsgrille, auch Werre, Reitwurm genannt, ist ein grillenartiges, unter der Erde wohnendes, darum mit Grabfüßen versehenes Insekt, das in manchen Gegen= den eine wahre Plage ist und oft großen Schaden an= richtet, denn es durchwühlt nicht nur die Beete, indem es Gänge wie der Maulwurf gräbt, sondern frißt auch alle Pflanzenwurzeln, die ihm in den Weg kommen, ab. Ein Glück ist es noch, daß die Mutter immer eine Menge ihrer eigenen Jungen auffrißt, so daß von hundert kaum acht bis zehn am Leben bleiben. Ein bewährtes Vertilgungs= mittel ist folgendes: Man nimmt 2 Teile Steinkohlenteer und 1 Teil Terpentinöl, füllt eine Flasche damit beinahe voll und versieht sie mit einem Pfropfen, in dessen durch= lochte Mitte eine Federpose hindurchgesteckt wird. Im April, wenn der Frost aus der Erde und diese hinreichend feucht, die Witterung aber mild ist, sowie im Sommer nach Regenwetter, wenn die Gänge der Werren hauptsächlich zu bemerken sind, geht man diesen mit dem Finger nach, bis man auf die senkrechte Röhre kommt. In diese macht man mit dem Finger behutsam eine trichterförmige Erweiterung, gießt mit einer Gießkanne etwas Wasser hinein, dann etwa 10 bis 15 g von obiger gut umgeschüttelter Mischung, darauf wieder einen Eßlöffel voll Wasser. Das Insekt arbeitet sich dann heraus und verendet. Sind mehrere Gänge bemerkbar, so klopft man die Erdoberfläche zuerst eben, worauf die Maulwurfsgrille denjenigen Gang bald wieder herstellt, welcher zu ihrem Aufenthaltsort führt.

Die Hauptsache ist übrigens das Ausnehmen der Nester, die oft 300 bis 400, im Juni und Juli gelegte Eier enthalten; man findet sie zwei bis drei Finger tief unter der Erdoberfläche, da, wo viele Pflanzen im Umkreise abgenagt sind. Man bricht die Klumpen auseinander und zerstreut die Eier an der Luft, wo sie verderben. In einer Röhre unter dem Nest hält sich das Muttertier auf, das man ausgräbt oder auf vorgenannte Weise vertilgt. Ein anderes Mittel ist folgendes: Man macht im Spätherbst viereckige Gruben, etwa zwei Finger tief und zwei bis drei Finger weit und füllt sie mit gutem strohigen Pferdemist an; die Maulwurfsgrillen gehen zur Überwinterung in den Mist und wenn man während des Frostes die Gruben leert, kann man die Insekten sammeln und töten. Unsichere Mittel sind: Halb mit Wasser gefüllte Töpfe unter die Gänge der Maulwurfsgrille einzugraben, sowie mit Erde bedeckte Haufen von Queckenwurzeln auf die von den Insekten heimgesuchten Beete zu legen, weil die Eier gern auch in diese abgelegt werden. Der ärgste Feind der Maulwurfsgrille ist der Maulwurf, der sie überall aufsucht und verzehrt; auch die Marder, Wiesel, Krähen und Wiedehopfe stellen ihnen sehr nach.

Als Mittel zur Vertilgung der Maulwurfsgrillen werden sonst noch genannt:

1. Fanggräben, wie solche gegen den großen braunen Rüsselkäfer angelegt werden, nur müssen die Fanglöcher jeden Tag abgesucht werden, und zwar in den Morgenstunden.

2. Eingraben von Fangtöpfen zwischen den Saatbeeten in 3 bis 5 m Abstand. Der Rand der Töpfe muß etwas tiefer liegen als die Erdoberfläche.

3. Töten der Werren durch Eingießen von Schwefelkohlenstoff in die Gänge, und zwar an der Stelle, bei welcher der Gang in die Tiefe abzweigt.

4. Ausheben der Erdnester Ende Juni oder Anfang Juli.

5. Auslegen von Gift:

Getrocknete Lebkuchen 0·75 *kg* mit

0·25 *kg* Roggenmehl und

0·75 *kg* Honig vermischt; dieses Gemenge wird unter Zusatz von

2·00 *kg* Arsenik zu einem Teig angemacht, durchgeknetet und in erbsengroßen Stücken in die Gänge gelegt. Dieses letztere Vertilgungsmittel wurde von Direktor Weibel durch sechs Jahre mit Erfolg angewendet. Der Vorgang der Anwendung des Präparates ist folgender: Von den äußerlich sichtbaren Gängen werden an einzelnen Stellen Erdbröckchen abgehoben, und zwar so vorsichtig, daß der Gang an dieser Stelle nicht in seinem weiteren Laufe gestört wird; hierauf läßt man eine oder zwei der Arsenikpillen in die Gangröhre fallen und deckt die Erdkrumme wieder darauf, so daß die Öffnung geschlossen ist. Dieser Vorgang wird nach Bedarf und vorhandener Anzahl der Gänge während des Sommers öfters wiederholt. Die Maulwurfsgrillen nehmen dieses Mittel sehr gerne an und verenden in der Mehrzahl der Fälle, wie sich der Verfasser überzeugen konnte, außerhalb der Erdröhren auf den Pfaden der Saat- und Pflanzenbeete.

Mittel gegen Raupen im allgemeinen.

Die Raupen sind die nachteiligsten Tiere für Gärten und Felder und die meisten besonderen Mittel, welche zur Vertilgung derselben vorgeschlagen werden, sind erfolglos. Am sichersten bekämpft man die Raupen, wenn man zeitig im Frühling die Raupennester an Bäumen und Sträuchern sorgsam abschneidet und verbrennt, im Sommer aber die auch an Kohlpflanzen an der Blattunterseite klebenden Eier abnimmt und zerdrückt, die schon ausgekrochenen Raupen abliest und tötet. Diese Arbeiten sind langweilig, aber durch Kinder leicht auszuführen und bieten Sicherheit für das Bekämpfen der Schädlinge. Die wichtigsten Maßnahmen gegen das Überhandnehmen der Raupen sind: Jährliches Reinigen der Obstbäume von abgestorbenen Ästen und Zweigen, an denen sich die überwinternden Raupen gerne aufhalten; Reinigen derselben im Herbste von alten Blättern mit der Raupenschere und mittels Strohwischen, Abkratzen der Oberfläche der Rinde und hauptsächlich der Ritze und Klüfte durch starke Strohbesen und Verbrennen des Abge= kratzten; Umgraben der Erde $\frac{1}{2}$ bis 1 m rings um die Bäume im Frühjahre, August und Oktober, um die in der Erde steckenden Raupen und Puppen der Nässe, dem Frost und den Vögeln preiszugeben; Schütteln der Bäume im Mai, Juni und Juli, um die Raupen herabfallen zu machen und dann zu töten; Bestreichen der Raupennester mit starkem Seifenschaum, den man mittels eines an einer Stange befestigten Pinsels an die höher gelegenen Zweige bringt und welcher den Raupen den Tod bringt; Umbinden der Stämme mit einem mit Vogelleim oder Teer bestrichenen Streifen Papier oder Leinwand, damit Raupen oder Schmetterlinge daran kleben bleiben; Aufstellen eines inten= siven Lichtes, mit einem mit Teer bestrichenen Netz um= geben, an welchem sich Nachtschmetterlinge in Menge fangen. Das beste Mittel aber bleibt das Absuchen, sorgfältig und genau ausgeführt, mit der Hand oder Abnehmen der Raupennester mit der Baumschere oder dem Raupeneisen; dieses letztere besteht aus einem geraden oder einem mit doppeltgebogenem Knie versehenen Eisen, das mit einem Öhr versehen ist, das an eine lange Stange gesteckt wird; oben hat das Eisen einen spitz zulaufenden Einschnitt und damit die Raupennester nicht in das Gras fallen, kann man unter dem Eisen einen kleinen Drahtreif anbringen, um den ein Säckchen gespannt ist. Die Nester des Baum= weißlings nimmt man am besten im Spätherbst oder im Februar und Anfang März ab. Sind Stachelbeerbüsche von Raupen befallen, so legt man abends einige Tuchlappen zwischen die Zweige derselben und kann dann Frühmorgens die unter ihnen versammelten Raupen leicht töten. Auch kann man die Stachelbeersträucher mit einer Mischung von

Ruß und Wasser bestäuben, worauf am anderen Morgen die Raupen tot auf der Erde gefunden werden. Überhaupt muß das Absuchen der Raupen am Morgen geschehen, weil sich diese abends in Gesellschaften auf den Ästen und Zweigen der Bäume und Sträucher versammeln, um sich gegenseitig zu wärmen. Am allerbesten und ratsamsten wird es aber sein, die Singvögel, insbesondere die Meisen zu schonen, welche den Insekten nachstellen.

Mittel gegen Raupen an Obstbäumen.

1. **Gegen den kleinen Frostspanner oder den kleinen Frostnachtschmetterling.**

Zur Zeit da die meisten Schädlinge der Pflanzenwelt ihre Winterruhe begonnen haben, erwacht einer wieder zu neuem Leben, um die Obstbäume mit seinen Eiern zu belegen, der kleine Frostnachtschmetterling oder Frostspanner. Aus den in der Erde liegenden Puppen dieses Insektes entwickeln sich in den nächsten Tagen die Schmetterlinge, von denen bekanntlich die Weibchen nur Flügelstummel besitzen, mit denen sie nicht zu fliegen vermögen. Sie müssen deshalb, um ihre Brut an den Zweigen der Obstbäume anzubringen, an den Stämmen in die Höhe kriechen, wobei man sie leicht mittels eines Klebringes fangen kann. Die Zeit für das Anlegen der Klebringe ist gekommen und es ist jedem Obstzüchter anzuraten, diese wichtige Arbeit alsbald vorzunehmen, da sich die Frostspannerweibchen unter Umständen bereits Ende September an den Bäumen einfinden. Zweckmäßig ist es, die Bekämpfung des Frostspanners mit derjenigen anderer Schädlinge, z. B. des Zweigabstechers, des Blattrippenstechers, des Fruchtstechers u. a. m., zu vereinigen. Man kann hierzu sehr gut die Obstmadenfallen verwenden, die sich ja bereits seit Juni an den Bäumen befinden. Dieselben müssen nunmehr abgenommen werden, wobei alles Ungeziefer, das sich unter ihnen verborgen hat, zu vernichten ist. Hierauf werden die Fallen sofort wieder angelegt. Man benützt hierzu bekanntlich ein Bündel Holz-

wolle, breitet diese in Brusthöhe um den Stamm herum
aus, bindet dann einen zirka 18 *cm* breiten Streifen Papier
fest und wetterbeständig darüber, das auch den Klebstoff nicht
aufsaugen kann darauf, und bestreicht dieses schließlich mit
dem Leim. Nicht zu vergessen ist, daß die Klebringe von
Zeit zu Zeit nachgesehen werden müssen. Wird hierbei fest=
gestellt, daß der Klebstoff eingetrocknet ist, so ist der An=
strich sofort zu erneuern und diese Arbeit muß während
der ganzen Flugzeit der Frostspanner, bis in den Jänner
hinein, durchgeführt werden.

2. Gegen Raupennester (Baumweißling= und Gold=
after=Raupen).

Die Raupennester, welche nach dem Abfallen des
Laubes an den Obstbäumen sichtbar werden, sind die
des Baumweißlings und des Goldafters, die kleinen ge=
hören dem ersteren, die größeren dem letzteren an. Die
Raupen beider Schädlinge entwickeln sich ziemlich gleich=
mäßig und schaden in gleicher Weise, im Frühjahre durch
Ausfressen der Knospen und später der Blätter. Das wich=
tigste Vertilgungsmittel ist das Abbrennen der dürren
Blätter und der kleinen Gespinste im Winter mit der
Raupenfackel. Die Raupenfackel wird mit Brennspiritus gefüllt,
angezündet und an einer langen Stange zu den Raupen=
nestern gehalten, wodurch die Schädlinge verbrannt werden;
bei vorsichtigem Arbeiten wird der Zweig nicht beschädigt.
Dies ist ein Vorteil gegenüber der Raupenschere, welche
den Verlust des Zweiges nach sich zieht.

3. Gegen Fusikladium und Obstmade.

Nach Abfall der Blüten von den Obstbäumen soll
der Obstzüchter daran denken, wie er das junge Laub und
die werdenden Früchte seiner Obstbäume vor dem Befall
pflanzlicher und tierischer Schädlinge (Fusikladium und Obst=
made) bewahren soll, damit er den Bäumen ein freudiges
Wachstum, sich selber aber eine gute Einnahme nach Mög=
lichkeit sichere. Das beste und bewährteste Mittel ist eine

1%ige Kupferkalk= oder Kupfersodalösung, vermischt mit
einem geringen Prozentsatz des arsenhaltigen Schweinfurter=
grüns, nach etwa 14 Tagen nach der Blüte auf Blatt und
Früchten bis nach geöffnetem Blütenkelch in feinster Ver=
teilung aufgespritzt.

Mittel gegen den Rübenrüsselkäfer.

Nach Moraweck hat sich Chlorbarium als ein sehr ge=
eignetes Mittel gegen diesen Rübenschädling erwiesen, wie
überhaupt gegen alle an Rübenblättern nagende Insekten:
es soll die Käfer sicher töten und den Rübenpflanzen nicht
schaden.

Junge Pflanzen erfordern eine schwächere Lösung
2 Teile Chlorbarium auf 100 Teile Wasser,
ältere dagegen eine konzentriertere Lösung
4 Teile Chlorbarium auf 100 Teile Wasser; man
löst das Chlorbarium in etwa 20 Teilen heißem Wasser
auf und verdünnt dann bis auf 100 Teile.

Mittel gegen Schildläuse.

Die Entstehung der Schildläuse erfolgt wie die anderer
auf niedriger Stufe stehender Tiere und Pflanzen nicht aus
Eiern, sondern aus vorgebildeten organischen Stoffen. Wenn
Gewächse während ihrer Ruheperiode mehr Wärme und
Feuchtigkeit erhalten, als ihrer Natur entspricht und dadurch
eine Überfülle von Saft in ihnen veranlaßt wird, welche
nicht verwendet werden kann; wenn während der Wachs=
tumsperiode durch plötzliche Erkältungen eine Stockung des
Saftumlaufes eintritt; wenn durch unterlassene Beschattung
bei zu großer Hitze eine Erkrankung der jungen Triebe und
Blätter veranlaßt wird und sie dadurch ebenfalls zur Ver=
arbeitung des ihnen zuströmenden Saftes unfähig werden:
wenn wegen mangelhafter Lüftung und von Dünsten er=
füllter Luft bei Gewächsen, welche eine reine und trockene
Luft verlangen, die Ausdünstung unterbrochen wird, in

allen diesen Fällen entstehen aus den gestockten Säften mikroskopische Organismen, die sich je nach der Natur der Pflanzen und nach den Verhältnissen zu Meltau, Schimmel, Blattläusen, Schildläusen, Milbenspinnen gestalten. Die Verhütung der Schildläuse wird daher in Gewächshäusern, welche gegen das Eindringen des Ungeziefers von außen gesichert sind, einfach dadurch bewirkt, daß man die Pflanzen unter ihnen angemessenen naturgemäßen Verhältnissen erzieht. Da es jedoch nicht immer in unserer Macht steht, alle feindseligen Einwirkungen von ihnen abzuhalten und eine mehr oder minder bedeutende Erkrankung zu verhüten, in deren Folge Ungeziefer entsteht, so muß man fortwährende Aufmerksamkeit anwenden, um sofort das Entstehen zu bemerken und entgegen zu arbeiten, indem man jede Schildlaus sofort zerdrückt. Auf diese Weise wird das Ungeziefer nie überhand nehmen. Ist aber diese Aufmerksamkeit eine ungenügende, ist ein Gewächs von Schildläusen überzogen, dann bleibt ebenfalls nichts weiter übrig, als einen besonderen, umsichtigen und aufmerksamen Mann anzustellen, der sämtliche Schildläuse mit einem Holzspänchen von den Blättern abhebt, auf einem Papier sammelt und dann verbrennt. Nach dem Ablesen der Schildläuse werden die Blätter mittels eines weichen Schwammes mit Wasser abgewaschen. Will man diesem Wasser behufs größerer Wirksamkeit etwas Salz oder Quecksilbersublimat zusetzen, so darf dies nur dann geschehen, wenn man die Gewächse unmittelbar durch starkes Überbrausen mit reinem Wasser wieder abwaschen kann. Geschieht dies nicht, so verstopfen die zurückbleibenden Salze die Poren der Blätter und bewirken dadurch ein neues Siechtum der Gewächse. Hinterher sind die Gewächse täglich zu untersuchen, um jede sich zeigende Schildlaus sofort zu töten.

Möglichst schon vom Spätherbst an hat sorgfältigstes und gründlichstes Abkratzen der Schildläuse mit stumpfen, quergehaltenen Messern, Sauberbürsten und Abwaschen der Rinde einzutreten; das Waschen geschieht am besten mit einer Lösung von grüner Seife in Wasser mittels scharfer

Stahldrahtbürsten, dann Überpinseln mit einer die Insekten
tötenden Flüssigkeit und schließlich Anbringen eines Kalk=
milchanstriches. Alle von der Schildlaus befallenen Obst=
gehölzteile sind wegzuschneiden und zu verbrennen. Häufiges
Ausspritzen der von der Schildlaus befallenen Gehölze im
Spätfrühling und im Sommer tragen viel zur Vernichtung
der Jungen der Schildläuse bei.

Die San José=Schildlaus, die die gefürchtete Ver=
breitung in Deutschland nicht gefunden hat, wird mittels
Petroleumemulsionen und Blausäure vernichtet. Früchte, die
von der Laus befallen sind, werden in heiße Kalilauge ge=
taucht oder Schwefeldämpfen oder den Dämpfen 65—90° C
heißen Wassers ausgesetzt; bei der Kali= und Schwefel=
behandlung müssen die Früchte dann mit Wasser sorgfältig
gewaschen werden.

Mittel gegen Schnecken.

Von den vielen Arten von Schnecken ist die sogenannte
Ackerschnecke am gefährlichsten und am meisten Schaden
bringend. Sie kommt besonders in und nach naßkalten Früh=
jahren vor, oft in einer solchen Menge, daß sie des Nachts
auf Äckern und in Gärten starke Zerstörung anrichtet. Die
verschiedenen Mittel, welche man zu der Vertilgung oder
Vertreibung vorgeschlagen hat (Aufstreuen von Kalk, Eisen=
vitriol, Salz) bleiben teils erfolglos, teils sind sie zu teuer
und werden sogar den Gewächsen noch schädlicher als den
Schnecken. Auch das Aufstreuen von Gerstenspreu, Flachs=
schäbe, Fichtennadeln und ähnlichen stacheligen Dingen ist
ganz erfolglos. Einzig sicher ist das Einfangen, welches
nach Sonnenuntergang und vor Sonnenaufgang mit der
Laterne vorgenommen wird. Man kann ferner feuchte Stroh=
bündel, besonders aus Maischbottichen, zerhackte Kürbisse,
süße Äpfel, Möhren, Salatblätter auf die Beete legen, sucht
die Schnecken vor Sonnenaufgang, ehe sie sich wieder in
die Erde verkrochen haben, von diesem Köder ab und tötet
sie dann durch Aufgießen von heißem Wasser oder Auf=

streuen von ungelöschtem Kalk. Enten, Truthühner, Elstern, Krähen und viele andere Vögel, auch Frösche, Kröten, Eidechsen, Laufkäfer und Waldameisen vertilgen die Schnecken; namentlich ist die Bevölkerung der Gärten mit Kröten, diesen von der Rohheit und Grausamkeit aus Unwissen verfolgten Tieren, von großem Nutzen.

C. W. Worsdell hat zahlreiche Versuche ausgeführt und Studien gemacht, um die Schnecken, die so schädlichen und dabei so schwer abzuwehrenden Feinde unserer Gärten, zu vernichten.

Das Tannin scheint zu jenen Stoffen zu gehören, die den Schnecken sehr unangenehm sind. Wie ein Versuch beweist, bleibt die Möhre (gelbe Rübe), die wegen ihres süßen Geschmackes bei gänzlicher Abwesenheit von Tannin von den Schnecken mit Vorliebe aufgesucht wird, sofort von den schleimigen Liebhabern verschont, wenn sie mit einer 1%igen Tanninlösung benetzt wird, ja man kann die Ackerschnecke (Limax agrestis), die man in verdächtiger Nähe einer Möhrenpflanzung bemerkt, sofort vertreiben, wenn man sie vermittels eines Zerstäubers mit einer Tanninlösung selbst in tausendfacher Verdünnung besprengt. Man hat mit Sicherheit erkannt, daß die Blätter von Pflanzen, wie z. B. die von Vallis neria (Sumpfschraube), die Tannin enthalten, niemals von Glanorbis- und Limnaeus-Arten angegriffen werden; sowie man aber die Blätter ihres natürlichen Tanningehaltes beraubt, werden sie schnell abgenagt.

Es scheint, daß auch saure Säfte die gleiche abstoßende Wirkung auf die gefräßigen Tiere ausüben. Jedenfalls werden Begonien und Sauerampfer (Rumax acetosella, die ziemlich reich an oxalsaurem Kalium sind, niemals von den Schnecken heimgesucht. Man kann sich leicht durch einen direkten Versuch von der Abscheu überzeugen, die die Schnecken vor diesem Salz haben. Legt man einer Acker- oder Gartenschnecke (Limax agrestis oder Arion hortensis Stücke von Möhren vor, die mit einer Lösung des Salzes benetzt sind, so werden die Tiere selbst nach mehrtägigem Fasten die sonst so beliebten Leckerbissen verschmähen. Selbst bei 1000facher Verdünnung erweist sich eine wässerige Lösung des Salzes noch wirksam.

Die Schnecken meiden auch Pflanzen, deren Haare saure Stoffe ausscheiden, wie es bei der Nachtkerze (Oenothera) der Fall ist. Gleicherweise schützen ätherische Öle die Pflanzen; so hüten sich die Weinbergschnecken sorgfältig, die Raute oder Pfefferminze anzugreifen. Was endlich Blätter an= belangt, die Bitterstoffe enthalten, wie der gelbe Enzian (Gentiana lutea) oder die Futterkleezottenblume (Menyanthes trifoliata), so bleiben sie nur im Frühling, wenn sie noch jung sind, verschont; im Herbst dagegen scheint die Wirk= samkeit der Bitterstoffe gänzlich zu verschwinden.

Alle diese Ergebnisse sind sehr interessant, da sie zeigen, daß die Pflanzen über ein ganzes System von Schutz= mitteln für ihren Organismus verfügen und uns gleich= zeitig auch Fingerzeige dafür geben, wie sich mit Erfolg die Feinde der Gartengewächse bekämpfen lassen.

Mittel gegen Schädlinge der Spargelpflanzen (Spargelkäfer, Spargelfliegen, Spargelrost).

1. Gegen Spargelkäfer.

Man unterscheidet (nach »Konserven=Zeitung«) mehrere Arten von Spargelkäfern; am häufigsten tritt der erzblaue Spargelkäfer oder das Spargelhähnchen (Crioceris asparagi), der rote zwölfpunktige (C. duodecimpunctata) und der vierzehnpunktige Spargelkäfer (C. quatuordecimpunctata) auf, seltener der rötliche fünfpunktige Spargelkäfer (C. quin- quepunctata) und der dunklere Feldspargelkäfer (C. cam- pestris). Wenn im Frühjahr der Spargel aufschießt, kommen die kleinen Käfer zum Vorschein und zerfressen nicht nur die Blätter, sondern sogar die Stengel und Äste. Die Weibchen kleben ihre schwarzen, länglichen Eier einzeln oder in Reihen an die Blätter und Äste der Spargelpflanzen. Nach kurzer Zeit schlüpfen die außerordentlich gefräßigen gelblichgrünen Larven aus und beteiligen sich an dem von den Käfern begonnenen Zerstörungswerk. Die Spargelpflanzen werden total kahl gefressen, daher in ihrem Wachstum gehemmt und sterben häufig ganz ab. Im September und auch schon im August verpuppen sich die ausgewachsenen Larven in der Erde, um sich schon nach zwei bis drei Wochen in Käfer zu verwandeln. Es können zwei, in trockenen Jahren sogar drei Generationen vorkommen. Die zweite Generation des zwölfpunktigen Spargelkäfers lebt nur in den Beeren und ist daher nicht so schädlich wie die erste Generation, die auch die Blätter abfrißt. In jeder Beere lebt nur eine Larve, welche dieselbe durch gänzliches Ausfressen verdirbt. Die befallenen Beeren röten sich früher als die gesunden und sind dadurch leicht erkennbar. Die ausgewachsenen Larven bohren sich aus der Beere heraus und lassen sich auf die Erde fallen, wo sie sich verpuppen.

Zur Bekämpfung empfiehlt sich wiederholtes Bespritzen mit Petroleumseifenbrühe oder kräftiges Durchziehen der Spargelpflanzen durch die geschlossene Hand. Ein anderes Mittel besteht darin, die Käfer, die sich leicht fallen lassen, in Tüchern aufzufangen und zu vernichten.

In einigen Spargelplantagen, wo die Käfer besonders stark auftraten, hat man ein eigenartiges Mittel zur Bekämpfung der Schädlinge angewendet, nämlich das Absuchen derselben durch Hühner, welche, wie bekannt, mit wahrer Gier alle erdenklichen Insekten fressen. In den betreffenden Plantagen gingen die Hühner bei ihrer Vertilgungsarbeit so gewissenhaft zu Werke, daß sich nach einiger Zeit kaum noch Käfer fanden. Bei feldmäßigem Spargelbau werden die Hühner mit der sogenannten Hühnerpost auf das Feld hinausgefahren. Die Hühnerpost ist ein fahrbarer Hühnerstall, welcher mit allen erforderlichen Einrichtungen, wie Sitzstangen, Nestern, Leitern für den Aufstieg versehen ist. Sie fährt auf zwei hohen Rädern, deren Spurweite so gewählt ist, daß dieselben in den Zwischenräumen der Spargelbeete laufen und das Beet zwischen sich lassen. Bei großen Plantagen ist es erforderlich, daß der Standort des Hühnerstalles in einer geordneten Reihenfolge gewechselt wird, damit die ganze Fläche gleichmäßig vorgenommen wird. So eigenartig dieses Verfahren im ersten Augenblick erscheinen wird, so muß doch seine Zweckmäßigkeit und Anwendbarkeit nach einigem Überlegen jedem einleuchten.

2. Gegen Spargelfliegen.

Das sich durch seine braun und weiß gefleckten Flügel kennzeichnende Weibchen legt seine Eier ungefähr von Anfang bis Ende Mai ab. Nicht nur unter die Schuppen der aus der Erde hervorgekommenen Spargelpflanzen, welche dann bei ihrem Weiterwachsen meist einen gekrümmten, verkrüppelten Stengel geben, sondern auch, entgegen den Mitteilungen des Kaiserlichen Gesundheitsamtes nach Bardenwerber-Buschdorf, der ausgedehnte Spargelkulturen besitzt, vermittels seines langen Legestachels in einiger Nähe über dem Boden in das Mark der noch weichen Spargelstengel. Da diese Eierablage in den Monat Mai fällt, die Ertrag gebenden Spargelpflanzen in Deutschland aber gewöhnlich bis zum 24. Juni gestochen werden, so sind es nur die Neupflanzungen und zwei- bis dreijährigen Anlagen, die durch die Spargelfliege nicht nur arg geschädigt, sondern sogar vernichtet werden können. Die aus den Eiern kriechenden Larven nähren sich von dem Innern des Stengels, indem sie in demselben Gänge bohren; solche Stengel lassen gewöhnlich schon im Sommer durch ihre etwas bräunliche Färbung auf das Vorhandensein von Larven in ihnen schließen. Denn nicht immer sind die befallenen Stengel krumm, sondern, zumal wenn dieselben etwas später an gestochen wurden, sieht man ihnen sehr wenig an. Im Herbst begeben sich die Larven in den Stengeln abwärts, um sich in denselben 10 bis 15 *cm* unter der Erdoberfläche zu verpuppen. Beim Abschneiden des Spargelkrautes im Herbst kann man diejenigen Stengel, welche den Puppen als Winterquartiere dienen, sehr leicht dadurch erkennen, daß sich an der Fläche die nach unten führenden Gänge zeigen.

Also nicht in dem abgeschnittenen Kraut, sondern in den Stengelstücken, welche beim Abschneiden unter der Erde verbleiben, überwintern die Puppen. Die Maden der Spargelfliege ziehen sich deshalb in den Stengeln so weit nach unten, selbst bis in die Wurzeln, damit die Puppen (Tonnenpüppchen), in welche die Larven sich bis Ende Juli verwandeln, beim Abfaulen des unterirdischen Stengels in die Erde gelangen, wo sie bis zum nächsten Frühjahr verbleiben. Dann kommen die ersten Fliegen zum Vorschein und stellen sich in den Spargelbeeten ein, wo sie sich paaren. Am Morgen, solange es noch kühl ist, sitzen sie dann auf der Erde oder an den Köpfen der Spargel. Die Maden kriechen nach zwei bis drei Wochen aus und beginnen ihr Zerstörungswerk. Bisweilen findet man acht oder mehr Maden in einem Stengel und in sehr warmen Jahren entwickelt sich aus ihnen noch ein zweites Geschlecht.

Zur Vernichtung der Schädlinge steckt man etwa 50 cm lange Stäbe, abgeschält, so daß sie weiß erscheinen, in Entfernung von einigen Metern auf die Beete und bestreicht sie 10 bis 20 cm breit mit Raupenleim, der Anstrich ist allenfalls einige Male zu erneuern. Auch kann man zeitig am Morgen, solange die Fliegen noch schläfrig und von der Kälte der Nacht erstarrt sind, sie an den Spargelköpfen fangen und töten. Ferner schneidet man alle mit Maden besetzten, also die gelb gewordenen Stengel, dicht über der Erde ab und verbrennt dieselben. Will man dieses letztere später tun, so sitzen die Maden schon tiefer und muß man den Stengel daher unter der Erde abschneiden, jedoch vorsichtig, ohne die Wurzelklauen zu verletzen. Wenn man im Herbst alle Stengel abschneidet, so verbrennt man dieselben vorsichtshalber, denn man vernichtet gleichzeitig den so häufig vorkommenden Spargelrost. Besser sollen sich die 1 m langen Stäbe, ebenfalls mit Leim bestrichen, bewährt haben, da die über den Spargelbeeten schwebenden Fliegen doch wohl öfter einen Ruhepunkt suchen. Durch das Wegfangen der Fliegen könnte man sich schon von vornherein vor Schaden bewahren, da jedoch ein wirklich probates

Mittel hierfür noch nicht bekannt ist, ist das Abschneiden der Stengel im Herbst, mindestens 10 *cm* unter der Erdoberfläche, und Verbrennen am meisten zu empfehlen.

Gegen Spargelrost und gegen die Spargelfliege läßt sich leicht ankämpfen durch Abstechen des Spargellaubes im Herbst eines jeden Jahres, und zwar spätestens bis 15. November möglichst tief unter der Erde, nicht unter 10 *cm*, und Verbrennen desselben an Ort und Stelle, wodurch die Wintersporen des Rostpilzes vernichtet werden. Ferner können diese Schädlinge auch dadurch vertilgt werden, daß man die ausgetriebenen grünen Stauden frühzeitig mit einer 1·5 bis 2%igen Kupferkalkbrühe, wie man sie gegen Peronospora bei Weinreben anwendet, bespritzt.

Mittel gegen die Wachsmotte in Bienenstöcken.

Die Wachsmotte ist eines der bienenfeindlichen Insekten, die durch ihre Larven (Rankmaden oder Randmaden) bedeutenden Schaden anrichten kann. Vom zeitigen Frühjahr bis spät in den Herbst hinein sieht man des abends in den Dämmerstunden die Wachsmotte um die Fluglöcher schwirren. Sie setzen ihre kleinen runden, blaßgelben Eier in die Wachszellen, das Gemülle und in die Schlupfwinkel in und an dem Stocke ab. Die aus den Eiern entstehenden Maden fressen sich sehr bald in die Wachswand der Zelle ein und schützen sich in ihrem filzigen Gespinst gegen die Angriffe der Bienen. Bei schwachen Völkern, die sich dieser lästigen Gäste nicht erwehren können, ist das Zerstörungswerk in kurzer Zeit vollendet und der Wabenbau vernichtet. Sobald die Bienen merken, daß sie des Ungeziefers nicht mehr Herr werden können und man ihnen nicht zu Hilfe kommt, verlassen sie ihre Wohnung und ziehen als sogenannte Mottenschwärme aus, um sich bei andern Völkern einzubetteln. Vor diesen Gefahren kann man die Bienenstöcke schützen, wenn man in der Nähe des Bienenstandes nach Eintritt der Dunkelheit eine Schüssel mit Öl aufstellt, in welchem ein brennender Docht schwimmt. Die Motten fliegen in das Licht und verbrennen sich oder fallen in das Öl.

Mittel gegen den Weidenbohrer.

Der Weidenbohrer ist ein gefährlicher Feind der Obstbäume. Der dickleibige graue Schmetterling legt seine Eier an die Stämme, worauf die daraus hervorgehenden jungen Räupchen sich in das Innere des Stammes ein=bohren und mit zunehmendem Alter immer größere Gänge ausfressen. Es sind dadurch oft schon große Obstbäume zu=grunde gerichtet worden. Natürlich wird man die Schmetter=linge, wenn man sie kennt und antrifft, töten und ebenso auch die Raupen, die man etwa in der Nähe der Bäume herumlaufen sieht. Um die Raupen im Innern der Bäume, wo sie sich durch die ausgestoßenen Exkremente verraten, zu töten, stochert man ihnen mit Messern und biegsamen Drähten nach. Gelingt es nicht in solcher Weise, kann man auch kleine Wattabäuschchen, die man vorher in Schwefel=kohlenstoff tränkt, in die Gänge hineinschieben und sodann die Öffnungen sofort mit nassem Lehm verstreichen. Die Tiere werden durch die Schwefelkohlenstoffdämpfe getötet. Sind alte Stämme sehr stark zerbohrt, so opfert man sie besser, um andere Bäume vor Schaden zu bewahren; natür=lich sind dann die von dem Insekt befallenen Teile des Baumes sofort zu spalten und die Tiere zu vernichten, sonst kriechen sie aus den Löchern und suchen andere Bäume zu erreichen. In der Nähe befindliche alte Weiden sollen untersucht und falls sie von dem Weidenbohrer befallen sind, entfernt werden. Gerade von den Weiden aus gelangt dieser Feind häufig an die Obstbäume.

Mittel gegen Würmer in der Erde (Regenwürmer, Drahtwürmer).

Die Regenwürmer leben meist von tierischem Dünger und fetter Erde, fressen aber auch Pflanzenwurzeln und

selbst junge Pflanzen, die sie in ihre senkrechten Löcher
hinabziehen. In Blumentöpfen sind sie sehr schädlich, da sie
die Erde durchlöchern, ausmagern und durch ihren Schleim
verkleistern, wodurch die Feuchtigkeit abgehalten und die
Wurzeln aus ihrer Lage gebracht werden. Um sie zu entfernen, klopft man an den Topf oder Wurzelballen, worauf
sie an der Erdoberfläche erscheinen, weil sie Erschütterungen
nicht vertragen können. Auch verlassen sie den Erdballen,
wenn man die Oberfläche der Erde im Topfe allenthalben
mit weichem Papier bedeckt und Schwefelpulver oder Kalkstaub darüber bringt; sie können dann an der Oberfläche
nicht zum Atmen gelangen und kriechen entweder unten
hinaus oder sterben. Stellt man die Blumentöpfe auf eine
10 bis 12 *cm* hohe Schicht von Kalk, Koks, Steinkohlen-
oder Braunkohlenabfall, so geht kein Regenwurm in dieselben. Auf den Beeten werden sie am besten durch Ofenruß
oder frische Gerberlohe (beide breitet man auf der Oberfläche aus), durch abgeklärtes Kalkwasser, durch Abkochungen
von Hanf, von grünen Nußblättern und Nußschalen und
durch fleißiges Auflesen des Nachts oder nach einem warmen
Regen, zu welchen Zeiten sie in Unzahl auf der Oberfläche
des Bodens erscheinen, besonders aber beim Umgraben des
Bodens, vertilgt.

Wenn man geschabte Möhren des Abends in die Wege
der Beete legt, so kann man am anderen Morgen eine
Menge Regenwürmer von ihnen ablesen, denn Möhren sind
ihre Lieblingsspeise und sie fressen sich davon so voll, daß
sie nicht in ihre Löcher zurückkriechen können. Das Er-
schüttern des Erdbodens durch Stampfen oder Schlagen
oder auch das Einschlagen von Pfählen, die man hin- und
herbewegt, ist ebenfalls ein gutes Mittel, die Regenwürmer
aus der Erde hervorzulocken, aber aus leicht begreiflichen
Gründen nicht überall anwendbar. Ihre größten Feinde
sind Igel, Maulwürfe, Enten und Hühner, von denen sie
begierig verzehrt werden.

Wenn man gewahr wird, daß diese ungeladenen ekel-
haften Gäste sich eingestellt haben und die jungen Wurzeln

zernagen, so darf man nur die Pflanzen mit einem Absud begießen, der aus frischen Walnußblättern, über die sieden= des Wasser gegossen wurde, gebildet ist. Gießt man diesen Absud nach hinreichendem Erkalten auf die die Würmer enthaltende Erde, so gehen dieselben alle an die Oberfläche und können leicht aufgelesen und getötet werden. Das Ver= fahren ist so lange zu wiederholen, bis alle Würmer be= seitigt sind.

Gegen den Drahtwurm.

In Gärten und Weinanlagen bedient man sich mit Vorteil der Kartoffel zur Vertilgung dieses Schädlings; kleine Knollen schneidet man in die Hälfte, größere in mehrere Teile und beim Einschulen der veredelten Reben oder beim Auspflanzen im Weingarten am Standort, nament= lich bei stratifizierten Veredlungen, legt man ein Stück Kartoffel mit frischer Schnittfläche auf den Boden. An diesen Kartoffeln nagt der Drahtwurm mit Vorliebe und bohrt sich anstatt in den jungen Rebentrieb in diesen Leckerbissen hinein. Diese Ablenkung des Schädlings in den Kartoffel= abschnitt gelingt ganz zuverlässig und in einem solchen Fangstück sind oft zwei bis drei der Larven eingebohrt, die beim Lockern und Lüften des Bodens herausgenommen und vernichtet werden müssen.

Mittel gegen die Zwiebelfliege.

Die Zwiebelfliege erinnert im Habitus und in der Färbung einigermaßen an die gemeine lästige Mückenfliege, ist aber nur etwa halb so groß. Die Zwiebelfliege erscheint schon Ende April, spätestens im ersten Drittel des Mai aus der in der Erde überwinternden Puppe. In der Regel werden die Eier in großer Anzahl um den Teil der jungen Pflanze abgelegt, der sich dicht über der Erde befindet (Wurzelhals). Die ausgeschlüpften zarten Maden steigen zwischen den Blättern hinab bis zur Basis derselben, dem markigen sogenannten Zwiebelkuchen, wohin sie nach allen Richtungen Gänge arbeiten. Die Zwiebelscheibe und die ganzen anderen Teile der Zwiebelschale gehen in Fäulnis über. Die bewohnte Partie verwandelt sich in eine braune übelriechende jauchenartige Masse, worin jedoch die Larven ein gedeihliches Dasein führen. Bis gegen Ende Juni sind sie 5 bis 6 mm lang und zur Verwandlung reif. Die befallene Zwiebel verrät das Befallensein durch den Schädling auf den ersten Blick durch das allgemeine Welken und Gelbwerden der Blätter. Unweit der vollständig zersetzten Zwiebel verwandelt sich die Larve in der Erde in eine walzenförmige, rotbraune, geringelte, sogenannte Tonnen=puppe. Nach einiger Ruhe von etwa zehn Tagen geht daraus die Fliege hervor. Diese Fliege überwintert im Puppen=zustande, um erst im nächsten Frühjahre das Insekt zu liefern. Als Bekämpfungsmittel dieses Schädlings ist dickes Be=streuen der Zwiebelquartiere mit Asche und Ruß zu emp=fehlen, wobei man hie und da einzelne Pflanzen als Fang=stellen unbestreut läßt, wodurch diese erfahrungsgemäß für die Ablage der Eier groß gezogen werden. Jede befallene Zwiebel ist auszuziehen und in ein Jauchefaß zu werfen. Ferner empfiehlt es sich, den Anbau der Zwiebeln, wenn der Schädling zu sehr überhand nimmt, für einige Jahre in dem heimgesuchten Gelände auszusetzen.

Singvögel als Mittel gegen Insekten an Obst=bäumen.

Jenen Schädlingen des Obstes, welche sich an den Gipfeln und Spitzen der Bäume, an den kleinen Ästen und Zweigen, an Knospen und Blüten aufhalten, ist mit den gewöhnlichen Mitteln nicht beizukommen und hier leisten insektenfressende Vögel, wie die kleine flinke Meise, die un=ermüdlich von Ast zu Ast fliegt, von Zweig zu Zweig hüpft, geradezu unschätzbare Dienste. Die Meise nimmt fast nur animalische Nahrung zu sich und ist deshalb darauf angewiesen, namentlich in der Winterszeit, die Bäume, Äste

und Zweige nach Insekten, Puppen, Larven usw. genau ab=
zusuchen. Es ist daher naheliegend, auf Mittel und Wege
zu sinnen, wie man die Vermehrung der Meisen am besten
und raschesten ermöglichen kann und geschieht dies durch
Aushängen von Nistkästchen. Die beste Jahreszeit zum Aus=
hängen der Nistkästchen ist der Winter, weil sie zu dieser
Zeit von den Meisen als Schlafstellen benützt werden und
weil sich hierbei die sonst so scheuen Meisen an die be=
treffenden Wohnungen leicht gewöhnen. Außerdem sind auch
die im Winter ausgehängten Nistkästchen bis zum Frühjahr
etwas grau geworden und werden dann von den Meisen
lieber als Brutstätten angenommen. Es erfüllen jedoch auch
die in den anderen Jahreszeiten aufgehängten Kästchen voll=
kommen den Zweck. Man hängt die Kästchen in $2^1/_2$ bis
4 m Höhe an Bäumen an nicht zu lichten Stellen, an ruhigen
Gebäuden, das Flugloch nach Sonnenaufgang gerichtet, auf.
Die Größe des letzteren ist so zu wählen, daß Sperlinge
nicht durch dasselbe schlüpfen können.

Vorrichtungen für die Anwendung der chemischen Vertilgungsmittel.

Die als chemische Vertilgungsmittel bekannten und ver=
wendeten Substanzen sind entweder Flüssigkeiten, Lösungen
von Salzen in Wasser oder wässerigen Emulsionen von
öligen oder teerartigen Präparaten oder aber feine Pulver,
welche auf die zu schützenden Pflanzen aufgebracht werden
müssen. Das ursprünglich bei den Flüssigkeiten geübte Ver=
spritzen mit einfachen Spritzen oder mittels Brausen hat
sich nicht bewährt, nachdem die Pflanzen einerseits nicht ge=
nügend von dem Mittel zugeführt erhielten, andererseits ein
zu großer Verbrauch an demselben stattfand. Man hat daher
besondere Vorrichtungen konstruiert, bei denen die Flüssig=

keiten durch ziemlich starken Luftdruck in einen staubartigen Regen verwandelt werden.

Auch die pulverigen Schutz- und Vertilgungsmittel können mit voller Ausnützung ihrer Wirksamkeit nur dann verwendet werden, wenn ebenfalls nur ein Bestäuben in einer äußerst dünnen Schicht stattfindet und der feine pulverige Überzug sich auf alle Teile der Pflanze gleichmäßig verbreitet. Hierfür dienen Pulver- und Schwefelzerstäubungs- apparate, von denen einige der hauptsächlichsten in der Folge hier angeführt werden.

Flüssigkeitszerstäuber (Spritzen für Pflanzen, Bäume, Reben usw.).

Für eine tadellose Wirksamkeit der auf Pflanzen jeder Art aufzubringenden Flüssigkeiten, welche bestimmt sind, Insekten zu vertilgen, ist es erforderlich, daß dieselben in möglichst feiner Verteilung, also eigentlich in Staubform, auf die ersteren kommen, somit auch in den feinsten Vertiefungen und auf die zartesten Blätter wirken, ohne daß die letzteren dabei leiden. Dazu tritt aber noch das Moment der Spar- samkeit und es sind daher alle mechanischen Vorrichtungen vorzuziehen, bei denen das Aufbringen nicht in Form grö- berer, sondern möglichst feiner, staubartiger Form statt- findet. Die für die Zerstäubung verwendeten Spritzen, wie sie allgemein genannt werden, sind der leichteren Bewegung halber fast ausschließlich tragbar, aber doch in sehr ver- schiedenen Größen, beziehungsweise mit sehr verschiedenem Inhalt, so daß sie für alle Zwecke genügen können, sie werden aber auch auf Rädern fahrbar geliefert. In allen Fällen wird bei den Spritzen mittels Pumpen ein ziemlich hoher Druck erzeugt, der als notwendig für eine gute Wirk- samkeit erachtet wurde.

Die Zahl der auf dem Markt befindlichen Konstruk- tionen ist eine ziemlich große und sie sind mit besonderen Benennungen belegt, wie Perfekt, Ceres, Fix, Pomolog, Palatia und andere; hier soll aber nur eine dieser Vor-

richtungen herausgegriffen werden, die sich durch besondere
Wirksamkeit und dabei gefälliges Aussehen auszeichnet. Es
ist dies die Maschine »Automax« (Fig. 1), die sowohl als

Fig. 1.

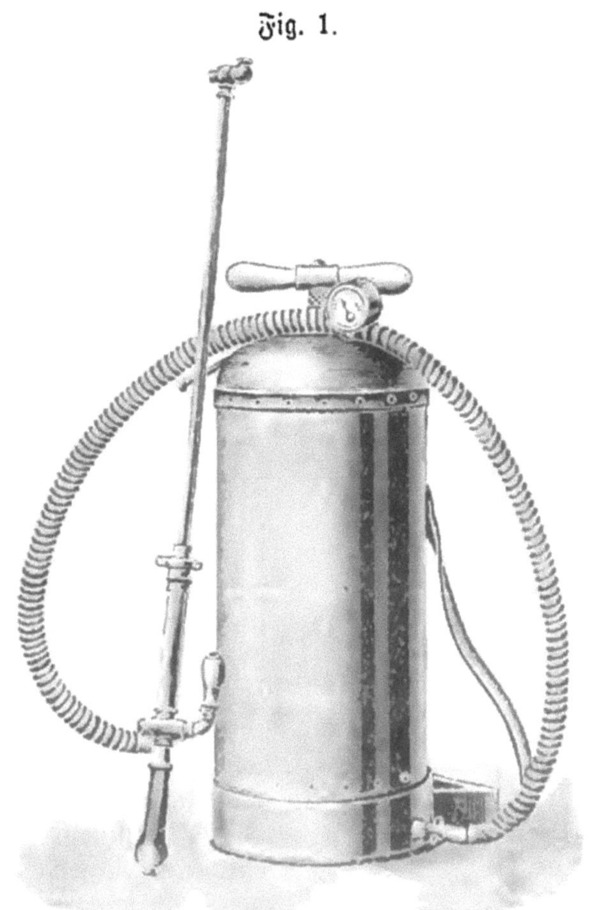

Pflanzenspritze »Automax«.

Weinberg- und Pflanzenspritze, wie auch als Baum und
Hopfenspritze dient. Die Schläuche sind je nach dem in
Anwendung kommenden Vertilgungsmittel auswechselbar, so
daß sie für verschiedene Flüssigkeiten benützt werden können.
Der Gang der Spritze ist leicht bei raschester Arbeit durch

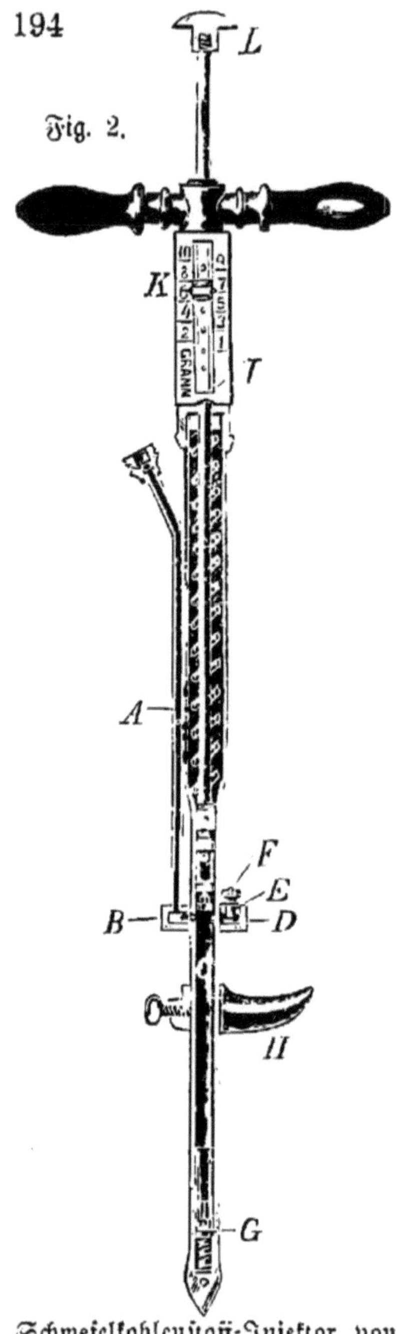

Schwefelkohlenstoff-Injektor von
Rudolf Krasa in Wien.

Kolben mit gesetzlich geschützter Luftzuführung, Nachpumpen während der Arbeit ist infolge der Kontrollfüllvorrichtung überflüssig, da hoher Druck bis zum letzten Tropfen vorhanden ist. Die Apparate sind auf einen Druck von acht Atmosphären geprüft und man erzielt unerreichte Feinheit der Zerstäubung bei denkbar geringstem Flüssigkeitsverbrauch. Während der Arbeit sind beide Hände frei, infolgedessen eine gründliche gleichmäßige Bestäubung möglich und der Erfolg der Spritzarbeit um so sicherer ist. Jeder Apparat besitzt eine besondere Kontrollfüllvorrichtung, welche die bequemste und sicherste Füllung sowie die vollständige Entleerung der Maschine und die tadellose Zerstäubung bis zum letzten Rest garantiert. Will man aus der unter Druck befindlichen Spritze die Luft entweichen lassen, so geschieht dies ohne jede Gefahr mittels der Kontrollfüllschraube. Glas erfüllt diesen Zweck nicht, nötigt vielmehr, sich beim Einfüllen fortwährend zu bücken, um den Stand der Flüssigkeit zu sehen, der sich aber bei der Kontrollfüll-

schraube von selbst erkennen läßt und bricht schließlich durch
Anstoßen sofort entzwei. Eine weitere Vervollkommnung des
»Automax« besteht darin, daß der Füllseiher, an die Kolben=
stange gesteckt, fest in der Spitze sitzt und sicheren Halt hat.
Bei Spritzen anderer Systeme war der Einfüllseiher lose
in der Spritze gesessen, wodurch ein rasches Einfüllen un=
möglich war und eine Menge Spritzflüssigkeit verloren ging.
Auch hier ist die »Automax« vorbildlich. Der Kolben der
Luftpumpe erzeugt in wesentlich kürzerer Zeit einen Druck
von fünf Atmosphären als jeder andere Kolben. Während
beim Aufwärtsbewegen des Automaxkolbens zwischen diesem
und der Kolbenstange die Luft hindurch geht und der
Kolben auf diese Weise ventilartig wirkt, muß der Kolben
anderer Systeme die Luft zwischen Pumpenrohr und
Ledermanschette hindurchpressen, wodurch sowohl ein größerer
Kraftaufwand nötig wird, als auch die Kolbenmanschette
leidet, ihre Haltbarkeit verliert und die Erzeugung des not=
wendigen Druckes eine längere Zeit in Anspruch nimmt,
als dies hier der Fall ist. Leichtes, schnelles Arbeiten und
Haltbarkeit der einzelnen Teile sind aber bei einer Spritze
die Hauptsache. Das Manometer ist liegend angeordnet, um
beim Aufpumpen den Stand des Druckes stets leicht ab=
lesen zu können; es ist kein lästiges Bücken zu diesem
Zwecke notwendig. Die Konstruktion des Ventils ist muster=
gültig; es können grobe Bestandteile, wie Sandkörnchen usw.,
sich nicht unter dasselbe einnisten und die Funktion der Spritze
beeinträchtigen. Das Lenkrohr ist mit einem auswechselbaren
Filtersieb aus gelochtem Messingrohr versehen, welches alle
Körner und Unreinigkeiten zurückbehält bevor sie in den
Verstäuber gelangen. Das Lenkrohr selbst besteht aus zwei
Teilen und kann zwecks Reinigung des Filtersiebes leicht
auseinandergenommen beziehungsweise wieder zusammen=
geschraubt werden.

Schwefelkohlenstoff=Injektor.

Fig. 2 zeigt einen Schwefelkohlenstoff-Injektor neuester
Konstruktion; der Behälter für den Schwefelkohlenstoff wird,

abweichend von den seitherigen Ausführungen, nicht mehr am Apparat selbst angebracht, sondern der Behälter wird am Rücken getragen, wodurch das Arbeiten ganz wesentlich erleichtert wird. Der Injektor wird in drei Größen angefertigt, und zwar einer mit 40 cm langer Lanze, die in den Boden gestoßen wird zur Bekämpfung der Reblaus, eine zweite Ausführung mit etwa 20 cm langer Lanze zur Vernichtung von Larven und Engerlingen und eine dritte Art mit 40 cm langer Lanze zur Behandlung von Weinberg-

Fig. 3.

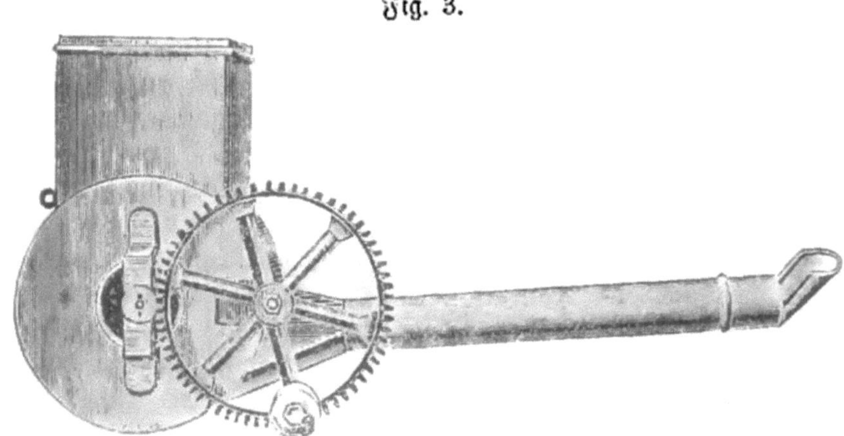

Schwefelzerstäuber »Rapid« von Rudolf Kraja in Wien.

neuanlagen und der Stufen von alten Rebfeldern. Die ersten beiden Apparate spritzen 1 bis 10 g, der letztere 5 bis 50 g Schwefelkohlenstoff auf jeden Pumpenstoß aus. Der Apparat wird bei Inbetriebsetzung einfach in die gewünschte Tiefe mit Hilfe des Fußes gestoßen; die Tiefe kann an dem Fußtritt, der verstellbar ist, reguliert werden.

Pulver- und Schwefelzerstäubungsapparate.

Auch die Schwefelzerstäubungsvorrichtungen sind in der Ausführung verschieden, und der einfachste derselben besteht aus einem starken Blasebalg aus Holz, an dessen linker Seite ein Blechbehälter angebracht ist, der die Schwefel= und gleichzeitig die Zerreib= und Reguliervorrichtung aufnimmt. In dem Apparat zerreibt eine Bürste, die mit den Bewegungen des Blasebalges in Verbindung steht, den Schwefel und arbeitet solchen durch ein angebrachtes Sieb.

Fig. 4.

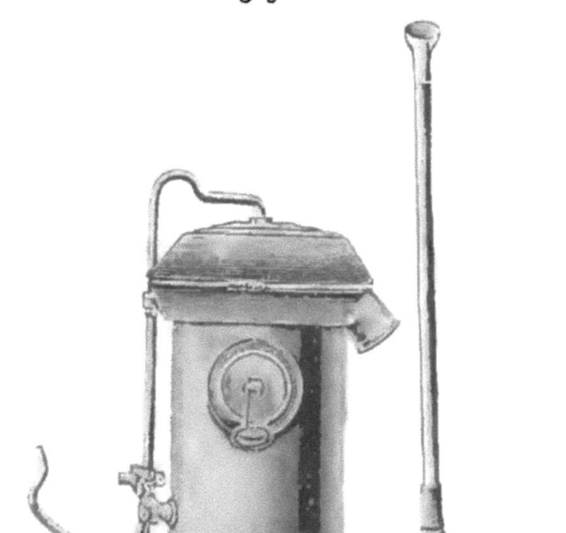

Einfach wirkender Schwefelzerstäuber »Vulkan« von Karl Platz in
Ludwigshafen.

Von hier gelangt derselbe in den Luftkanal, um von dem durch den Blasebalg erzeugten Wind erfaßt und als feine Staubwolke durch das Mundstück des Blechrohres ausgetrieben zu werden.

Der Zerstäubungsapparat »Rapid« von Rudolf Straja in Wien (Fig. 3) hat eine dem Luftventilator ähnliche Konstruktion und ist aus sehr starkem Blech solid hergestellt.

Man hängt denselben, mit dem Ausblaser nach vorn ge=
richtet, um, den Gürtel über der rechten Schulter unterhalb
des linken Armes und mit der rechten Hand die Kurbel
drehend, richtet man mit der linken Hand das Zerstäubungs=
rohr. Der ungemein feine Luftzug, welcher die gleichzeitige

Fig. 5.

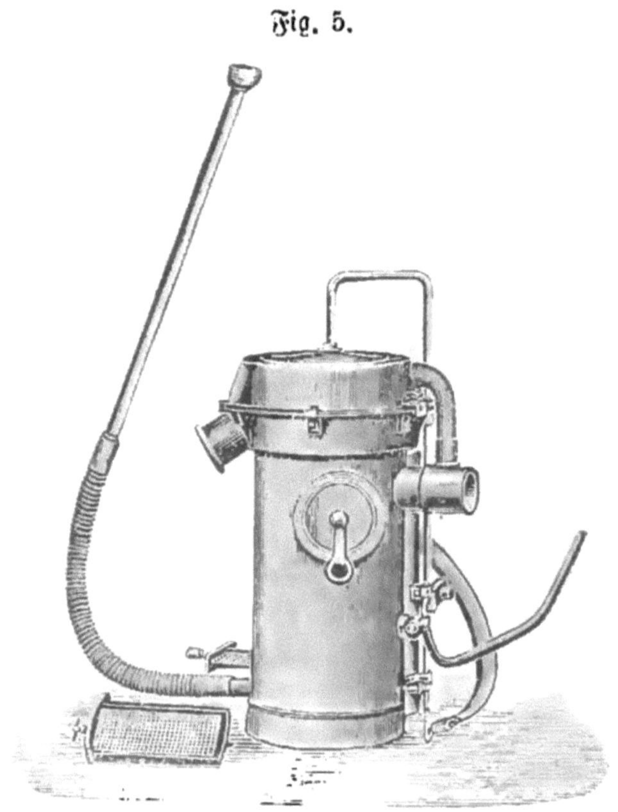

Doppelt wirkender Schwefelzerstäuber von Karl Platz in Ludwigs=
hafen.

und gleichmäßige feine Ausstäubung des Schwefelpulvers
bewirkt, wird durch im Innern befindliche Windflügel er=
zeugt; dieselben werden durch ein mit Kurbel versehenes
Zahnrad betrieben, der Schwefel wird mittels einer Schnecke,
welche mit der Welle des Zahnrades in Verbindung steht,

in gleichmäßiger Weise den Windflügeln zugeführt; außerdem befindet sich im Innern des Apparates ein Rührwerk, welches allenfalls vorhandene Klumpen zerteilt.

Ein besonders gut konstruierter Apparat ist der Schwefelzerstäuber »Vulkan« von Karl Platz in Ludwigshafen. Derselbe, in Fig. 4 abgebildet, wird auf dem Rücken getragen wie die Weinbergspritzen und mittels eines Hebels in Bewegung gesetzt. Der Behälter faßt etwa 8 kg Schwefel, welche Menge ein dauerndes Arbeiten gestattet und das lästige und zeitraubende Auffüllen vermeidet. Die Bewegung des Apparates ist eine durchaus geräuschlose, alle Organe sind höchst einfach auseinander zu nehmen und zu zerlegen, jeder Arbeiter kann dies bewerkstelligen. Der Apparat ist durch Lösen von drei Schrauben zerlegbar, besitzt ein herausnehmbares, auswechselbares Sieb, dessen Konstruktion beim doppeltwirkenden Apparat sichtbar ist (Fig. 5). Einen wesentlichen Vorteil bietet der neue verbesserte Apparat der bisherigen Konstruktion gegenüber dadurch, daß das Nachstellen der Reibungsvorrichtung ohne dieselbe aus dem Behälter herausnehmen zu müssen, von jedem Arbeiter bewerkstelligt werden kann. Die bei dem Apparat verwendeten Stahldrahtbürsten besitzen übrigens eine nahezu unbegrenzte Dauerhaftigkeit. Das Nachstellen der Vorrichtung geschieht selbsttätig, da die angebrachten Federn das fortwährende Auflaufen der Bürste auf der Verreibungsfläche im Gefolge haben. Auch die verwendeten Gummiventile können nicht stecken bleiben und gewährleisten hermetisches Abschließen. Der Schwefelzerstäuber ist der erste Rückenschwefler, der Verbrauch des Schwefels ist regulierbar und die Regulierung selbst kann durch einen einzigen Handgriff geschehen; man kann mit demselben nicht nur Schwefel-, sondern auch Kupferkalkpulver, Specksteinmehl und jedes andere Pulver verstäuben.

Mechanische Insekten- (und Schädlinge-) Vertilgungsvorrichtungen.

Wenn auch die mechanischen Vorrichtungen für das Vertilgen von Schädlingen im allgemeinen gegenüber den chemischen Mitteln weit zurückstehen, so sind einige derselben doch von ziemlicher Bedeutung gerade bei den Masseninvasionen von forstschädlichen Raupen, von Obst= und anderen Maden, weil sie eine ziemliche Gewähr dafür bieten, daß dieses Ungeziefer nicht in die Kronen der Bäume, beziehungsweise an höher gelegene Stellen der Stämme kommt. Zu diesen mechanischen Mitteln für alle Insekten gehören:

Leimringe, Leimstangen und Leimzäune;

Leimringe gegen Raupen an Obstbäumen,

Obstbaum=Madenfallen,

Anlegen von Heuseilen,

Fangrinden, Fangknüppel und Fangreisigbündel,

Insekten=Fanggläser,

Mechanische Mittel zum Abhalten von Ameisen, ferner zählen als Geräte,

Raupenfackeln und Raupenscheren.

Leimringe, Leimstangen und Leimzäune gegen Forst= schädlinge.

Dem Leimring (Fig. 6) geht immer das Glätten der Rinde voraus, das als Ring von etwa 15 bis 20 *cm* Breite mit dem Schnitzmesser ausgeführt wird; er wird als »Röte« bezeichnet und bezweckt eine glatte Fläche zu erzielen, einerseits um das Aufstreichen des Leimes zu erleichtern, anderseits auch, um die erfolgte Leimung leicht zu erkennen. Man muß die Leimung rechtzeitig im Frühjahr vornehmen und trägt den Leim am besten mit einem Holzspatel in einem 4 *cm* breiten Ring und 3 *mm* dick auf; derart dicke Leim-

ringe werden von den Raupen selten erstiegen; diese sam=
meln sich vielmehr unterhalb derselben in Massen an,
bleiben lange träge sitzen, erkranken, verhungern zum Teil
und fallen dann ab. Einzelne derselben kommen wohl auch
auf den Leimring, sie bleiben aber kleben oder beschmieren
sich und gehen dann zugrunde.

Fig. 6.

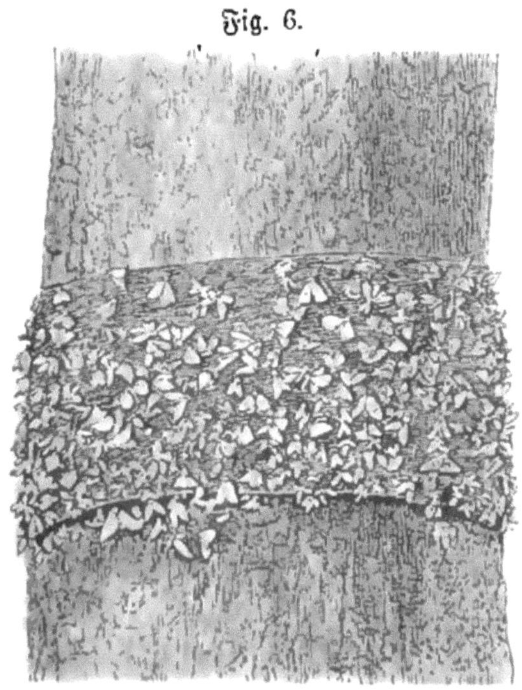

Leimring mit Nonnenfaltern besetzt.

Leimstangen und Leimzäune werden aus den Dauben
der zerschlagenen Leimfässer aufgerichtet; erstere müssen dem
Boden überall fest anliegen, die letzteren etwas eingegraben
werden.

Leimringe werden am besten in Brusthöhe angebracht;
an Stelle besonderer Raupenleime dient vielfach Teer.

Das Anbringen von Leimringen in größerer als Brust=
höhe, hat sich in der Praxis nicht bewährt.

Leimringe gegen Raupen an Obstbäumen.

Die Obstbäume vertragen nicht, wie die Forstbäume, das unmittelbare Auftragen des Leimes auf die Rinde; man ist daher zu dem Auskunftsmittel gelangt, den Raupenleim auf einen entsprechend breiten Streifen Papiers zu strei=

Fig. 7.

Fig. 8.

Papierstreifen=Leimring um einen Obstbaumstamm.

Madenfalle.

chen und erzielt auf diese Weise einen wirksamen »Fang= gürtel« für Falter und Raupen. Es ist dabei Bedingung, daß der Papierstreifen sehr fest um den Stamm gebunden wird, um den Schädlingen den Aufenthalt unter demselben und das Aufsteigen am Stamm zu verwehren. Als geeig= netstes Bindemittel für die Befestigung des Streifens hat sich weicher Draht erwiesen, der auf das Papier gelegt und mit einer Zange oder einem Federkloben so fest angezogen wird, daß Zwischenräume nicht vorhanden sind. Sehr borkige Rinden glättet man vorher mit dem Schabmesser oder verschmiert die Vertiefungen in der Rinde mit Lehm, der getrocknet eine ebene Fläche für das Anlegen des Papiers und entsprechend festes Anziehen des Drahtes bildet.

Auch die Madenfallen können gegen den Winter in Fanggürtel oder Leimringe umgewandelt werden, indem man dieselben in einer Breite von 5 bis 6 cm mit Raupenleim bestreicht.

Obstbaum=Madenfalle.

Die sogenannte Obstbaum=Madenfalle soll die aus den abgefallenen Früchten ausschlüpfenden Raupen, die sich nicht in die Erde verkriechen, sondern an Stämmen, Pfählen, Spalieren wieder in das Blattwerk zu gelangen suchen, verhindern, zu ihren Schlupfwinkeln zu gelangen. Die Madenfalle Fig. 8 bietet den Raupen den von ihnen gesuchten Unterschlupf im unteren Teile des Stammes und wird in nachgenannter Weise angelegt. Man windet um den Stamm Tücher, am besten zerschlissene Tuchlappen, die man mit Bindfaden lose befestigt und die Stärke des Lappenbelages kann 1 bis 2 cm betragen. Über die Tuchlappen legt man nun ein etwas breiteres Band eines festen Öl=papieres, das abschneidend mit den Tuchlappen an der oberen Kante mittels Drahtes festgebunden wird. Man muß hierbei den Draht so fest anziehen, daß sowohl die Tuch=lappen als auch das Ölpapier so fest als möglich am Stamm anliegen und den Raupen das Durchschlüpfen ver=wehrt ist. Von Zeit zu Zeit nimmt man die Madenfalle vorsichtig ab, bringt die Tuchlappen in heißes Wasser, wo=bei alles Lebende seinen Tod findet. Nach dem Reinigen und Trocknen können die Tuchlappen wieder zu gleichem Zweck gebraucht werden.

Anlegen von Heuseilen gegen Baumschädlinge.

Da die Baumschädlinge gerne Schlupfwinkel, wie sie an Bäumen zahlreich vorhanden sind, aufsuchen, kann man ihnen solche auch künstlich bieten. Eine derartige Falle ist das Heuseil, Fig. 9, das aus langem Heu gewunden, mit Schnüren umwickelt und mittels Schnüren am Baumstamm befestigt wird. Die Schädlinge nisten sich in dem Heu ein und die im Jänner befestigten Heu= seile werden im April abgenommen und verbrannt.

Fig. 9.

Heuseil gegen Baum= schädlinge.

Fangrinden, Fangknüppel und Fangreisigbündel.

Als Fangrinden wirken am besten, wenn vorhanden (bei der Sommerwirtschaft), etwa 30 cm lange, 20 cm breite Stücke von saftiger Fichten= oder Kiefernrinde, die mit der Bastschicht auf den Boden gelegt und mit Steinen beschwert und wöchent= lich oder öfter durch neue ersetzt werden (pro Hektar ungefähr 100 Stück). Unter die Rinden können zweckmäßig noch kleine Stücke Kieferntriebe des gleichen Jahres hingelegt werden.

Die Fangknüppel (Äste) werden besonders für die Kiefernbestände (Winterwirtschaft) verwendet. Sie können zweckmäßig längs eines etwa 3 cm breiten Streifens ent= rindet und an dieser Stelle in eine rinnenförmige Vertiefung des Bodens gelegt werden.

Die Fangreisigbündel sind armlange und schenkel= dicke Bündel aus frischem Kiefern= oder Fichtenreisig, sie müssen beim Absuchen über Tüchern abgeklopft werden und sind weniger zuverlässig und weniger ergiebig. Alle diese Fangmittel müssen täglich nach den Schädlingen abgesucht

werden; wie lange diese in Anwendung gebracht werden
müssen, ergibt der Befund an Ort und Stelle.

Eingraben von Brutknüppeln.

Etwa 1 *m* lange, 8 *cm* dicke Knüppel von Fichte oder
Kiefer werden zur Bodenfläche geneigt so eingegraben, daß
das eine Ende noch etwa 10 *cm* aus der Erde hervorsteht.
Sie bezwecken, die Käfer zum Brüten anzulocken. Sie müssen
zeitweise nachgesehen und dann verbrannt werden, bringen
aber verhältnismäßig wenig Erfolg.

Fangbäume zur Vertilgung von Forstschädlingen.

Fangbäume sind das einzige Mittel gegen Borkenkäfer;
dieselben müssen nach Erfordernis angelegt werden, zu=
weilen während der ganzen Saison. Die Fangbäume
sind an freie Stellen des Waldes und an Waldränder zu
legen, und wenn sie dem Boden anliegen, bleiben sie lange
wirksam; nach Nüßlins und anderer Erfahrungen ist in
bezug auf die Wirksamkeit kein Unterschied, ob der Baum
entastet wird oder nicht, doch zieht der ganze Baum auch
die Feinde der Krone an. Als Fangbäume können auch
die Hölzer der jährlichen Schläge benützt werden. Nach
1¹⁄₂ Monaten sind die Fangbäume zu entrinden; die Rinde
und die Äste der Krone sind zu verbrennen.

Das Auslegen von Rasen= und Heidekrautplaggen
mit der bewachsenen Seite nach unten, etwa 20 *cm²*, hat
sich bei Käfern, insbesondere bei Maikäfern gut bewährt.

Fanggräben zur Vertilgung von Forstschädlingen.

Fanggräben werden um die Kultur herum oder nur
längs der Grenze einer anstoßenden Schlagfläche angelegt;
sie werden 30 *cm* tief, 15 *cm* breit angelegt, mit viereckigen
15 *cm* breiten Fanglöchern in der Grabensohle. Ganz in
derselben Weise werden auch die Isoliergräben ausgehoben.

Die Fanggräben dienen zur Umfassung der Schlagflächen, ebensowohl, um die hier entstandenen Jungkäfer, als auch um die daselbst angeflogenen und brütenden, dann weg= wandernden Mutterkäfer zu fangen; ferner zur Umfassung von Kulturflächen, um die von benachbarten Schlagflächen zuwandernden Käfer abzuhalten und zu vernichten. Auch Durchschneidungsgräben können auf Kultur= und Schlag= flächen wirksam sein.

Die in die Gräben gefallenen Schädlinge müssen ge= fangen und getötet werden. Die Gräben sind im Frühjahr am wirksamsten.

Insektenglas von Brossard.

Dieses Glas (Fig. 10) besteht aus zwei Teilen; der untere Teil wird bis zu einem Viertel seines Fassungs= vermögens mit der Köderflüssigkeit gefüllt, am besten mit Bier, dem man etwas Honig, Zucker oder Sirup zusetzen kann. Diese Flüssigkeit lockt Bienen nicht an. Sind in der Umgebung Bienenstände nicht vorhanden, so kann man statt des Bieres Honigwasser verwenden; auch verdünnte Milch ist als Köderflüssigkeit sehr geeignet. Die günstigste Zeit zur Verwendung des Insektenfängers ist von Ende März oder Anfang April an, wenn die großen Fröste vorüber sind und die Blütezeit beginnt. Man hängt die Vorrichtung in einer Entfernung von 1 bis 10 *m* voneinander an Pyramiden oder Hochstämmen etwa 2 *m* hoch, um ohne Leiter leicht dazu gelangen zu können, bei Kordons in der Höhe derselben. Sobald die Gläser mit gefangenen Insekten angefüllt sind, entleert man solche in einen Kübel und ver= nichtet die Insektenleiber und die Brut am besten durch Verbrennen. Hiernach werden die Gläser wieder gefüllt und an ihre Plätze gebracht, wo sie während des Sommers verbleiben, etwa bis Oktober, zur Zeit der Herbstfröste. Es empfiehlt sich, bei jedesmaligem Entleeren einen kleinen Satz der getöteten Insekten im Glase zu belassen, da der Verwesungs= geruch andere dem Obste sehr gefährliche Insekten anlockt.

Fanggläser an Obstbäumen.

Zum Fangen von Faltern, welche durch Eierablage die Obstbäume stark schädigen (Raupenfraß) kann man sich vorteilhaft der Fanggläser bedienen. Die Fanggläser (Einsiedegläser mit 2 bis 3 *l* Inhalt) (Fig. 11) werden unter

Fig. 10.

Insektenglas.

Fig. 11.

Fangglas an einem Baum.

dem vorspringenden Rand mit Draht umschlungen und der Draht an Ästen und Zweigen entsprechend befestigt. Die Gläser werden mit Wasser, in dem man etwas Apfelkraut (Apfelgelee) verrührt hat, etwa bis zu ¹⁄₂ des Inhaltes gefüllt. Als Lockmittel kann auch abgestandenes Bier mit etwas Zucker dienen. Das Fangen gelingt bei gutem Wetter und wenn das Lockmittel in Gärung gekommen ist. Bei Obstspalieren werden die Fanggläser an die Spalierdrähte oder Spalierlatten gehängt. Auch in Gemüsebeeten kann man Fanggläser anwenden, indem man dieselben an den

freien Enden schief in die Erde getriebener Holzpflöcke be=
festigt.

Mechanische Mittel zur Abhaltung von Ameisen von Spalierobstpflanzungen.

Die mechanischen Mittel zur Abhaltung von Ameisen
(auch anderem Ungeziefer) bezwecken entweder diese Tierchen

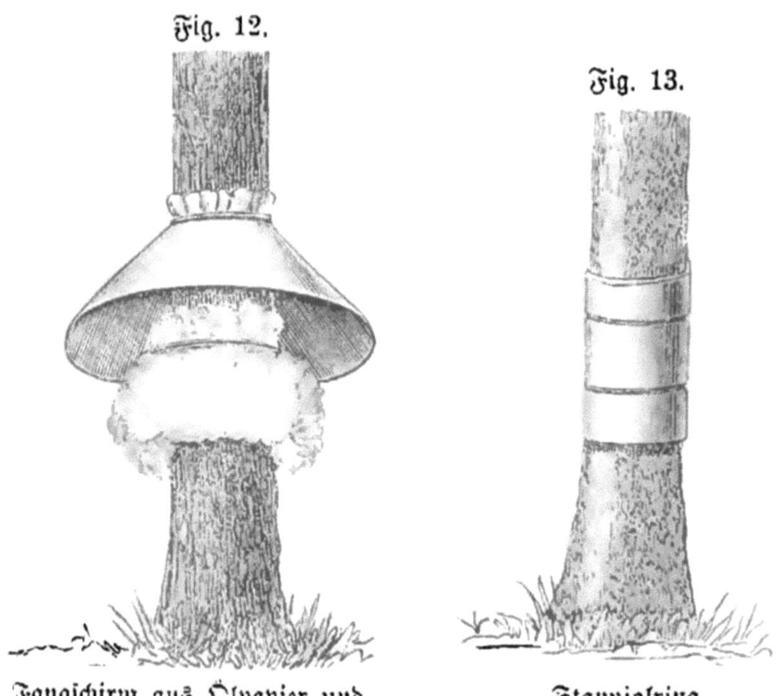

Fangschirm aus Ölpapier und
Wattering.

Stanniolring.

zu fangen, beziehungsweise festzuhalten oder aber ihnen
das Emporklettern an den Stämmen unmöglich zu machen.
Als Fangmittel dienen die bekannten Leimringe, dann
schirmartige Stücke von geöltem Papier, die auf beiden
Seiten mit Leim bestrichen und am obersten Schirmteil
mittels Drahtes gut befestigt sind, so daß die Ameisen nicht
Stellen finden, durch welche sie hindurchschlüpfen können

(Fig. 12). Als weiteres Fangmittel kann auch ein Ring von loser Baumwolle (Watte) dienen, der an den Stamm geklebt wird und in den die Ameisen kriechen, sich aber in den Baum= wollfasern fangen und dann nicht mehr entschlüpfen können.

Um das Emporklettern zu verhindern, kann man auch um den Stamm einen Ring aus Stanniol (Zinnfolie), Fig. 13, legen. Das den Stamm umfassende Stanniolblatt wird auf

Fig. 14.

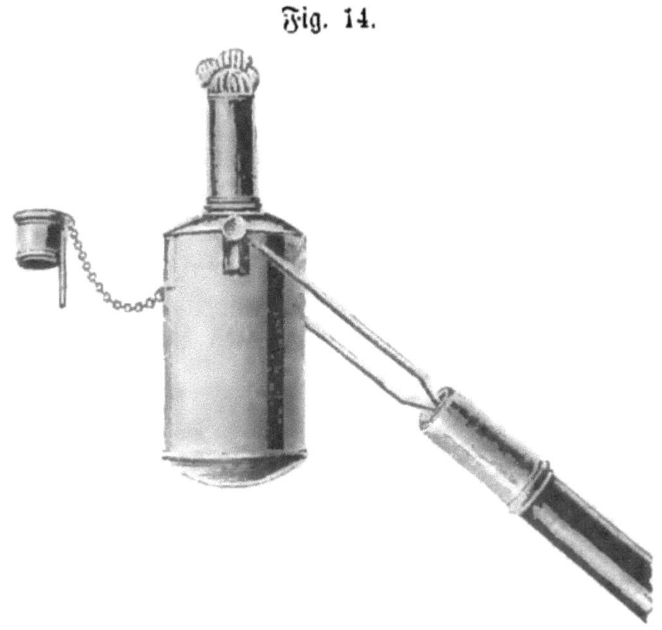

Raupenfackel.

denselben angelegt, glatt gestrichen und zunächst seine Kanten (oben und unten) mit weichem Draht so fest umschnürt, daß den Ameisen das Hindurchkriechen zwischen Stamm und Stanniol unmöglich gemacht ist. Auf dem glatten Stanniol aber können sich die Ameisen nicht halten.

Raupenfackeln.

Man bezeichnet mit dem Namen Raupenfackeln Vor= richtungen, welche bestimmt sind, Raupennester, Gespinste usw. dadurch zu vernichten, daß man dieselben mit einer Heizflamme in Berührung bringt, wodurch die Tiere teils beschädigt, teils getötet werden. In vielen Fällen wird die Raupe nur beschädigt (besonders große Raupen), da schon eine nur mäßige Wärme hinreicht, die Raupen zum Krümmen des Körpers und damit auch zum Abfallen zu bringen. Man muß dann sehr sorgfältige Nachschau auf dem Boden halten, am besten das Gras absicheln oder Tücher auf= breiten, von denen die Raupen abgelesen und dann getötet werden. Die Fackeln bestehen aus einer, am besten mit Spiritus zu füllenden Blechlampe (Fig. 14), aus der der Docht wie bei jeder Lampe beliebig herausgezogen werden kann, die in einer feststehenden Gabel an einer leichten, mehr oder weniger langen Stange beweglich hängt, so daß man ihr jede beliebige Richtung geben kann, sie aber dabei doch immer senkrecht hängt. Bei der Benützung der Raupen= fackeln muß man die nötige Vorsicht walten lassen, damit das Holzwerk nicht Feuer fängt, also nicht zu lange an einer Stelle verweilen.

Raupenscheren.

Die Raupenscheren, deren es eine ganze Anzahl von Konstruktionen gibt, sind bestimmt, mit Raupennestern be= setzte Ästchen, Zweige und selbst einzelne Blätter an jenen Stellen der Bäume abzuschneiden, wohin man mit der Handschere und selbst auf einer Leiter stehend, nicht mehr hingelangen kann. Es bestehen daher die Raupenscheren im allgemeinen aus der eigentlichen Schere, die an einer kür= zeren oder längeren Stange befestigt ist, dem mittels Draht= bügels angehängten und freischwebenden Netz und der Zug= leine, welche von Hand angezogen, die Schere betätigt und das Abschneiden der Äste bewirkt. Die Stange soll leicht und am besten aus Bambus hergestellt sein. Bei dem Um= stande, daß die abgeschnittenen Teile des Baumes nicht immer mit voller Sicherheit in das Netz gelangen, sondern auf den Boden fallen, dort nicht gefunden werden und

neues Unheil stiften und daß die Scheren
wegen der komplizierten Konstruktion häufig
den Dienst versagen, zieht man vielfach das
Abschneiden der Raupennester mit der Hand=
schere vor.

Auch vor der sogenannten amerika=
nischen Stangenraupenschere wird gewarnt,
welche zur Vertilgung von Raupengespinsten

Fig. 15.

Abjustierte Raupenschere.

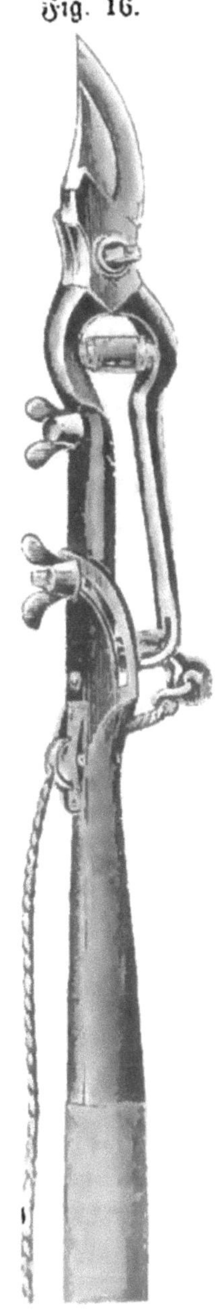

Fig. 16.

Raupenschere.

vielfach angepriesen wird, aber sich als un=
brauchbar erwiesen hat. Die mit Hebel=
vorrichtung versehene Schere weist zur Be=
festigung der ersteren eine solche Menge von
Schrauben auf, welche sich im Gebrauch
lösen, daß sie nicht als Werkzeug für den
Zweck verwendet werden kann. Die
Schrauben fallen zu Boden, in den Unter=
wuchs, sind vielfach nicht mehr auffindbar,
aber auch nur schwer oder gar nicht ersetzbar,
so daß ein solches Gerät sehr bald unter
das alte Eisen wandert.

14*

Rattenfalle nach Brehm.

An besuchten Gangstraßen der Ratten, etwa zwischen Ställen, in der Nähe der Abtritte usw., legt man eine 1·5 m tiefe Grube an und kleidet sie innen mit glatten Steinplatten aus. Eine viereckige Steinplatte bildet den Grund, vier andere, oben schmälere, stellen die Seiten her. Die Grube muß oben halb so weit sein als unten, so daß die Wände nach allen Seiten hin überhängen und ein Heraufklettern der hineingegangenen Ratten unmöglich machen. Nun gießt man auf den Boden geschmolzenes Fett oder andere stark riechende Stoffe, setzt ein tönernes Gefäß hinein, füllt es mit Honig, Met, Mais, Weizen, Hanfsamen und anderen Leckerbissen an. Dann kommt etwas Häcker= ling auf den Boden und endlich ein Gitter über den Ein= gang, damit nicht ein Haustier hineinfalle.

Leicht herstellbare Rattenfalle.

Aus starken Brettern verfertigt man einen Kasten, dessen Größenverhältnisse ganz dem Raume, wo er auf= gestellt werden soll, angepaßt werden können. Derselbe kann beispielsweise 93 bis 175 cm lang, 42·75 cm breit und 24 bis 32 cm hoch sein. Den Deckel schraubt man mit drei bis vier starken Schrauben an, so daß er leicht ab= geschraubt werden kann. An den beiden kürzeren Seiten schneidet man je eine weite Eingangsöffnung aus, die durch einen Schieber geschlossen werden kann, so daß die Ratten leicht durch den Kasten durchlaufen. Im Inneren des Kastens bringt man abwechselnd an der einen und der anderen Seite Querbretter an, welche kürzer sind als die Breite des Kastens, so daß also der Weg durch den Kasten ein gewundener ist und im Inneren eine Anzahl halb= offener Kammern entsteht. Dann versieht man den Kasten mit etwas Stroh und anderem weichem Material, stellt ihn mit geöffneten Schiebern in eine ruhige, dunkle Ecke des Schweinestalles oder an einen anderen Ort, an dem

Ratten hausen und deckt ihn mit Stroh zu. Bald wird dieser Kasten ein Lieblingsaufenthalt der Ratten sein, die darin ihre Nester machen. Nach einigen Wochen wird man schon aus dem Quicken erkennen, ob Ratten darin sind oder man schließt aufs Geradewohl die Schieber, trägt den Kasten hinaus und schraubt den Deckel ab. Bei einer solchen Revision findet man oft gegen 40 junge und alte Ratten in dem Kasten. Diese Revisionen tragen ganz besonders zur Verminderung und schließlich der gänzlichen Beseitigung der Ratten bei.

———

Mittel gegen Schädlinge und lästiges Ungeziefer im Hause, an Hausgeräten, Gebrauchsgegenständen und Nahrungsmitteln.

Vielfach werden dem Menschen Insekten und andere Tiere der niederen Ordnungen durch vereinzeltes oder häufigeres Auftreten in den Wohn=, Arbeits= und Vorrats= räumen unangenehm und sei hier nur der Ameisen, der Tausendfüßer, Spinnen und einer Unzahl kleiner Lebe= wesen gedacht, die, wenn sie auch nicht schaden, im Gegen= teil sogar mitunter Nutzen bringen, unangenehm sind; sie werden gemieden, gefürchtet und selbstverständlich auch ver= tilgt, wo man ihrer habhaft werden kann.

Unter den wirklich Schaden bringenden Tieren sind hier zunächst die Fliegen zu nennen, deren Lebensweise — sie sitzen jetzt auf einem Exkrementenhaufen und gehen dann auf Eßwaren irgendwelcher Art — geradezu ekelhaft ist und deren Plage man oft schwer Herr werden kann. Wesentlich unangenehmer aber werden jene großen mit großem Geräusch (Brummen) fliegenden, mit den Köpfen an die Fensterscheiben stoßenden Tiere; sie suchen aber auch die Vorratskammern auf und sind daselbst sehr un=liebsame Gäste.

Für jeglichen Fleischvorrat, sofern er nicht dicht ab=geschlossen ist oder in Eiskellern aufbewahrt wird, werden Fliegen, besonders die blaue und die graue Fleisch=fliege sehr verderblich. Diese Fliegen werden auf weite Entfernungen durch den Fleischgeruch angelockt und legen ihre Eier in dem Fleische ab, die sich schnell zu Maden entwickeln und mit unglaublicher Schnelligkeit wachsen. Das Gewicht derselben wächst in einem Zeitraume von 24 Stunden um das 200fache, der flüssige Unrat läßt das Fleisch schnell zum Faulen kommen, die Maden sind nach etwa acht Tagen ausgewachsen, verlassen ihre Nährstätte und verpuppen sich in den Fugen der Fußböden, im Keh=richt usw., um nach 14 Tagen wieder als Fliegen von neuem Unheil zu stiften.

In ähnlicher Weise wird auch die Käsefliege schäd=lich, die ihre Eier in Quark und zubereitete Käse ablegt, die sich zu Maden entwickeln; auch Milben (Käsemilben), Spinnentiere und Tausendfüßer zernagen insbesondere harte Käse so, daß nur ein wimmelndes graubraunes Pulver aus den Milben und den Exkrementen zurückbleibt.

Die Hausgrille oder das Heimchen findet sich aus=schließlich in Häusern und in warmen Räumlichkeiten, so in Bade= und Brauhäusern, in Krankenhäusern, in Gar= und Wirtshausküchen, lebt tagsüber in Mauerrissen ver=borgen und kommt in der Dunkelheit hervor, um Küchen=abfälle, namentlich mehlhaltige Eßwaren zu suchen. Die Tiere verraten sich durch Zirpen, ein mittels der Flügeldecken hervorgerufenes Geräusch, das beispielsweise bei den Spaniern beliebt ist, die das Heimchen in Käfigen halten. Das Heim=chen gehört zu den Kauferfen, wie die Küchenschaben und der Zuckergast oder das Silberfischchen, und alle drei sind höchst unliebsam empfundenes Ungeziefer, gegen das man mitunter erfolglos ankämpft, denn viele der in Anwendung

stehenden Mittel sind unzureichend und werden auch un=
genügend gehandhabt.

Schaben und Russen, Küchenschabe, Kakerlake genannt,
finden sich überall da, wo sie neben Abfällen jeder Art
warme Schlupfwinkel finden, besonders in Backstuben,
Restaurationsküchen usw. und treten als wirklich ekelhafte
Plage auf. Sie verbreiten sich über Stiegen und sonstige
Zugänge, besonders durch die Kamine aus ihren Ursprungs=
stätten oftmals bis in die obersten Stockwerke und werden
selbst in Wohnzimmern mitunter lästig.

Die Vertilgungsmittel lassen sich in zwei Gruppen
teilen, die eine Gruppe umfaßt alle Vertilgungsmittel, die
bezwecken, die Käfer durch Einstäuben in ihren Schlupf=
winkeln, wie bei den Wanzen, zu töten, indem die Atem=
und Freßorgane entzündet werden und dadurch den Tod
herbeiführen. Auch hier wirken die flüssigen oft augenblick=
lich, immerhin, wie bei den Wanzen, unter der Voraus=
setzung, daß die Tiere dadurch getroffen werden, was sich
in den wenigsten Fällen erreichen läßt. Ein wirksames
Pulver, das Fulgurin, läßt sich leicht in die hintersten
Schlupfwinkel hineinstäuben und tötet dann nach einigen
Stunden mit unfehlbarer Sicherheit. Immerhin muß bei
diesem, wie bei jedem anderen Insektenpulverpräparate,
Feuchtigkeit nach Möglichkeit vermieden werden, da sonst
die Wirkung schwächer oder ganz aufgehoben wird, denn
diese Art Ungeziefer ist von einer erstaunlichen Zähigkeit.

Die andere Gruppe begreift die Mittel in sich, die
bestimmt sind, von den Käfern gefressen zu werden und
durch Vergiftung zu wirken. Diese sind überall am Platze,
wo die Schlupfwinkel nicht zugänglich sind oder wo die
Käfer als Eindringlinge aus Nebenwohnungen auftreten,
indem sie sich nicht scheuen, ihre Raubzüge oft weit aus=
zudehnen. Da sie keine Kostverächter sind, kann man durch
Auslegen der bekannten Boraxpräparate, sowie von Arsenik=
oder Bariumkarbonatkompositionen ihnen an den Leib
rücken, mit letzteren natürlich unter Beobachtung aller Vor=
sichtsmaßregeln. Eine völlige Ausrottung wird unter allen

Umständen, geschehe sie auf dem einen oder anderem Weg, nur nach und nach bei längerer Anwendung des Mittels, allenfalls von mehreren, die sich gegenseitig ergänzen, gelingen können. Da, wo Russen und Schaben in Zimmern oder überhaupt Wohnräumen auftreten, handelt es sich in der Regel um Zuwanderung aus entfernteren Schlupfwinkeln und man wird demgemäß durch direkte Vergiftung meistens mehr erreichen, als durch die Insektenpulverspritze, da, wie gesagt, in erster Linie die Schlupfwinkel der Käfer damit angestreut werden müssen. Es ist einleuchtend, daß in diesen engen Fugen und Löchern ein Insektenpulver ganz anders, d. h. ungleich kräftiger wirken kann, als wenn dasselbe in offenen Räumen, in Hausgängen und anderen Orten zur Verwendung kommt.

Die Schädlinge der Getreidekörner in Getreide= mieten, =kammern und sonstigen Aufbewahrungsorten sind der Kornrüßler, der Kornkäfer (Kornkrebs, Wirbel oder schwarzer Kornwurm genannt).

Auch in Mehl= und Teigwaren usw. findet sich der Kornkäfer ein; er und seine Brut schädigen und zerstören die Ware und machen sie dabei ekelhaft.

Die in den Getreidemagazinen lebenden Insekten müssen durch öfteres Umschaufeln des Getreides in ihrer Tätigkeit gestört werden und dort, wo sie massenhaft auftreten, ist Schwefelkohlenstoff in Anwendung zu bringen.

Vom Kornkäfer befallene Vorräte werden etwa eine halbe Stunde lang einer Hitze von etwa 50° C ausgesetzt und die Behälter sind einer gründlichen Reinigung mit heißem Wasser zu unterziehen.

Auch der Zuckergast (das Silberfischchen) ist ein Un= geziefer, daß die alten Mehl=, Küchen= und andere Vorrats= schränke liebt, auch an Zucker= und Samenvorräte geht. An ihnen durchfrißt es die Papierumhüllung und nagt die Samenkörner an und aus. Gegen sie hilft nur gründlichste Reinlichkeit überall; bei Sämereien kann man Insekten= pulver oder Schwefelkohlenstoff zur Vertilgung anwenden.

An Brot, Zwieback usw. geht der Brotbohrer, aber er geht auch in Naturaliensammlungen, sogar in Leder, vermehrt sich namentlich in warmen Räumen sehr stark. Käfer und Brut sind zu sammeln und zu verbrennen, ansonst muß man größte Sauberkeit walten lassen.

Ein anderer Feind im Hause ist der Speckkäfer, der an trockenem Fleisch, Speck, Blasen der Obstgläser, auch an Tierfellen nagt und nur durch sorgfältiges Nachsehen, Reinhalten und Klopfen der Felle bekämpft werden kann.

Der Mehlkäfer und seine Larve, der Mehlwurm, sind gefürchtete Feinde des Mehles, sie finden sich aber auch in technischen Artikeln, z. B. in trockenem Kasein. Sie werden durch wiederholtes sorgfältiges Aussieben bekämpft und die abgesiebten Entwicklungsformen, Würmer und Häute sind zu verbrennen.

Unter den Getreideschädlingen ist noch die Korn= motte zu nennen (weißer Kornwurm). Man bekämpft sie ebenfalls am besten durch häufiges Umschaufeln der Ge= treidevorräte im Juni und August; auch begießt man die Haufen mit $\frac{1}{2}$ bis 2 kg Schwefelkohlenstoff möglichst gleichmäßig, bedeckt sie dann mit Tüchern und läßt das Mittel 36 Stunden lang einwirken.

Zu den Hülsenfrüchtenschädlingen gehören der Erbsenkäfer, der Erbsenwickler (der sich oft nach dem Kochen der Hülsenfrüchte in der fertigen Speise zeigt), dann der Bohnenkäfer.

An gefälltem und auch schon verarbeitetem Holz richten eine große Anzahl von Insekten oft sehr bedeutende Schäden an, indem sie selbst Bewohner des Holzes werden, in dem= selben ihre Eier ablegen, die dann, zu Maden entwickelt, Gänge in die Holzfaser ausfressen, wodurch die Festigkeit und der Gebrauchswert leiden; selbst Möbelstücke werden nicht verschont (Holzwürmer). Die Tätigkeit der Insekten, zu denen Weidenbohrer, Glasschwärmer, der Schiffswerftkäfer, Bockkäfer, Bohrkäfer, Holzwespe usw. gehören, läßt sich immer durch ausgeworfenes Sägemehl, Bohrmehl erkennen.

Motten (Schaben, Kleidermotten, Pelzmotten, Haar=

schaben) sind sehr gefürchtete Zerstörer aller Rauhwaren
(Pelz), Wollwaren jeder Art und stellen zunächst sich als
Schmetterlinge dar, die von gelblichgrauer Färbung und
ziemlich klein, vom Mai angefangen, überall herumfliegen
und sich auch abends bei Lampenschein gerne einfinden.
Dieser kleine Schmetterling legt seine Eier in Substanzen
tierischen Ursprunges (Pelze, Wollstoffe, Federn, Haarfilz,
Roßhaare), nicht aber in Baumwolle oder Seidengewebe;
dagegen sind wollige Tapeten, die sogenannten Velourtapeten,
ebenfalls ein beliebter Ort für die Eierablage. Nun erfährt
die Brut dann die bekannte Umwandlung zunächst zur
Raupe und dann zum Schmetterling.

Nicht die der kleinen Puppe entschlüpfte geflügelte Pelz=
motte ist es, die den Schaden an Pelzwerk, Wollstoffen,
Kleidern aus Wolle, Polstermöbeln usw. verursacht, sondern
die dem Ei entschlüpfte Raupe. Geleitet von dem Instinkt,
den wir ja bei den Tieren vielfach bewundern, legt die
Motte ihre Eier zumeist in jene Stoffe, in welchen die aus
dem Ei entschlüpfte Raupe ihren ungestörten Aufenthalt
und vor allem die erforderliche Nahrung findet, somit alle
Bedingungen für ihre Weiterentwicklung. Hierher gehört
alles Pelzwerk, das in dem Fett der Haarzwiebel genügend
Nahrung bietet, die Wollfaser, die natürliches Fett enthält
oder bei der Bearbeitung eingefettet wurde, das fertige
Kleidungsstück, besonders dort, wo es Fettflecke aufweist, der
Stoffüberzug der Polstermöbel, die im Sommer nicht be=
nützten wollenen Bettdecken usw., überhaupt alle tierischen
Fasern beziehungsweise die daraus hergestellten Gewebe,
während Pflanzenfasern verschont bleiben. Die Eier, die
Ursache so vielen Unheils, sind mit freiem Auge kaum
sichtbare Pünktchen. Wo immer hingelegt, werden sie von
dem Lufthauch aufgewirbelt, herumgetrieben und überallhin
verpflanzt; geeigneter Boden für ihre Entwicklung ist ja
überall vorhanden. Einmal dahin gelangt, braucht das Ei
nur ein wenig Wärme, um sich nach zwei Wochen zur Raupe
zu entwickeln; als solche mit unstillbarem Hunger begabt,
beginnt sie bei Pelzen ihr Zerstörungswerk durch Abnagen

der Haare an der Wurzel, deren Fettstoff ihr als Nahrung dient. Die Haare fallen ab und dort, wo eine Anzahl von Raupen vorhanden waren, sind kahle Flecke in dem Pelzwerk, die oft ganz bedeutende Größe aufweisen. Bei Geweben mit rauher Oberfläche werden ebenfalls die feinen Härchen abgefressen, aber die Raupe frißt auch ganze Löcher in den Stoff oder sie nagt nur die oberen Fasern ab, so daß man an den kleinen Vertiefungen, die hierbei entstehen, ganz gut beobachten kann, welchen Weg das Ungeziefer genommen hat. Gewöhnlich sind die von den Motten befallenen Objekte, wenn man den Schaden nicht bei seiner Entstehung entdeckt und eine gründliche Reinigung durch Ausklopfen und Ausbürsten vornimmt, für den ferneren Gebrauch verloren. Wenn die Verpuppungszeit herankommt, spinnt sich die Raupe ein, überwintert in unauffindbaren Verstecken, in Ritzen und Fugen, um bei den ersten Frühlingssonnenstrahlen ihrer weißen Hülle als geflügelte Motte zu entschlüpfen, deren kurzes Dasein nur den Zweck hat, ihre Gattung fortzupflanzen und dann zu sterben.

Mittel gegen Motten (Schaben).

Als ein Produkt organischen Lebens ist Pelzwerk an und für sich schon den zerstörenden Naturkräften in hohem Maße ausgesetzt; es ist empfindlich gegen atmosphärische Einflüsse, zu denen Luft und Wärme gehören und die den vorzeitigen Verfall mittelbar und unmittelbar herbeiführen. Sie kommen um so mehr zur Wirkung, als gegenüber der Durchschnittstemperatur der Ursprungsländer der meisten bei uns getragenen Pelzwaren das Klima unserer Gegenden als ein für Pelzwerk geradezu tropisches angesehen werden muß. Die Wärme ist der Feind des Pelzwerkes und gerade zur Zeit der warmen Jahreszeit erwächst demselben in der Motte, Pelzmotte, Schabe der größte Feind. Die Kälte der Luft verhindert die Entwicklung der Eier des kleinen Falters und der Umstand, daß das Pelzwerk im Winter dauernd getragen wird, ist neben der Temperatur Ursache, daß das

Insekt nicht zur Entwicklung kommt. Seine bewunderungs-
würdige Anpassung an die Lebensbedingungen zeigt sich
darin, daß die Wärme des Sommers zur Ausbrütung der
Eier notwendig ist und da dieselbe Wärme es ist, die die
Menschen dazu veranlaßt ihr Pelzwerk beiseite zu legen,
kann die Motte sich ruhig ihrer Fortpflanzung widmen. Der
geeignetste Boden für die Entwicklung der Eier ist eben das
Pelzwerk; die Raupe benagt nach dem Ausschlüpfen aus
dem Ei das Haar an der Wurzel, der dort aufgehäufte
Fettstoff dient als Nahrung, das Haar aber fällt unhaltsam
aus. Kälte und Abwesenheit der Lichtes sind die beiden
wichtigsten Faktoren für die Erhaltung des Pelzwerkes. Die
erstere verhindert die Entwicklung allenfalls vorhandener
Eier, somit die Verbreitung der Motte und bringt den durch
Verbrauch des Fettstoffes hervorgerufenen Verfall zum Still-
stand. Die Dunkelheit hingegen bewirkt die Erhaltung der
natürlichen Färbung, von welcher der Wert des Felles,
beziehungsweise des daraus hergestellten Pelzwerkes abhängt.
Die Entwertung von Pelzwerk durch warme Luft ist sehr
bedeutend und von dem im Haar enthaltenen Fettstoff ist
die Lebensdauer des Felles abhängig. Im Pelz des lebenden
Tieres wird dieser Vorrat an Fettstoff stetig erneuert, im
zugerichteten Fell des Kleidungsstückes hingegen unvermeidlich
erschöpft. Die Lebenskraft des Pelzwerkes ist dann begrenzt
und kann nicht erneuert werden, wenn Hitze und Feuchtigkeit
sie aufgebraucht haben, ebensowenig wie bei der Pflanze,
die von der Wurzel oder dem Stamme getrennt, bei all-
mählicher Verdunstung ihres Feuchtigkeitsgehaltes abstirbt
(verwelkt). Licht ist fast ebenso nachteilig für Pelzwerk als
Wärme. Unter dem Mikroskop betrachtet, zeigt das Haar
kleine mit Farbstoff (Pigment) gefüllte Röhrchen; die Sonne
bleicht diesen Farbstoff, von welchem bei vielen Pelzarten
der Wert und die Schönheit abhängt. Es ist bekannt, daß
Pelzwerk in Auslagefenstern der Sonne ausgesetzt, an Wert
innerhalb ein bis zwei Monaten die Hälfte einbüßt. Na-
turelle, d. h. nicht künstlich gefärbte Pelzarten sind von
Motten als Stätte ihres Unwesens bevorzugt, insbesondere

leidet Bisam, Biber, Marder, Fehe, Nerz, Otter, Skunks, Zobel usw.

Die Mittel, welche man zur Verhinderung des Mottenfraßes, beziehungsweise des Befallens von Pelzwerken usw. durch Motten anwendet, sind außerordentlich zahlreich und fußen teils auf Riechmitteln, welche die Tiere abhalten sollen, teils auf Abschluß des Lichtes und der Luft (Einhüllen in Kisten, Kasten, Papier usw.), teils auf öfterem Ausklopfen derselben. Erste Rauhwarenfirmen sprechen sich gegen die verschiedenen Mittel aus und sagen: Kampfer, Naphthalin, Pfeffer, Terpentin, Karbol, Insektenpulver, riechende getrocknete Pflanzen, schweflige Säure, alte Tabakpfeifenrohre, Verbrennen von Federn, Leder, Wolle usw. sind nicht nur gänzlich wertlos für Pelzwerk, weil sie demselben schaden, weil durch die Einwirkung der chemisch wirkenden Substanzen das Fell seine Frische verliert, weiter der penetrante Geruch an dem Haar haften bleibt und nie wieder ganz zu entfernen ist. Tatsächlich werden derartige Mittel von Fachleuten gänzlich gemieden. Aber auch die Methode, das Pelzwerk zuerst gründlich zu klopfen und dann in Leinwand gehüllt über den Sommer in den Kasten zu hängen, ist zumindest nicht zuverlässig. Durch das Klopfen wird allerdings der bereits verursachte Mottenschaden konstatiert und der Zerstörungsprozeß aufgehalten; aber es braucht an dem Haar nur ein einziges Ei haften zu bleiben, welches sich innerhalb zwei Monaten zur zerstörenden Made entwickelt und der Wert des Durchklopfens wird illusorisch. Überdies ist das Klopfen des Pelzwerkes eine Prozedur, die, allzuoft angewendet, für dasselbe von Nachteil ist. Diese Methode wird von Kürschnern nur aus dem Grunde geübt, weil sie diejenige ist, bei welcher der Wert des Pelzwerkes am wenigsten beeinträchtigt wird, ohne daß sie aber einen sicheren Schutz gegen die Motte bietet.

Über die verschiedenen gebräuchlichen Mittel, welche als Abwehr gegen Motten in Anwendung kommen, wird auf S. 223 eingehend berichtet.

Auf Basis der schon früher genannten beiden Hauptfaktoren für die Erhaltung von Pelzwerke Kälte und Dunkelheit, haben die Amerikaner sogenannte »Cold Storages« geschaffen, welche auch schon in Europa, in Wien bei der Firma Tlusty, Knöpfelmacher & Co., dann in deren Filialen in London, Paris und Berlin bestehen. Cold storages sind Räume, in welchen bei absoluter Trockenheit und Dunkelheit mittels Kühlmaschinen Temperaturen bis zu 2° Kälte erzeugt werden. Diese Räume, die gegen die Außenluft hermetisch abgeschlossen sind, dienen zur Aufbewahrung von Pelzwerk, Kleidungsstücken usw. In solchen Räumen aufbewahrte Gegenstände (neben Pelzwaren auch Kleidungsstücke usw.) sind gegen Mottenfraß vollkommen geschützt, da sich die Motte nicht entwickeln kann. Gleichzeitig aber wird die Lebensdauer des Pelzwerkes ganz wesentlich verlängert und dieser Umstand gewinnt dadurch an Bedeutung, daß dasselbe nicht wie bisher von Jahr zu Jahr einen beträchtlichen Teil seines Wertes einbüßt.

Die Anlage der vorgenannten Firma besteht aus großen, gegen Feuchtigkeit, Wärme und Licht streng isolierten Räumen, in welche durch Röhren vermittels einer Ammoniak-Kompressionsmaschine kalte Luft eingeführt wird. Ein 10 HP. Elektromotor besorgt den Antrieb dieser in England gebauten Maschine. Elektrisch betriebene Blakman-Ventilatoren und Exhaustoren besorgen in den Kühlräumen die Zu- und Abfuhr, sowie die gleichmäßige Verteilung der an den Röhren gekühlten Luft. Ein sinnreich konstruierter Apparat kontrolliert automatisch die konstante Erhaltung der Temperatur auf dem Gefrierpunkt und da die zur Aufbewahrung übernommenen Stücke frei auf den Ständern hängen, werden sie von der kalten Luft auf allen Seiten bestrichen. Fußboden und Wände sind mit Kacheln verkleidet, daher die dem Pelzwerk schädliche Staubentwicklung vollkommen ausgeschlossen ist. In diesen Räumen bleibt das Pelzwerk, nachdem es vorerst gründlich gereinigt ist, vom Tage seiner Einlieferung bis zur Herausnahme hängen. Das Klopfen wird dadurch natürlich überflüssig, sowie überhaupt alle schädlichen Einflüsse ferngehalten werden.

Über die Vertilgung der Motte äußert sich Rodenfeld folgendermaßen: Es sind als Vertilgungsmittel in erster Linie immer Kampfer und Naphthalin zu nennen. Dieselben werden entweder in Substanz in kleinen Papier= beuteln zwischen die Kleidungsstücke, Pelze usw. gelegt, oder aber in Alkohol, Äther, Benzin gelöst, zum Tränken von Fließpapier benützt, welches in einzelnen Lagen zwischen die zu schützenden Gegenstände gelegt wird. In den Mottenessenzen, welche die verschiedensten Zusätze an ätherischen Ölen haben, wie Patschuli, Moschustinktur u. a. dürften Kampfer oder Naphthalin doch die einzig wirksamen Bestandteile sein. Spanischer oder Guinea Pfeffer leistet mit Naphthalin gemischt gute Dienste, ebenso auch der spirituöse Auszug desselben, in dem Naphthalin und Kampfer gelöst sind. Als ein neues Mittel wird seit einiger Zeit Oleum Jvarancusae s. Vetiver benützt, welches jedenfalls den Vorteil hat, nicht so unangenehm zu riechen. Statt des Öles kann eben= sogut auch die Vetiverwurzel benützt werden, die man einfach zwischen die Kleider legt. In allen Fällen ist ein gutes Verpacken der Gegenstände in starken und festschließenden Kisten ein unbedingtes Erfordernis. Die seit einigen Jahren im Handel befindlichen Kisten aus dem Holze des Kampfer= baumes können ebenfalls empfohlen werden. Ein erfahrener Pelzhändler sagt: Es gibt kein Schutzmittel gegen den Mottenfraß, das die Schönheit und Dauerhaftigkeit des Pelzwerkes nicht beeinträchtigt oder die Gesundheit, mindestens das Wohlbefinden des Trägers nicht benachteiligt, außer sorgfältige Behandlung, Reinlichkeit und sachgemäße Auf= bewahrung.

Alles Sonnen, d. i. der Sonnenwärme aussetzen, ist dem Pelzwerk schädlich; man lüfte es im Schatten an trockenen, bewölkten Tagen, klopfe es sorgfältig aus und kämme es mit einem stumpfen Metall= oder Holzkamm, der aber ganz frei von Schmutz oder Fett sein muß, packe es dann in einen gut schließenden Behälter und verwahre diesen an möglichst kühlem, trockenem und dunklem Orte. Ferner ist es unbedingt notwendig, nicht nur Pelz= und Wollensachen, sondern auch Schränke, Kisten usw., alle vier bis sechs Wochen sorgfältig auszukehren.

1. Nach Dr. Gerstenberg hat sich als ausgezeichnetes Mittel gegen Motten konzentriertes Formalin bewährt. Man spritzt davon 30 bis 50 *g* mittels einer Spritze (Morphiumspritze) möglichst tief stechend in ein Sofa und ist das ganze Ungeziefer in dem gefährdeten Stück nach einiger Zeit verschwunden. Nach 24 Stunden kann das Polstermöbel wieder benützt werden. Da die Ausführung der Einspritzungen besonders für Hände und Nase wenig angenehm und auch nicht ungefährlich ist, z. B. für die Augen beim Platzen der Spritze, so bedient man sich der Gummihandschuhe und einer Schutzbrille und reinigt sich nach der Arbeit tüchtig mit Wasser. Auch kann man das Formalin mittels einer geeigneten Vorrichtung zerstäuben.

2. Man gießt Holzessig in eine flache Schale und stellt diese auf den Boden des Kleiderschrankes. Die Motten werden vertrieben und der stark empyreumatische Geruch des Holzessigs verschwindet, wenn die Türe des Kleiderschrankes etwa eine Stunde lang geöffnet bleibt. In gepolsterte Möbel steckt man Lappen, die mit Holzessig getränkt sind.

3. Getrockneter Thymian wird in Säckchen aus Tüll oder Mull eingenäht und diese an den vor Motten zu schützenden Kleidungsstücken, Vorhängen, in den Polstermöbeln mittels Nadeln angesteckt.

4. **Mottenpulver.**

a)   27·5 *g* Kampfer, gemahlen, werden mit
    7·5 *g* Naphthalin gut gemischt.

b) 100 *g* persisches Insektenpulver,
  100 *g* Naphthalin,
  100 *g* Sägespäne von Veilchenholz.

c) 100 *g* Terpineol (künstlicher Riechstoff) werden auf eine solche Menge Sägespäne aus hartem Holz verteilt, daß diese letzteren nach dem Durchmischen kaum angefeuchtet erscheinen.

d) Das **Mottenpulver** »Antiputrin« besteht aus
 8 bis 10 *g* Gips und
92 » 90 *g* Naphthalin, ist also als ein mit Gips eigentlich verfälschtes Naphthalin zu betrachten.

5. **Mottentinkturen.**

a) 25 *g* Naphthalin,

  8 *g* Kampfer,

75 *g* Benzin,

35 *g* Terpentinöl; man bringt Naphthalin und Kampfer in dem Gemisch von Benzin und Terpentinöl zur Auflösung.

b) 10 *g* Naphthalin werden in

250 *g* Benzin gelöst und die Lösung mit Patschuliöl oder etwas Kampfer, der ebenfalls in Lösung geht, vermischt.

c) **Chinesische Mottentinktur der russischen Pelzhändler.**

In starken Spiritus wirft man eine handvoll Kampfer und die zerkleinerten Schalen von spanischem Pfeffer oder klein gestoßenen Koloquinten, läßt das Gemisch einige Tage an der Sonne oder in der Nähe des Ofens stehen, bis der Kampfer gelöst ist und seiht dann die Flüssigkeit durch. Man bespritzt mit derselben das Pelzwerk recht gleichmäßig, wickelt es fest zusammen und schlägt es dann in gut appretiertes Baumwoll- oder Leinengewebe ein. Auf diese Weise kann man Pelzwerk Jahre hindurch aufbewahren, ohne daß sich Motten darin einfinden.

d) **Für Pelzwaren.**

40 *g* reine Karbolsäure,

20 *g* Nelkenöl,

20 *g* Zitronenöl,

10 *g* Anilinöl,

20 *g* Mirbanessenz werden nach und nach in

3000 *g* Weingeist eingegossen und gut vermischt.

e) **Für Tuchkleider.**

30 *g* reine Karbolsäure,

60 *g* Kampfer,

60 *g* Rosmarinöl,

10 *g* Nelkenöl,

10 *g* Anilinöl,

500 *g* Weingeist.

f) 20 g Naphthalin,
  20 g Karbolsäure,
  50 g Kampfer,
  50 g Terpentinöl,
   5 g Patschuliöl,
   5 g Myrbanöl,
850 g Weingeist.

g) 20 Gewichtsteile Naphthalin,
  20   »   Karbolsäure und
  50   »   Kampfer werden in einer Flasche mit
  50 Gewichtsteilen Terpentinöl und
850   »   90°/₀ igem Spiritus übergossen und
zur Lösung gebracht, dann
   5 Gewichtsteile Patschuli und
   5   »   Mirbanessenz hinzugefügt. Diese
Lösung wird mittels einer Spritze im Zimmer, in den
Schränken usw. verstäubt.

h)   8 g Kampfer,
   8 g Lorbeeröl,
   8 g Terpentinöl,
   8 g Bergamottöl,
   8 g Nelkenöl,
  20 g geschnittener spanischer Pfeffer,
250 g Alkohol von 95°/₀ werden in einer verschlossenen Glasflasche am besten an der Sonne zusammen
digeriert (öfters umgeschüttelt), dann abgeseiht und filtriert. Die
erhaltene Flüssigkeit ist fast farblos, weder den Farben schädlich, noch hinterläßt sie nach dem Verflüchtigen Flecke. Man
besprengt die vor den Motten zu schützenden Gewebe, Pelzwerk usw. alle 8 bis 14 Tage ganz leicht mit der Flüssigkeit und es wird sich dann nie ein Insekt darauf einfinden.

6. Thymolin, Schutzmittel gegen Motten.

Das Präparat besteht aus kleinen, weißen Tabletten,
welche in Pappschachteln verpackt sind. Die Tabletten bestehen aus

95% Naphthalin,

3·5% Kampfer und

1·5% Thymol (Thymiankampfer) und verbreiten einen starken Naphthalingeruch).

7. Mottenvertilgungsmittel »Antimottein«.

Das Pulver wird folgendermaßen hergestellt:

50 *kg* feinst gesiebte Sägespäne werden mit

0·5 *kg* fein pulverisiertem, mit Lavendelöl parfümiertem kohlensauren Ammonium gut vermischt, worauf

1 *kg* Eisessig, der mit

1 *l* Wasser vermischt wurde, zugesetzt und das Ganze so lange untereinandergearbeitet wird, bis das durch Zusatz der Essigsäure hervorgerufene Brausen aufhört. Durch diese Behandlung werden die Sägespäne zur Aufnahme der noch zuzusetzenden Bestandteile geeignet gemacht. Die nachgenannten Substanzen werden dann gesondert gemischt:

2 *kg* Eisessig mit

2 *kg* Wasser verdünnt,

1·5 *kg* Alkohol, in welchem

0·5 *kg* Kampfer gelöst ist und

1 *kg* amerikanisches Terpentinöl. Diese zweite Mischung wird sodann mit der ersten vereinigt und dem Ganzen noch

4 *kg* mit Lavendelöl parfümiertes, kohlensaures Ammonium hinzugesetzt. Die so erhaltene Masse wird in einen gut verschlossenen Behälter gebracht.

Zum Gebrauche wird dieses Mittel in den Räumen oder Behältern, in welchen sich die vor Motten zu schützenden Gegenstände befinden, aufgestreut und die Gegenstände selbst darüber gehängt oder gelegt. Doch können die Gegenstände auch wie bisher mit dem Pulver bestreut werden ohne daß sie dadurch Schaden leiden würden. Dadurch, daß die wirksamen Bestandteile in fein verteiltem Zustande in dem Träger den Sägespänen) enthalten sind, kommen sie langandauernd und sicher zur Wirkung und entwickelt sich durch das mit Lavendelöl präparierte kohlensaure Am-

monium ein angenehmer Geruch, der den Motten schädlich
ist. An Stelle der Sägespäne kann auch ein anderer ge=
eigneter Körper, der die wirksamen Bestandteile in sich auf=
zunehmen vermag, z. B. Infusorienerde, Schwammabfälle usw.,
zur Verwendung gelangen, welcher Zellulose (Sägespäne)
ganz oder teilweise zu ersetzen vermag.

Mottenpapier.

a) Man bestreicht Papier mit einem dünnen Stärkekleister,
bestreut es mit einer Mischung von gleichen Teilen Kampfer
und Naphthalin in Pulverform gleichmäßig und zieht dann
das Papier durch Walzen, damit die pulverigen Substanzen
fest haften.

b) Löschpapier wird in ein geschmolzenes Gemenge
von Naphthalin und Kampfer getaucht, dann zwischen Walzen
gebracht, welche den Überschuß an Imprägniermittel aus=
pressen.

c) 10 Gewichtsteile Naphthalin werden mit

1 Gewichtsteil Zeresin zusammengeschmolzen.
Streifen von Fließpapier damit getränkt und diese durch
Walzen laufen gelassen.

Stoeger empfiehlt, um Motten aus Wohnräumen usw.
zu vertreiben, die Aufstellung je eines Exemplares in jedem
Zimmer der Mottenblume (Plecthantrus fructicosus),
welches hinreichend Wirkung sichert.

Mittel gegen Schaben, Russen usw.

1.   12 Gewichtsteile Petroleum,
      1·5   »   Terpentinöl und
      1·5   »   Benzin werden gemischt, in der
                          Flüssigkeit
      750 g Eukalyptusblätter 24 Stunden lang digeriert.
Nach dem Durchseihen fügt man noch
      100 g Eukalyptusöl hinzu.

2. 7 *kg* Meerrettich werden mit Wasser zu einem steifen Brei gekocht und dieser sodann mit

60 *g* Weinstein und

30 *g* Soda tüchtig verknetet. Der erhaltene Kuchen wird in einem gut geheizten Backofen so lange gebacken, bis er durch und durch geröstet ist. Nach dem Erkalten wird die Masse zu feinem Pulver vermahlen und dann mit

26·5 *kg* Streuzucker,

21·0 *kg* gemahlenem Borax und

1 *kg* Schweinfurtergrün vermischt. Dieses Pulver wird sodann in die Ritzen und Fugen der Zimmer= und Küchenwände, Fußböden, Decken usw. eingespritzt und vertilgt in Kürze das Ungeziefer.

3. 50 Gewichtsteile gemahlener Borax,

25 » Kornmehl,

25 » Streuzucker und

5 » gemahlener Grünspan werden gemischt und das Pulver auf Tellern oder Papier an den Orten aufgestellt, wo sich das Ungeziefer aufhält.

4. Russen können vertilgt werden, wenn man in den Räumen, in denen sie des Nachts aus ihren Schlupfwinkeln hervorkommen, sich aufhalten, die Wände mit Stangen, auf denen mit Spiritus getränkte Watte entzündet wurde, entlang fährt und die zu Boden gefallenen, teilweise der Beine beraubten Käfer vollends tötet. Auf Brutstellen, in Ritzen und Fugen wird, nachdem alles leicht Brennbare entfernt ist, ebenfalls Spiritus aufgegossen und dieser angezündet.

5. Auch die sogenannte automatische Schabenfalle ist als brauchbar befunden worden; sie wird behufs Gebrauches bis zur Hälfte mit Bier gefüllt und als Lockspeise ein mit Bier getränktes Stück Brot aufgelegt; die Falle wird nun jeden Tag mit toten Schaben gefüllt sein und setzt man die Prozedur so lange fort, bis sich die Tiere nicht mehr zeigen.

6. Man stellt in Gefäßen Borax und Erdäpfelmus miteinander gemischt auf; auch das Einblasen von Borax- und Insektenpulver wird empfohlen.

7. Eine Mischung von

200 Gewichtsteilen Angelikawurzelpulver,

50 » Melilotkrautpulver,

2 » Naphthalin und

5 , Eukalyptusöl, wird allabendlich an jene Stellen gestreut, wo sich Schaben aufzuhalten pflegen.

8. Nach J. H. Fehr ist Boraxpulver mit Mehl gemischt, das beste Mittel zur Vertilgung; in Ermangelung anderer Nahrung nehmen die Russen und Schaben das Pulver in dieser Gestalt zu sich. Man schreibt die Wirkung des Borax der demselben eigentümlichen Eigenschaften zu, sich in der Hitze aufzublähen, wodurch nach Genuß Sprengungen der inneren Teile entstehen. Ob dies indessen der Fall ist, ist mindestens zweifelhaft, weil dadurch eine Hitze erforderlich ist, welche die Tiere schon an und für sich töten würde. Es ist wahrscheinlicher, daß die Wirksamkeit des Borax in seiner Eigenschaft liegt, Pflanzenschleim so beträchtlich zu verdicken, daß daraus eine elastische, kaum mehr klebende Masse entsteht, die möglicherweise auf dem Wege der Verdauung nicht mehr zu beseitigen ist und den Tod des Tieres veranlaßt. Daß diese Eigentümlichkeit des Borax durch Zucker oder Honig aufgehoben wird, gibt einen Fingerzeig, das Pulver nicht, wie es häufig geschieht, mit Zucker zu vermischen.

a) 20 Gewichtsteile Borax,

10 » Weizenmehl.

b) 10 Gewichtsteile Borax,

10 » Insektenpulver,

5 » Weizenmehl.

Diese Mischung hat sich besonders gut bewährt.

c) 20 Gewichtsteile Borax,

10 » Insektenpulver,

10 , Weizenmehl.

d) 10 Gewichtsteile Borax,

10 » Insektenpulver,

5 » Koloquintensamenpulver,

5 » Weizenmehl.

9. Man schüttet oder spritzt in die Ritzen der Mauer, des Fußbodens usw. Schwefelkohlenstoff und verschließt erstere dann mit Lehm.

Spinnenpulver.

Zur Vertilgung der Spinnen empfiehlt sich häufiges Abkehren der Wände und Verstäuben einer Mischung aus:

10 Teilen fein gemahlener Quillayarinde,
10   »   Lykopodium und
80   »   Insektenpulver.

Ungeziefer in Gartenhäusern und -hütten.

Die Gartenhäuser, sowie die Gartenhütten bieten beim Herannahen der rauhen Jahreszeit vielen Schädlingen Unterkunft, indem sie sich in den Ritzen und Spalten, die das Holz immer aufweist, verkriechen. Zu diesen Schädlingen gehören die Baumwanzen, Tausendfüßer, Asseln, Raupenpuppen, Schnecken; man muß daher diese Stellen gründlich nachsehen, ausputzen und die Schädlinge vernichten. Nicht schädlich, sondern nützlich sind: Marienkäferchen, Laufkäfer, Spinnen, Ohrkriecher und Florfliegen, die man naturgemäß schonen soll.

Bücherschädlinge.

Auch die Bücher haben unter den Insekten Feinde, und die Schäden, welche durch dieselben verursacht werden, sind namentlich dann empfindlich, wenn es sich um alte Bücher handelt, deren Wert bekanntlich oft ein sehr bedeutender ist. Es wird angegeben, daß die Zahl der Insektenschädlinge 67 beträgt, von denen mehr als die Hälfte den Käfern zuzuzählen ist. Es ist nicht zu verwundern, daß diese Schädlinge in früheren Jahren häufig vorgekommen sind und schon im Jahre 1774 erließ die Göttinger Akademie der Wissenschaften ein Preisausschreiben, das die Erkundung

der bücherzerstörenden Insekten und Mittel zur Vernichtung
dieser Schädlinge forderte. Man hatte nämlich wenige Jahre
vorher in einer Anzahl alter großer Bibliotheken die be=
trübende Entdeckung machen müssen, daß wertvolle, in
Holzdeckel und Schweinsleder gebundene Folianten merk=
würdige Zerstörungen, sowohl im Äußeren, wie auch im
Inneren aufwiesen. So waren beispielsweise in der Pariser
Bibliothek 27 nebeneinanderstehende Folianten in schnur=
gerader Linie von einem unbekannten Minierer durchbohrt
worden. Einen dieser Schädlinge glaubte bereits der Berliner
Zoologe Frisch in der Larve eines Bohrkäfers ausfindig
gemacht zu haben, die in der Rinde trockenen Brotes lebt.
Diese Larve war vermutlich jenes gelbbraune Wesen, das
wir heute unter dem Namen »Mehlwurm« kennen und zur
Fütterung vieler Singvögel ganz allgemein verwendet wird.
In der Tat gehören diese Bohrkäfer zu den Bücherfeinden,
namentlich jene Familie, die man als Pochkäfer oder wohl
auch als Totenuhr kennt. Wer hat nicht diesen »trefflichen
Minierer« schon bei seiner Zerstörungsarbeit belauscht? Da
pocht es nächtlicherweile oder wohl auch am Tage irgend=
wo in einer alten »wurmstichigen« Diele oder in einem
Schranke und pocht wieder und nun antwortet es anders=
wo her. Es ist ein Frage= und Antwortspiel der einander
suchenden Männchen und Weibchen und das Pochen wird
derart bewerkstelligt, daß der Käfer mit dem Kopfe an das
Holz stößt. Der Käfer selbst ist aber dem Holz und den
Büchern nicht halb so gefährlich, als die Larve, deren Werk
Wurmmehl ist. Noch schädlicher als die Larve des Pochkäfers
(Anobium) wird den Büchern die des verwandten Bohr=
käfers (Plinus) oder »Diebes«. Sie ist es, die im Herbarium
oft fürchterliche Musterung hält, die alles so durchfrißt, als
ob ein Draht hindurchgezogen wäre. Dabei ist dieser Bohr=
käfer oft nur halb so groß als ein Roggenkorn, während
der Pochkäfer immerhin etwa 5 mm mißt. Allmählich hat
man nun immer mehr Bücherfeinde unter den Insekten
kennen gelernt. Da ist zunächst die ekelhafte etwa $1^1/_2$ mm
lange Bücherlaus (Psocus) zu nennen, deren Fühler fast

so groß sind, wie der ganze, sehr weiche Leib; auch hier ist namentlich die Larve der Hauptschädling alter Bücher. Dann ist die Schabe (Blatta) zu erwähnen, jenes raschelnde braune Insekt, das wir Russen oder Franzosen, die Franzosen aber Deutsche nennen. Dieser Bücherschädling hat es vornehmlich auf den Kleister und Leim, sowie das Leder des Bucheinbandes abgesehen. Hierher gehört des weiteren das Silberfischlein oder der Zuckergast (Lepisma), jenes bewegliche, langgestreckte (10 mm), mit silberglänzendem Schuppenkleid versehene Insekt, dessen Hinterleib in drei lange Borsten endet. Dieser nächtliche Gast sucht namentlich süße Speisen heim, geht aber auch mit Vorliebe an Kleister und Leim. Auch der Speckkäfer ist ein Bücherschädling. Schaben kommen nur in feuchten Räumen vor, legen aber ihre Eier nie in den Büchern ab, sondern stets in Mauerritzen.

Im Norden haben die Bücher hauptsächlich nur von Anobiden, Dermatiden und Lepismen zu leiden, je weiter nach Süden aber, um so mehr werden die Feinde und insbesondere dort, wo Termiten hausen, sieht es oft grauenhaft in den Bibliotheken aus, denn diese Tiere vollführen auf weite Strecken ihre Zerstörungsarbeit meist im Verborgenen.

Den Bücherfeinden stehen aber auch ausgesprochene Gegner derselben gegenüber, anfangs von unwissenden Menschen kaum weniger heftig verfolgt, heute aber als wertvoller Bundesgenosse betrachtet. Hier ist zunächst als grimmigster Feind der Bücherläuse und ihrer Brut eine winzige Milbenart (Chyletus) zu nennen. Auf all das Gesindel der Bücherfeinde aber hat es der Bücherskorpion (Chelifer) abgesehen, ein rotbraunes, 3 mm langes Tierchen mit mächtigen Skorpionzangen, aber ohne den gefürchteten Giftstachelschwanz seines weit größeren Namensvetters.

Mittel zur Vertilgung des Pfahlwurmes und der Fingermuschel bei Holzbaulichkeiten in Seewasser.

Die bei Bauten im Seewasser, sowie bei Schiffen verwendeten Hölzer, gleichgültig, ob dieselben weich wie Pappel-

oder Weidenholz oder hart wie Teakholz sind, unterliegen den Angriffen zweier Weichtiere, dem Pfahlwurm und der Fingermuschel und sind die durch dieselben angerichteten Schäden oft sehr bedeutend, so daß man schon lange bestrebt ist, durch Anwendung geeigneter Mittel solche zu paralysieren.

Der Pfahlwurm hat einen federkielähnlichen, bis 35 mm langen Körper, besitzt am vorderen Körperende ein paar kleine, klaffende, ringförmig gezähnte Rippen tragende Schälchen, die nach der Ansicht von Gelehrten das Bohr= werkzeug bilden; andere Autoritäten sehen dieses in den fünf= bis sechsseitigen kristallinischen Kieselspitzen am Fuße und den Mantelrändern. Der mittlere Teil des Körpers ist in einen reifenförmigen Mantel gehüllt, aus dem am hinteren Körperende die beiden Atemohren abgesondert hervorragen.

Die Fingermuschel ist fast völlig von zwei sehr harten, größeren, an beiden Enden klaffenden und zwei kleineren, akzessorischen Kalkschalen (Schloßplatten) bedeckt, die auf der Außenfläche längs der drei bis sechs Anwuchsstreifen scharfe Zahnreihen zeigen, mit denen sie nach Möbius und Meyer ihre Kanäle bohren. Mit der Zunahme des Körper=, be= ziehungsweise Schalenvolumens erweitern sich die Bohrlöcher entsprechend. Die zerstörende Arbeit dieser beiden Weichtiere im Holze ist verschieden; die Pfahlwürmer bohren gewöhn= lich in der Längsrichtung der Fasern des Holzes, sie können jedoch auch senkrecht in dasselbe eindringen; die gebohrten Kanäle sind mit einer kalkartigen Masse ausgekleidet, die nach Untersuchungen von Professor Münter aus den Ab= sonderungen des Tieres stammt. Die von der Fingermuschel gebohrten Kanäle haben keine Kalkauskleidung und sind ge= wöhnlich senkrecht auf die Längsfaser des Holzes angebracht. Das Tier selbst leuchtet im Dunkeln.

Die Mittel, welche man gegen die Angriffe dieser Tiere auf das Holz in Anwendung bringt, bestehen im Umhüllen der Pfähle oder des Holzes überhaupt mit Metallplatten oder im Bedecken durch eingeschlagene Nägel mit breiten Köpfen und Anstreichen mit den Einflüssen des Seewassers widerstehenden Farben, Imprägnieren mit anorganischen

Stoffen, welche als giftig für die Tiere betrachtet werden und den Tod herbeiführen und Imprägnieren mit teerartigen Produkten; das Imprägnieren mit Kreosotöl unter Druck hat sich bisher am besten bewährt, doch ist der Zusammensetzung des Kreosots besondere Aufmerksamkeit zu schenken.

Eine zum Studium der Frage eingesetzte Kommission der niederländischen Akademie der Wissenschaften gelangte zu folgenden Schlüssen:

1. Das Bestreichen der Oberfläche des Holzes mit den verschiedensten Stoffen, um dieses mit einer Hülle zu versehen, auf der die jungen Pfahlwürmer sich nicht ansetzen können, muß als ungenügend bezeichnet werden, denn sobald nur die Hülle durch Auflösung oder irgend eine andere Ursache auch nur auf einer kleinen Stelle, die manchesmal für das Auge unsichtbar ist, eine Beschädigung erlitten hat, beginnt an dieser Stelle die Beschädigung durch den Bohrwurm und andere mikroskopische Tierchen. Dasselbe gilt mit gewissen Einschränkungen für die Bekleidung des Holzes mit Kupferplatten oder mit sogenannten Wurmnägeln, indem auch in mit Wurmnägeln bekleideten Pfählen ebenfalls Pfahlwurmzüge gefunden worden sind. Jedoch widerstehen diese Bekleidungen den verschiedenen Einflüssen besser, als die eben besprochenen Anstriche, denn durch die Oxydation des Eisens der Wurmnägel wird auf der Oberfläche der Pfähle eine harte, zusammenhängende Kruste gebildet, die das Eindringen der Pfahlwürmer erschwert.

2. Das Durchtränken des Holzes mit löslichen anorganischen Salzen, die man als giftig für die Tiere betrachtet, z. B. Sublimat; Kupfervitriol, Chlorzink, Eisenvitriol, chromsaures Kali, schützen nicht gegen den Pfahlwurm und muß die Ursache einesteils darin gesucht werden, daß diese Salze durch das Seewasser ausgelaugt werden, andernteils darin, daß einige derselben für den Pfahlwurm nicht giftig zu sein scheinen.

3. Unter allen untersuchten Mitteln fand die Kommission nur eines, welches mit großer Wahrscheinlichkeit als ein wirksames Schutzmittel gegen die Verwüstungen des Pfahl-

wurms betrachtet werden kann, nämlich das schwere Stein=
kohlenteeröl oder Kreosotöl. Bei Verwendung desselben muß
auf seine Qualität Rücksicht genommen werden, ebenso auf
die Art und Weise der Durchtränkung und endlich auf die
Holzart selbst, die man der Kreosotbehandlung unterwirft.

Mittel gegen Wildverbiß.

Aus Versuchen, welche die königlich bayrische Regierung
zu Landshut in den Forsten Niederbayerns angestellt hat,
geht folgendes hervor: Hyloservin hat bei Fichten sehr be=
friedigt, besonders da die von einer dichten Nadelhülle um=
gebene Terminalknospe der Fichte gegen die unmittelbare
Berührung mit dem Mittel geschützt ist. Bei den übrigen
Nadelhölzern muß man sich hüten, die Endknospen beim
Auftragen der Flüssigkeit zu beschmieren. Auch Laubhölzer
sind sehr empfindlich gegen Hyloservin, denn dieses zerstört
die damit zufällig bestrichenen Knospen und die Kambial=
schichten und dürfte aus diesem Grunde bei Laubhölzern
die Verwendung von Hyloservin ausgeschlossen sein.

Für Laubhölzer hat sich eine Mischung, bestehend aus
$^2/_3$ Schweinsjauche und
$^1/_3$ Tierblut, je 3 l der Mischung innig vermengt mit
$^1/_2$ kg ungelöschtem Kalke vorzüglich bewährt.

Auch ein Gemisch von Jauche, stinkendem Tieröl und
Ruß gibt gute Resultate; Ruß wird zugesetzt, um durch die
schwarze Farbe die bestrichenen Pflanzen zu bezeichnen.

Bei allen derartigen schmierenartigen Mitteln sind jedoch
richtiges Maßhalten im Auftragen und zweckentsprechende
Hantierung wesentliches Erfordernis. Die Ergebnisse des
»Verhauens« bei Laubholz sind nicht zufriedenstellend.

Als ganz unbrauchbar wurden verworfen: Lanzsche
Blechkronnen, Pikrosödin, Böhmisches Pflanzenschutzfett,
Wildfraßfett, Wiesners Wildschutzfett und ähnliche Prä=
parate.

Für Hasenfraßwunden an Bäumen ist das weitaus
beste Heilmittel ein Teig von feuchtem, zähem Lehm und

Kuhfladen, womit die Wunden möglichst bald nach deren Bildung bestrichen werden. Hierauf bandagiert man außerdem noch größere Wunden mit Leinwandstreifen. Es ist geradezu auffallend, wie rasch die Überheilung, die Bildung von neuer Rinde, unter diesem Schutzmittel vor sich geht, falls man das genannte Mittel auf die frischen Wunden gebracht hat. In diesem Falle geht die Kambiumbildung nicht nur von außen, sondern auch von innen, und zwar von vielen Stellen aus und rasch von statten (Baumwachs hat sich weniger bewährt). Nach einigen Monaten sollten die Wunden falls erforderlich aufs neue bestrichen werden. Handelt es sich aber um den Schutz von alten, vernachlässigten Wunden, wo der äußere Teil des Holzkörpers schon abgestorben ist, so empfiehlt es sich, nur die gesunden Wundränder mit Lehm und Kuhfladen oder Baumwachs, den übrigen Teil der Wundstelle aber mit Teer zu bestreichen, um sie gegen die ungünstigen Witterungsverhältnisse, namentlich aber gegen Fäulnis und Ansiedlung von Baumschwämmen usw. zu schützen. Sollten junge Bäume in der Baumschule geschält und jüngere Formbäume durch Verlust des Fruchtholzes erheblich beschädigt worden sein, so schneidet man sie am besten stark auf den Zapfen bis etwa 12 bis 15 *cm* über der gesunden Stelle zurück, um sie größtenteils durch die Bildung von neuen Trieben nachzuziehen. Auf diese Weise erhält man gewöhnlich sehr kräftigen Wuchs und starke Triebe und wird der Schaden in verhältnismäßig kurzer Zeit wieder gutgemacht.

Behandlung von Saatgut gegen Vogelfraß.

Bei der Aussaat von Früchten hat man oftmals Vogeleinfälle zu befürchten und man hat versucht, die Saatkörner mit Substanzen zu behandeln, welche die Vögel abhalten. W. Hoffmann hat eine Reihe von Keimversuchen mit Weizen und Bohnen angestellt, die mit Teer, Petroleum, Mennige und Quassiaholzabkochung behandelt worden waren, um den Einfluß der genannten Stoffe auf die Keimkraft feststellen zu können. Er fand hierbei, daß die Stoffe ohne Nachteil bei Mais sind, wenn letzterer nicht zu überlagert ist und genügenden Wassergehalt besitzt. Die Behandlung mit Petroleum möchte jedoch nicht über 30 Minuten ausgedehnt werden. Bei Weizen schadet eine viertelstündige Einwirkungsdauer von Petroleum der Keimfähigkeit nicht. Eine Benachteiligung des Erdbodens für nachfolgende Pflanzenkulturen ist ebenfalls ausgeschlossen. Bohnen mit großem, schwammigem Gewebe scheinen Petroleum weniger gut zu vertragen wie kleinere Hülsenfrüchte. In diesen Fällen ist Teer empfehlenswerter. Auf 100 kg vorgequellten Mais nimmt man etwa 2 l durch Erhitzen flüssig gemachten Teer und schaufelt das Saatgut tüchtig durch. Selbst mit einer Teerschicht völlig überzogene Körner bringen noch kräftige Pflanzen hervor. Weitere Keimversuche mit Purgieröl, dem widerlichen und ungenießbaren Öl der Purgierfrüchte, ergaben, daß die Keimung wesentlich verzögert wurde und Weizen büßte an Keimkraft wesentlich ein. Von Lysol und Kreolin vertragen Mais und Seestrandkiefer verhältnismäßig konzentrierte Lösungen. Im allgemeinen war ein schädlicher Einfluß von der Zeit der Einwirkung abhängig. Flußsäure und Ameisensäure beeinflußten die Keimung im allgemeinen in ungünstiger Weise.

Mittel gegen Ungeziefer an Menschen und Tieren.

Die Ungezieferarten, welche Menschen und Tiere belästigen und wie schon wiederholt erwähnt, sich von deren Blut nähren, sind zunächst in solche zu unterscheiden, welche dauernden Aufenthalt auf der Haut derselben nehmen und in solche, welche ihre Wohnstätten nicht auf derselben aufschlagen, sondern aus ihren gewöhnlichen Aufenthalten und

Schlupfwinkeln bei Tag oder bei Nacht herauskommen, Mensch oder Tier oder beide überfallen und aus ihnen ihre Nahrung zu beziehen gewohnt sind. In die erstere Kategorie gehören die Läuse aller Art, Krätzmilben, die überhand nehmen, wenn nicht Anstalten zu ihrer Vertilgung getroffen und sich in einer Weise einnisten, daß sie selbst krankhafte Zustände hervorrufen können. Es ist auch begreiflich, daß diese Tiere wenn sie in Masse auf einem Körper vorkommen dort durch Eierablage und Entwickeln der Jungen aus diesen letzteren, durch Entnehmen des Blutes, durch Bildung von Schorf usw. gewissermaßen die besten Säfte entziehen und damit nicht nur ekelhaft werden, sondern auch zu den Folgen mangelhafter Ernährung führen müssen. Außer den Läusen kommt bei Tieren noch der Hundefloh in Betracht, der in dem Pelz des Tieres seine Eier ablegt und sich auch entwickelt, aber doch vermöge seiner Beweglichkeit von einem Opfer auf das andere zu springen vermag. Es gehören hierher noch die Zecken und die Schmeißfliegen, sowie die Eingeweideparasiten, die aber außerhalb des Rahmens dieses Buches liegen.

Die zweite Kategorie umfaßt die Wanze (Bett= oder Hauswanze), den Floh, die Mücken (Schnaken, Gelsen), die Moskitos und die verschiedenen Arten der Fliegen, die den Menschen wohl nur belästigen, bei den Tieren (Pferden, Rindvieh) aber eine wahre Plage, deren sie sich oft nur schwer erwehren können, werden.

Die genannte erste Gruppe des Ungeziefers kann nur an dem Körper des davon befallenen Individuums bekämpft werden und hier gibt es in allererster Linie ein Universal= mittel: Reinlichkeit in jeder Beziehung. Nachsuchen, wenn man sich durch Jucken oder Beißen belästigt fühlt (oder dies an den Tieren bemerkt), gänzliches Bloßlegen der be= haarten Hautstellen (Abrasieren) oder Abschneiden der Haare bis zur äußersten Grenze und endlich die Anwendung von solchen Mitteln, welche das Ungeziefer und dessen Brut töten. Man muß sich vor Augen halten, daß dort, wo nur ein oder zwei der Individuen sich angesiedelt haben, die

Vermehrung sich rapid vollzieht und daß dort, wo nicht das Ungeziefer und seine Brut vollständig vertilgt sind, solches immer wieder zum Vorschein kommt und nach kurzer Zeit seine Wirkungen äußert, da die Körperwärme die besten Bedingungen für den Werdegang der Tiere bietet. Zu den eigentlichen Reinigungen gehört nach dem Entfernen des Ungeziefers das Waschen mit starkriechenden Seifen, häufiges Baden, Einreiben mit Mineralölen (es muß nicht Petroleum sein), mit Vaseline, Quecksilbersalben, Lysol= lösungen, mit Schmierseifenlösungen und bei Tieren (Schafen) endlich mit Sublimat und Arsenikwässern, die unmittelbar tötend wirken. Dort, wo man die Haare bei einzelnen Arten des Ungeziefers nicht entfernen will oder kann, müssen die= selben mehrmals des Tages mit sehr engzähnigen Kämmen durchgekämmt, das Ausgekämmte sofort verbrannt und die Kämme zur Sicherheit in Sublimatlösungen gelegt werden. Nur bei sehr verwahrlosten Individuen findet sich das Un= geziefer in solchen Massen, daß man Läuse beispielsweise in den Haaren bemerkt, aber es ist nie ausgeschlossen, daß auch der peinlichst reinliche Mensch nicht einmal durch Zu= fälle aus engerer Berührung mit einem anderen, durch Aborte, durch Wäschestücke, dann aber auch auf der Straße durch die unleidliche Gepflogenheit, eine Menge Dinge aus den Fenstern zu werfen, durch das Ausschütteln von Tüchern usw., solches plötzlich an sich entdeckt.

In die zweite Kategorie des Ungeziefers, jenes, welches nicht am Körper des Menschen dauernd lebt, sondern den= selben zur Einholung seiner Nahrung zeitweise, insbesondere in der Dunkelheit aufsucht, gehört ausschließlich und in allererster Linie die Wanze, Haus= oder Bettwanze, die sich allenthalben und insbesondere dort findet, wo eine größere Anzahl von Menschen in beschränkten Räumen ihre Schlaf= stätten aufgeschlagen hat, sie findet sich aber unter Umständen selbst in Palästen, während anderseits wieder die bescheidensten Häuschen vollkommen frei von den Tieren sind. Nicht überall bekannt ist es, daß die Wanzen oft Wanderungen unternehmen und in einer Wohnung plötzlich als Eindring=

linge massenhaft auftreten können. Bei näherer Untersuchung solcher Fälle kommt man dann zu der Überzeugung, daß dieselben beispielsweise anläßlich des Ausschwefelns einer nebenan befindlichen Wohnung Reißaus nahmen, um eine andere Behausung mit ihrer verbissenen Anhänglichkeit zu beglücken.

Die Wanze liebt alle Schlupfwinkel, wie sie sich in jedem Zimmer finden, in Mauerritzen, unter nicht vollständig fest aufgeklebten Tapeten, in Mauer- und Tapetenlöchern, in den Fußböden (Fugen der einzelnen Bretter) und den Wandleisten, die den Fußboden längs der Wände einsäumen; hier sind ihre eigentlichen Wohn- und Bruträume, von diesen aus wandert sie insbesondere in die Bettstellen von Holz, wo sie in den reichlich vorhandenen Fugen und Zusammenstoßstellen der einzelnen Teile reichlich Unterkunft findet, aber sie wandert auch in die aus Röhren bestehenden Eisenbetten. Kein Bild, kein Spiegel, kein wie immer gearteter Gegenstand an der Wand befestigt ist vor dem Einnisten der Wanze sicher, die kleinste Ritze reicht hin, ihr den gesuchten Unterschlupf zu gewähren und von dort verbreitet sie sich überall hin. Sie wird bei Wohnungswechsel mit den Möbeln (wohl selten mit Kleidern) in wanzenfreie Wohnungen eingeschleppt und nistet sich dann in den Mauerritzen usw. ein, aber es kommt auch sehr häufig vor, daß man mit reinen Möbeln eine Wohnung bezieht und schon sogleich oder nach längerer oder kürzerer Zeit die unliebsame Entdeckung macht, daß das Ungeziefer vorhanden ist. Es ist kein Zweifel, daß die Wanze aus einer Wohnstätte eingeschleppt wird, daß namentlich alte Häuser gefürchtete Wanzenburgen sind, daß aber auch ganz neue Häuser verseucht werden können, wenn der beim Bauen verwendete alte Bauschutt nicht, ehe er in das neue Haus eingeführt wurde, einer Behandlung durch Hitze unterzogen wurde. In dieser Hinsicht wird oder wurde viel gefehlt, und aus dem Schutt findet die Wanze leicht den Weg in die Wohn- und Schlafräume selbst des elegantesten Hauses. Wo Wanzen einmal sich festgesetzt haben, sind sie außerordentlich schwer zu vernichten, denn durch Vertreiben erreicht man nicht viel und muß immer gewärtig sein, daß sie wiederkehren; dies ist darin begründet, daß man kaum imstande ist, alle Risse und Verstecke ausfindig zu machen, in denen sie hausen, aber auch darin, daß die Wanzen ein äußerst zähes Leben haben und selbst in fast völlig vertrocknetem Zustande, mit durchscheinendem Körper unter günstigen Bedingungen wieder lebensfähig werden. Da, wo sie sich aufhalten, in der Nähe von Spalten im Holz, in Mauerrissen, kann ihre Anwesenheit durch kleine schwarze Flecke, die Exkremente, erkannt werden, jedoch sind diese vermöge der Dunkelheit an den betreffenden Teilen des Raumes, der Farbe der Wand, der Tapete oder des Holzes doch nicht leicht bemerkbar.

Die Bettwanze ist aber nicht allein an und für sich ein ekelhaftes und lästiges Ungeziefer, sondern sie ist auch Überträgerin von Krankheiten. Im südlichen Tirol, in Dalmatien, in der Herzegowina, sowie in anderen südlichen Provinzen von Österreich-Ungarn traten in den Sommermonaten bei den in Barackenlagern untergebrachten Soldaten schwere Magen- und Darmkatarrhe auf. Genaue Untersuchungen, die Dr. Kirchenberger und Vala anstellten, ergaben das überraschende Resultat, daß die Verbreitung der schweren Anfälle — von 600 Mann wurden 121 von der Krankheit ergriffen — in erster Linie auf Wanzen zurückzuführen war. In dem Raum, in dem die Krankheit zum Ausbruch kam, fand eine weitere Ansteckung zunächst bei den Leuten statt, die in den nächsten oder in den gegenüberliegenden Betten lagen und die Beobachtungen ergaben, daß die Baracke voll Wanzen war, die von einem Bett zum anderen wanderten und die Krankheit verschleppten.

Der Floh, dieser Springer von vorzüglicher Ausdauer, der Blutsauger, der unerträglich wird, bis er sich endlich gesättigt hat, erwählt sich sein Opfer überall und er ist allenthalben, im Hause des Reichen und des Armen, in allen öffentlichen Lokalen, in Schulen und Kasernen, auf Postämtern, in Eisenbahn- und Tramwaggons zu finden und wird allenthalben höchst lästig. Dabei besitzt er eine

lange Lebensdauer, überwintert beispielsweise in Militär=
baracken und in Monturmagazinen und wehe denjenigen,
welche derartige Brutstätten nach dem Winter zum ersten
Male betreten — sie sind die Fänger des Ungeziefers. Wie
die Wanze, vermehrt sich der Floh in der warmen Jahres=
zeit rapid; die Eier werden hauptsächlich in den Ritzen der
Fußböden, in dunklen Ecken, im vorhandenen Kehricht, in
den hinter und unter Möbelstücken vorhandenen wolligen Ge=
bilden abgelegt; die Larven nähren sich von feuchten pflanzlichen
oder tierischen Stoffe, entwickeln sich auch unter den Dielen,
besonders da wo Sägespäne als Füllmaterial verwendet sind.
Es ist erwiesen, daß Urin eine gute Quelle für die Entwicklung
der Larven ist und man hat daher dort, wo bei kleinen
Kindern und jungen Hunden nicht die nötige Reinlichkeit
waltet, wo derselbe nur einfach weggewischt wird, immer
mit Flöhen zu kämpfen.

Man muß daher große Reinlichkeit walten lassen, die
Fußböden so behandeln, wie es bei der Vertilgung der
Wanzen angegeben ist und zum Waschen auch Tabak=beize
verwenden, dann helfen auch Überstreuungen des Bodens
mit Pyrethrumpulver und Einstreuen desselben in die Betten
oder andere der anzuführenden Vertilgungsmittel. Insekten=
pulver wirkt aber nicht immer tötend, die Insekten werden
vielfach nur betäubt, erholen sich nach einiger Zeit und
treiben ihr Unwesen weiter. Man muß daher das Insekten=
pulver mit den betäubten Tieren sorgfältig zusammenkehren
und sofort dem Feuer überantworten. Am Körper befindliche
Flöhe müssen mit der Hand gefangen werden, in dichtem Haar
verfangen sie sich. Es gilt auch als Vertilgungsmittel der
Flöhe in erster Linie fleißige Nachschau und peinlichste
Reinlichkeit.

Fliegen im Haus können nur durch Aufstellen von
mit Bier oder Zuckerwasser gefüllten Fanggläsern, aus
denen sie den Ausweg nicht mehr finden, durch Aufstellen
von Fliegenleim, Fliegenpapier, Fliegenpulvern. Bestäuben
mit den letzteren fern gehalten werden; dabei muß man aber
Sorge tragen, Nahrungsmittel nicht unbedeckt (am besten

sind Drahtgewebeglocken) umherstehen zu lassen, da diese die Fliegen anziehen. Die alte Fliegenklatsche ist wohl kaum mehr im Gebrauch.

Fliegen in Ställen kann man durch Verdunkeln derselben, dann durch Aufstellen der vorgenannten Mittel, Fliegen an den Tieren selbst durch Einreiben mit riechenden Mitteln, deren eine ganze Anzahl noch angeführt werden, abhalten. Schlimmer als die gewöhnlichen Fliegen sind die Schmeißfliegen, die ihre Eier in Fleisch, Käse usw. ablegen und unter denen viele unserer Haustiere stark zu leiden haben. Auch der Schnaken (Stechmücke, Gelsen) sei hier gedacht, die überall in der Nähe stehender Wassertümpel, aber auch an fließenden Gewässern, Seen usw. vorkommen, wegen der juckenden und beißenden Stiche sehr gefürchtet sind und denen man kaum entgehen kann; mitunter verirren sich diese Flügler auch in die Städte, wo man sie in Parkanlagen über Bäumen in hohen Säulen schwirren sieht. Die Schnake sticht mittels am Munde sitzender Borsten und das Einsaugen des Blutes wird in Gemeinschaft mit der Oberlippe bewirkt und es bleiben, wenn das Tier während des Stechens beziehungsweise Blutsaugens gestört wird, die Stachel in der mit scharfem Speichel infizierten kleinen Wunde zurück. Als bestes Mittel ist ganz sicher anzugeben, sich im Sommer und namentlich gegen Sonnenuntergang nicht an Orte zu begeben, wo stehendes Wasser und Buschwerk vorhanden ist, läßt sich aber dem nicht ausweichen, dann muß man sich durch Tabakrauch, durch Einreiben mit verschiedenen stark riechenden Essenzen, durch Verbrennen starker Rauch erzeugender Materialien vor den Gefahren des Überfallenwerdens schützen.

Den höchst gefährlichen Ungezieferarten gehört auch eine Stechmückenart (Moskitos) an, welche nach den jüngsten Forschungen die Ursache des Wechselfiebers oder der Malaria ist, die in sumpfigen oder überhaupt an stehendem Wasser reichen Gegenden auftritt. Der Stich der Stechmücke verursacht eine Infektion des Blutes durch Ma lariaplasmodien, die jeden dritten Tag Fieber erzeugen. Die Entwicklung in der Mücke ist für die drei nachgewiesenen Parasitenarten, es hat nämlich jede Wechselfieberform, das täglich wiederkehrende, das jeden zweiten und das jeden dritten Tag auftretende Fieber eine eigene Plasmodienart als Erreger, ganz die gleiche, dagegen weisen sie im Men= schenblut gewisse, morphologische Unterschiede auf. Es hat sich herausgestellt, daß die menschliche Malaria hauptsächlich durch Anophelesarten, daneben vielleicht auch durch einige Culexarten (Culex pipiens) übertragen wird. Die Männ= chen der Moskitos sind harmlos; dagegen brauchen die Weibchen das menschliche Blut, um ihre befruchteten Eier zur Entwicklung zu bringen. Sie fliegen dann meist nach Sonnenuntergang aus, zu den Behausungen der Menschen, saugen sich mit Blut voll und legen ihre Eier in kleinen Tümpeln ab. Diese Gewohnheiten erklären eine große Reihe epidemiologischer Erfahrungen, die vor dieser Kenntnis schwer zu deuten waren. Da die Anopheleseier nur auf den Wasserflächen, und zwar auf möglichst ruhigen zur Ent= wicklung kommen, ist auch das Auftreten des Malariafiebers an einen gewissen Grad von Feuchtigkeit gebunden und es ist ja bekannt, daß gerade sumpfige Gegenden als Malaria= herde verrufen sind. Sehr begünstigt wird der Ausbruch des Fiebers aber auch durch Bodenumwälzungen jeder Art, wie sie zum Beispiel beim Bau von Eisenbahnen, Wasser= straßen und anderen Anlagen unvermeidlich sind. Die da= bei entstehenden Unebenheiten geben in regenreichen Land= strichen Gelegenheit zur Entstehung kleiner Tümpel, auf denen die Moskitos ihre Eier ablegen können. Auch zeitlich ist der Ausbruch der Malaria in den Tiefen an die regen= reichen Perioden gebunden und besonders gefürchtet ist die Zeit, die dem Aufhören der Regenperioden ein Ziel setzt. Es hängt dies damit zusammen, daß das Wachstum der jungen Anopheles etwa einige Wochen in Anspruch nimmt und daß dann eine weitere Zeit verstreichen muß, bis die Malariaparasiten in den infizierten Moskitos ihren Entwicklungsgang vollendet haben. Dazu kommt dann noch die etwa zehntägige Inkubationszeit, so daß der Ausbruch des Fiebers gewöhnlich erst einige Wochen nach der Zeit der großen Regenfälle eintritt.

Mit den Lebensgewohnheiten der Anophelesbrut hängt auch die häufig so außerordentlich räumliche Begrenztheit der Malariaherde zusammen. Übereinstimmend wird nämlich von allen erfahrenen Beobachtern angegeben, daß die Anophelesarten ein sehr schwaches Fliegevermögen besitzen und sich daher nur auf kurze Strecken von ihren Brutplätzen entfernen. Malariaherde werden sich daher nur dann ausbilden, wenn in der Nähe einer menschlichen Behausung Tümpel vorhanden sind, in denen die Weibchen ihre Eier ablegen können.

Von großer Wichtigkeit ist auch die Beschaffenheit, vor allem die Sauberkeit eines Hauses für die Malariagefahr. Die Moskitos halten sich mit Vorliebe in dunklen und staubigen Ecken auf und der Schmutz begünstigt daher ihre Ansiedlung. Besonders werden die Wohnungen der Eingeborenen heimgesucht, wozu offenbar der Umstand beiträgt, daß der durch mangelhafte Reinigung verursachte Geruch die Moskitos anlockt: es gilt daher als gefährlich, seinen Wohnsitz in allzu großer Nähe der Eingeborenenwohnungen aufzuschlagen. Daß endlich, wie allgemein bekannt, die Nachtstunden so außerordentlich gefährlich sind, hat seinen Grund darin, daß die Moskitos um diese Zeit zum Blutsaugen ausfliegen. Nur ganz vereinzelte Arten stechen auch am Tage.

Die Maßregeln, die sich gegen die Moskitos und damit gleichzeitig gegen das Auftreten des Malariafiebers anwenden lassen, sind in erster Linie vorbeugender Natur. Es ist außerordentlich wichtig, die Vertiefungen, in denen sich Wasser ansammeln kann, zu verschütten, andere Wasserflächen und insbesondere Sümpfe durch geeignete Drainage trocken zu legen, feuchten Boden in warmen Gegenden mit Eukalyptuspflanzen zu besetzen, die außerordentlich wirksam sind. Dort, wo ohne auffallend feuchten Boden das Malariafieber vorkommt, ist der sehr poröse Untergrund stark mit organischen Substanzen überladen. Alle dunklen Räume, in denen die Moskitos überwintern können, sind von diesen Blutsaugern und deren Eiern zu reinigen und in reinem Zustande zu erhalten. Wohngebäude und Räume, in denen sich Menschen aufhalten, sollen in der Nähe von Sümpfen nicht errichtet werden; vor den umherschwirrenden Moskitos muß man sich durch Netze an Fenstern und Betten schützen, denn nicht die Sumpfluft ist die Urheberin der Krankheit, sondern lediglich das Insekt.

Da die Moskitos ihre Eier auf seichten Wasserflächen ablegen, so muß man diese zumeist dort vernichten und geschieht dies am besten durch Aufgießen von Petroleum. Das leichte Petroleum, von dem nur geringe Mengen erforderlich sind, verteilt sich in einer dünnen Haut auf der Wasserfläche und unter der Einwirkung desselben ist der Entwicklung der Eier vorgebeugt, sie sterben ab und damit sind der Vermehrung die Bedingungen entzogen.

Für die Heilung der Krankheit wird innerlich Chinin genommen, das glänzendste Spezifikum gegen die Plasmoiden, die es tötet, die Mücke bezieht aber ihre Plasmoiden aus dem Blut des Menschen.

Schafe werden von der Schaflausfliege, ein borstiges, ganz flügelloses Geschöpf von 5 mm Länge, die ein ganz gemeiner Schmarotzer auf diesen Tieren ist (Schafzecke oder Schaftecke genannt), befallen, die man am besten nach der Schur durch Zerdrücken tötet. Zecken sind milbenartige, blutsaugende Schmarotzer, die in zahlreichen Arten auftreten, Haustiere und Vögel (auch Menschen) befallen; sie leben auf Waldgebüschen und Sträuchern, hängen sich an vorübergehende Säugetiere, auch Vögel, bohren den Rüssel samt Kopf ein und saugen Blut. Da der Kopf bei gewaltsamem Versuch das Tier zu entfernen leicht abreißt, betupft man die befallene Hautstelle mit etwas Benzol, Kresol, Erdöl, worauf das Ungeziefer vom Saugen abläßt und abgenommen werden kann. Igel- und Taubenzecken gehen auch auf Menschen über.

Die Krätzmilbe ist wohl das ekelhafteste Ungeziefer, das sich beim Menschen überhaupt einfindet. Das Tier ist ein 0·25 bis 0·45 *mm* langes, häßliches, fast rundes, mit einzelnen Borsten besetztes Geschöpf, frißt sich in und unter die Haut (zwischen den Fingern, am Handgelenk und über den Hüften beginnend) und verursacht die zäh anhaftende und ansteckende Krätzekrankheit, die ärztlicher Behandlung zu unterziehen ist. Auch Hunde, Katzen, Schafe werden von ähnlichen Krätzemilben befallen, welche die »Räude« verursachen.

Mittel gegen Wanzen.

Das Hauptmittel für die Bekämpfung der Wanzen ist neben der Anwendung einzelner wirksamer Mittel größte Reinlichkeit und andauerndes unermüdliches Nachsuchen an allen jenen Stellen, wo dieses Ungeziefer sich aufhalten kann.

Dort, wo man die Anwesenheit von Wanzen und deren Brut, die niemals fehlt, bemerkt hat, kann man durch gründliches Ausschwefeln oder Formalindämpfe während mehrerer Tage Abhilfe gegen dieselben sich verschaffen, vorzuziehen ist es aber, sämtliche Risse und Löcher in der Mauer und in der Decke, dann die Fußbodenleisten (nachdem man vorher Petroleum hinter dieselben gegossen hat) mit Mörtel oder Gips zu verschmieren, dann gut zu seifen (unter die Seifenlauge kann auch Koloquintenabsud gegeben werden) und mit neuer Bemalung zu versehen. Sehr zweckdienlich sind Anstriche mit Ölfarben oder Emailfarben, bei deren Aufbringung alle feineren Risse mit der Farbe ausgefüllt werden; aber einerseits sind solche Anstriche, obwohl sie leichteste Reinigung gestatten, im allgemeinen zu kostspielig und anderseits sind sie zu wenig beliebt; es ist ja auch richtig, daß ein selbst matter Anstrich nur dann gut aussieht, wenn die Flächen glatt sind.

Sind die Wanzen hinter Tapeten eingebürgert, wo ihnen die kaum zu vermeidenden losen Stellen vollkommen

Schutz bieten, dann sind wohl Ausräucherungen ziemlich vergeblich, auch nicht überall durchzuführen und es erübrigt nichts, als die Tapeten abreißen zu lassen und die Wände mit einer Petroleum-Wasseremulsion ein= oder zweimal gründlich bestreichen zu lassen, wobei insbesondere Risse und Löcher mit dem Pinsel oder der Bürste gut ausgestupft werden müssen. Wenn das Petroleum verflüchtigt ist, kann mit einem Kleister, dem Koloquintenabsud beigemischt ist, wieder neue Tapete aufgeklebt werden. Derartige Arbeiten lassen sich aber in bewohnten Räumen nicht durchführen und es ist zweifelsohne von wesentlichem Einflusse auf die Wanzenplage, daß man in den Miethäusern der Großstädte, in Arbeiterhäusern gezwungen ist, Wohnungen zu wechseln, ohne die neu zu beziehenden einer gründlichen Reinigung unterziehen zu können. Hierzu kommt noch, daß die Haus= eigentümer in den seltensten Fällen die Wohnungen in stand setzen lassen, um Zinsverluste und Kosten zu ver= meiden. Ob es möglich ist, durch starke Zugluft in den Wohnungen im Winter die Wanzen zu vernichten, wie von einer Seite angegeben wird, ist stark anzuzweifeln, aber es scheint Tatsache, daß während der Sommermonate nicht bewohnte Räume von dem Ungeziefer frei sind; es ist aber auch Tatsache, daß im Sommer die Wanzenplage am in= tensivsten ist.

Die Fußböden sind bei Vorhandensein von Wanzen wiederholt mit Schmierseifenlösung, mit Abkochung von Koloquinten, Sadebaumblättern, spanischem Pfeffer oder Insektenpulver (Pyrethrumblüten) zu waschen; die Fugen und die Zwischenräume der Wandleisten, die Türstöcke können mit Spiritus benetzt und dieser dann angezündet werden, oder man bringt Petroleum oder Insektentinkturen in dieselben. Nach der gründlichen Reinigung sollen die Fugen der Dielen verkittet und dann mit einem Ölfarben- oder Lackfarbenanstrich versehen werden, der kleine Risse ver= schmiert. Bei harten Fußböden ist häufiges Einlassen mit Terpentinölwachswichse sehr empfehlenswerth und vernichtet diese ebenfalls vorhandene Wanzen und deren Brut.

Bilder an den Wänden sind mittels eines guten Klebemittels mit flachem Papier zu verkleben, so daß dieses überall anliegt und dann ein= oder zweimal mit einer schnelltrocknenden Lackfarbe zu bestreichen. Um ganz sicher zu sein, soll der Falz des Rahmens, in dem das Glas oder das Bild liegt, mit einem plastisch bleibenden Kitt (Plastilina) ausgestrichen und dann das Glas oder das Bild fest in denselben hineingedrückt werden; dann ist den Wanzen auch von der Schauseite der Eintritt verwehrt.

Betten sind ebenfalls sehr beliebte Schlupfwinkel der Wanzen, sie müssen zerlegt, die einzelnen Teile, namentlich die Einsetzlöcher der Haken, die Leisten usw. sorgfältig nach= gesehen und mit Petroleum oder einem anderen Wanzen= vertilgungsmittel bestrichen werden; der Geruch des Petro= leums ist zwar abscheulich, aber seine Wirkung ist unbestreit= bar. In gleicher Weise muß man auch Schränke usw. be= handeln, obwohl sie von den Wanzen weniger gerne auf= gesucht werden. Als teils vorhandenes Ungeziefer tötendes, teils abhaltendes Mittel muß für das Innere der Bett= stellen, das Innere und die gesamten Außenwandungen der Kasten und anderen Möbelstücken ein Anstrich mit schnell= trocknender Emailfarbe angesehen werden. Diese Emailfarbe, welche, wenn von richtiger Beschaffenheit, eine gewisse Zähig= keit besitzt, bedeckt bei zwei= bis dreimaligem Auftragen außer den Flächen auch alle Ritzen und Vertiefungen, die man mit dem Pinsel ausstupft, mit einem fest und hart werdenden, glänzenden Überzug, der vorhandenen Insekten den Austritt, zuziehenden aber den Unterschlupf verwehrt und als eines der sichersten Schutzmittel gegen das Ein= wandern der Wanzen zu bezeichnen ist. Die verhältnismäßig geringen Kosten werden durch das Freihalten der Möbel= stücke von Ungeziefer reichlich aufgewogen.

Wanzen nisten sich ferner in den Abnähstellen der Matratzen, in den Falten derselben, in den Holzgestellen der Sprungfedermatratzen ein und können erstere mit Insekten= pulver oder anderen nicht färbenden oder ätzenden (ver= brennenden) Tinkturen eingestäubt oder eingepinselt, letztere mit Petroleum bestrichen werden, nachdem alle Wanzen und deren Brut, soweit man ihrer habhaft werden konnte, ver=nichtet sind. Es wird hier ausdrücklich nochmals betont, daß das Überhandnehmen der Wanzen in erster Linie auf nicht genügende Sorgfalt bei der Nachsuche, nicht regelmäßiger Wiederholung derselben zurückzuführen ist. Von der großen Zahl der Wanzenvertilgungsmittel leisten ja einzelne ganz gute Dienste, aber auch das beste Mittel sichert auf die Dauer nicht Wanzenfreiheit, wenn die erforderliche Nach=schau in den Objekten, welche die Wanzen aufsuchen, nicht mit aller Sorgfalt geschieht und wenn die Vertilgungsmittel nicht in kurzen Zwischenräumen und durch längere Zeit hindurch in Anwendung kommen.

Fehr sagt über die Vertilgung der Wanzen: Haben sich dieselben hauptsächlich in den Mauer= und Fuß=bodenritzen festgesetzt, so kann man sie von den Betten so lange ferne halten, bis es möglich ist, sie in ihren ge=wöhnlichen Aufenthaltsorten zu vertilgen. Es geschieht dies durch Einstreuen von Insektenpulver in die Bettstellen und das Bettzeug. Die Anwendung von Insektenpulver gleich=zeitig in Betten und Mauern würde unpraktisch sein, weil man die Wanzen nur veranlassen würde, sich andere Schlupfwinkel aufzusuchen. Nur mit tötenden Mitteln kann und muß man überall gleichzeitig operieren. Geschieht dies in energischer und den vorhandenen Umständen an=passender Weise, so ist der Erfolg dieser, übrigens allgemein bekannten Mittel sicher.

Von Bergenau wurden Versuche angestellt, um den Widerstand zu ermitteln, den Wanzen den einzelnen Ver=tilgungsmitteln entgegensetzen. Zu dem Zwecke wurden Wanzen gefangen und in reine, trockene, starke Glaszylinder gebracht, worin sich dieselben munter auf dem Boden bewegten: um den Tieren genügend Luft zu geben, wurden die Öffnungen der Glaszylinder mit reiner Watte verschlossen. Als Vertilgungsmittel wurden Hitze, chemische Mittel in pulver=, in flüssiger und in gasförmiger Beschaffenheit angewendet.

Die pulverförmigen Stoffe wurden mit einer Gummi=
ballspritze, der sogenannten Insektenpulverspritze, als feinster
Pulverstaub den Tieren auf die Haut gebracht, so daß die=
selben vollständig damit bestäubt wurden. Die flüssigen
Mittel wurden in Form eines dichten Sprühregens mittels
einer Gummiballspritze angewendet. Die gasförmigen Stoffe
wurden durch ein Glasrohr — durchbohrter Kork mit Glas=
rohr — eingeführt.

Was nun die Wirkung der verschiedenen Mittel an=
belangt, so setzen die Wanzen dem Einflusse der Wärme
den geringsten Widerstand entgegen, da schon bei gelindem
Erhitzen des Glaszylinders die Tiere sich wie rasend ge=
berdeten und bald tot hinfielen.

Chemische Mittel in Pulverform ergeben weniger be=
friedigende Resultate. Insektenpulver mit 10% Borsäure,
Naphthalin betäubten die Tiere vorübergehend; obwohl
letztere völlig mit dem Pulver bestäubt waren und in dem
Pulver zwei Stunden lang lagen, lebten sie doch noch und
wurden später wieder ganz munter, als sie aus der In=
sektenpulver=Atmosphäre herausgebracht wurden. Naphthalin
mit Alaunzusatz betäubte die Tiere und tötete nur einige
Exemplare. Arsenige Säure, obwohl die Wanzen durch eine
Staubhülle des giftigen Pulvers bedeckt waren und zwei
Stunden in demselben lagen, vermochte ihnen nichts anzu=
haben.

Chemische Mittel in flüssiger Form. Obwohl das Petro=
leum sofort tötlich wirkte, so vermag Bergenau dasselbe
wegen seiner Feuergefährlichkeit nicht zu empfehlen.
Schwächer in seinen Folgen, doch auch nach kurzer Ein=
wirkung als tötlich, erwies sich Terpentinöl; sehr energisch
wirkte Terpentinöl mit einem Zusatz von Naphthalin,
Wasserstoffsuperoxyd. Durch die stark oxydierend wirkende
Eigenschaft desselben wurden die Tiere momentan gelähmt;
sie lagen völlig wie leblos da, so daß es den Anschein
hatte, als ob dasselbe eine vernichtende Wirkung ausgeübt
hätte. Doch nach zehn Minuten erwachten die Tiere aus
ihrem lethargischen Zustande, wurden bald wieder munter;

nachdem sie zwei Stunden in der Flüssigkeit gelegen hatten, zeigte es sich, daß sie sich außerordentlich wohl darin befanden. Alkalische Karbolseifenlösung tötete sofort. Formalin: die Wirkung war gut, da die Wanzen bald leblos waren; die Anwendung ist aber wegen des Reizes, den das Formalin auf die Länge ausübt unangenehm und dasselbe zudem auch kostspielig.

Gasförmige Stoffe: Chlor, schweflige Säure, Formaldehyd, führten sofort den Tod herbei; doch rät Bergenau von denselben wegen des starken, unangenehmen und nachhaltigen Geruches ab.

Bergenau sagt über die Bekämpfung der Wanzenplage: Eiserne Bettstellen (die Wanzen nisten sich auch in den gezogenen Röhren ein, aus denen solche gefertigt sind), werden mit einer Stichflamme (sogenannte Gebläselampen, wie sie zu vielen Zwecken in Gebrauch sind) durch Erhitzen der Teile mit der Brut vernichtet, wie denn das Verbrennen überhaupt das sicherste Mittel wäre, wenn man es überall anwenden könnte.

Der Fußboden ist mit einer Lösung von 1 *kg* Schmierseife in 14 *l* kochendem Wasser und 150 *g* technischem Ätznatron versetzt, ordentlich mit Hilfe einer Bürste zu bearbeiten (Wurzel- oder Faserbürste), die Fugen ordentlich mit der Lösung zu imprägnieren und nach dem Trocknen mit Gips zu verschmieren oder besser mit Holzspänen auszufüllen oder mit Ölkitt zu verkitten. Die Wände sind mit der Schmierseifenlösung abzuwaschen, am besten aber mit einer Sprühregenspritze zu bearbeiten.

Holzbettstellen und Geräte werden ebenfalls mit einer Lösung abgespritzt. Das Stroh aus den Liegestätten wird verbrannt, während die Hülle desselben und die Betthüllen und Leintücher ausgekocht werden. Matratzen mit Roßhaar oder Federbetten, Polstermöbel usw. läßt man entweder desinfizieren oder behandelt dieselben mit gasförmiger schwefliger Säure oder mit Formaldehyd. Dieses Verfahren ist wohl als das unschädlichste und billigste zu bezeichnen, denn das Behandeln der Betten, Möbel und des

Fußbodens mit Benzin, Petroleum, Terpentinöl ist feuer=
gefährlich und diese Mittel müssen immer wieder von neuem
angewendet werden, da man nicht an alle von dem Unge=
ziefer infizierten Stellen gelangt. Überdies verursachen Ter=
pentinöl und das ihm verwandte Kienöl besonders auf
Stoffen jeder Art durch Oxydation Harzflecke, welche Staub
aufnehmen und sehr häßlich aussehen. Der Gebrauch von
Sublimatlösung, die nur mit Giftschein erhältlich ist, sowie
Abkochungen von Sadebaumblättern (Abortivmittel), Kolo=
quintensamen ist aus naheliegenden Gründen zu verwerfen.

Sehr wirksam ist rohe Salzsäure in angemessen
verdünntem Zustande; da aber mit derselben nur Fußböden,
Holzbetten und Stühle behandelt werden können (deren An=
strich oder Politur unter der Einwirkung der Salzsäure
leidet), ist eine Vertilgung der Wanzen nur bei diesen
Objekten möglich. Das Durchräuchern der Betten, Sofa usw.
mit gasförmiger schwefliger Säure in geschlossenen Zimmern
bleibt immer notwendig, um die Wanzen gänzlich zu ver=
nichten. Ebenso ist es erforderlich, etwaige Nester von Haus=
schwalben oder Schlafstellen von Fledermäusen, die beliebte
Schlupfwinkel der Wanzen sind, zu zerstören, ebenso Tauben=
und Hühnerställe gründlich zu reinigen und entweder mit
alkalischer Seifenlösung oder mit gasförmiger schwefliger
Säure zu behandeln.

Als einfaches, billiges und geeignetes Mittel ist Am=
moniak anzusehen; es wirkt sicherer als alle Tinkturen,
welche zum Anstreichen von Möbeln bestimmt sind, weil das
Gas in die feinsten Fugen eindringt und sicher das Unge=
ziefer tötet. Ammoniak schadet auch den Farben von Stoffen
usw. an sich weniger als das Verbrennen von Schwefel,
bei dem die gebildete schweflige Säure sehr leicht durch
Sauerstoffaufnahme zu Schwefelsäure oxydiert wird, die eine
nachhaltige zerstörende Wirkung auszuüben vermag. Man
stellt in einem von Wanzen heimgesuchten Zimmer mehrere
flache Schalen da und dort auf, füllt dieselben mit starker
Ammoniakflüssigkeit (Salmiakgeist), hält das Zimmer mehrere
Tage streng verschlossen, worauf man durch Öffnen der

Fenster und Türen für Wiederherstellung reiner Luft sorgt. Wenn der Verdacht auf Wanzen begründet war, das heißt wenn das Ungeziefer wirklich vorhanden gewesen ist, so wird man wohl zwar tote aber keine lebenden Wanzen finden. Sind mehrere Zimmer infiziert, so wendet man das Verfahren am besten in allen Räumen an, um das Entkommen der Tiere zu vermeiden.

Das Ausstäuben von Wohnräumen und des Bettwerkes mit einem zuverlässigen Insektenpulverpräparat wird als leichter und sicherer als das Ausschwefeln bezeichnet, dabei aber doch bemerkt, daß auch das allerbeste reinste Pyrethrumpulver nur in den seltensten, sozusagen nur in ganz milden Fällen ausreicht. Es ist bekannt, daß Insektenpulver in erster Linie betäubend wirkt, daß die Parasiten also am Leben bleiben, und daß die Bettwanze von der vorsorglichen Mutter Natur mit einer derart zähen Lebenstätigkeit ausgerüstet worden ist, daß man ihr nur mit den kräftigsten Mitteln beikommen kann.

Absolutes Erfordernis beim Ausstäuben von Pulvern ist, daß ein solches mittels einer kräftigen Spritze in alle Fugen und Ritzen der Tapeten und Verkleidungen, in alle Risse und Fugen der Möbel reichlich verstäubt und daß das Bettzeug selbst damit energisch behandelt werde. Ein Aufwaschen des Zimmers darf niemals vorher, sondern erst am Tage darauf stattfinden und muß nach erfolgtem Einstauben dasselbe bis am nächsten Tage geschlossen bleiben. Gegen diesen Punkt wird sehr oft gefehlt.

Schwefelkohlenstoff ist als Wanzenvertilgungsmittel geeignet, nur muß wegen der leichten Entzündbarkeit der Dämpfe offenes Licht bei der Anwendung ausgeschlossen sein. Man schließt den von Wanzen heimgesuchten Raum möglichst luftdicht ab und stellt einige Schalen mit Schwefelkohlenstoff gefüllt darin auf. Natürlich darf der Raum durch mehrere Tage nicht betreten werden und man muß vor der Wiederbenützung gut lüften.

In Möbeln, Betten usw., die in einem dicht verschlossenen Raume Schwefelkohlenstoffdämpfen ausgesetzt sind, werden Wanzen, Motten und Holzwürmer in derselben Art vertilgt. Für Holzwürmer müssen die Dämpfe aber längere Zeit einwirken.

Als wirksame, einfach auszuführende und billige Reinigungsmethode hat sich folgende bewährt: Die Wanzenbrutstellen bestreicht man mittels eines Pinsels mit einer Flüssigkeit, welche aus Naphthalin und rohem Terpentinöl besteht. Durch die Wirkung des Geruches kommen die Tiere nun sofort aus den Rissen, Spalten und Fugen heraus. Man spritzt jetzt die Tiere von den Wänden, Möbeln, Bettstellen usw. ab und schrubbert unmittelbar darauf mittels einer heißen Karbolseifenlösung (auf 10 *l* kochendes Wasser gießt man 1 *l* flüssige Karbolseife) den Fußboden, der durch dieses Verfahren gleichzeitig gründlich desinfiziert wird. Das Naphthalin-Terpentinöl wird durch Auflösung von

10 *g* Naphthalin in

1 *l* Terpentinöl hergestellt. Zwecks Herstellung der Karbolseifenlösung werden gleiche Teile gewöhnliche Schmierseife und rohe Karbolsäure bis zur klaren Lösung in einem Kessel verdünnt. Nach erfolgter Reinigung sind die Wände frisch zu streichen.

Wanzentinkturen.

1.　2 Gewichtsteile Tabak werden mit
　15 Gewichtsteilen Terpentinöl durch acht Tage digeriert, nach dieser Zeit abgepreßt und die Flüssigkeit abfiltriert. Im Filtrat löst man
　2 Gewichtsteile Rohnaphthalin und
　0·2　»　Melissenöl. Diese Wanzentinktur wird in die Fugen und Risse der Möbelstücke, des Fußbodens und der Wände gespritzt.

2. 500 *g* Tabak und
　500 *g* Chrysanthemumblüten werden mit
　5 *l* Spiritus durch acht Tage digeriert, dann abgepreßt, filtriert, dem Filtrate

100 *g* Borsäure,
500 *g* Karbolsäure und
20 *g* Zitronellaöl zugesetzt.

3.   10 Gewichtsteile   Terpentinöl,
    10   »   Petroleum und
    54   »   Spiritus werden gemischt und
in dem Gemisch
     2   »   Naphthalin aufgelöst.

4.   10 Gewichtsteile   Petroleum,
     8   Holzteer und
    50   »   Terpentinöl werden zusammen=
gemischt.

5. **Wanzentinktur nach Töllner:**
  150 Gewichtsteile Insektenpulver (Pyrethrum=
blüten),
   50   »   Koloquinten werden mit
1000 Gewichtsteilen 95%igem Spiritus durch acht
Tage digeriert und nach Ablauf dieser Zeit die Masse aus=
gepreßt und filtriert; dem Filtrate fügt man
   50 Gewichtsteile Karbolsäure und
  100   »   Terpentinöl hinzu.

6.   15 Gewichtsteile   bester gemahlener Paprika,
    15   »   weißer, gemahlener Pfeffer,
     5   »   Koloquinten werden mit
  250 Gewichtsteilen 95%igem Spiritus ausge=
zogen, der Auszug abfiltriert und in demselben
    10 Gewichtsteile   kaustisches Kali gelöst. Hierauf
werden
  200   »   Wasser und
   30   stärkster Salmiakgeist hinzu=
gemischt.

7. 1000 Gewichtsteile   Wasser,
    20   »   50%ige Karbolsäure,
     2   »   Leinöl,
    20   »   15%ige Kalilauge,

10 Gewichtsteile Chlormagnesium,

30 » Benzol,

1 Naphthalin.

Mehrmaliges Ein=
pinseln tötet nicht allein die lebenden Tiere, sondern auch
die Brut.

8. Nach einem französischen Patente sollen harzsaure
Verbindungen, wie Natrium=Kalziumresinat, Natrium=Kupfer=
resinat und Gemische dieser mit Alkaliresinaten in entspre=
chenden Lösungsmitteln (Benzin, Benzol usw.) gelöst, sich
wirksam gegen Wanzen bewährt haben.

9. Die Fugen und Risse in hölzernen Bettstellen werden
mit einem Teige aus

Insektenpulver und

Glyzerin ausgestrichen oder die Mischung so dünn=
flüssig gemacht, daß sie sich in erstere eingießen läßt.

10. 100 Gewichtsteile Terpentinöl,

100 » Petroleum,

5 » Salzsäure.

11. 120 Gewichtsteile Terpentinöl,

50 » Petroleum,

6 » Essigsäure.

12. 120 g Borsäure,

120 g Karbolsäure,

240 g Salizylsäure,

10 g Zitronen= oder Zitronellaöl, gelöst in

8 kg Tabakextrakt.

Der Tabakextrakt wird her=
gestellt durch Ausziehen von

400 g ordinärem Rauchtabak mit

2 kg 45%igem Spiritus und Filtration.

13. 100 Gewichtsteile Terpentinöl,

100 » Petroleum,

25 » Spiritus.

14. 150 Gewichtsteile Terpentinöl,

10 » essigsaures Ammoniak,

50 » Salmiakgeist.

15. **Wanzen-Creme:**

Salbenartige Verreibung aus:

Kaliseife,

Terpentinöl und den

Elementen von Kapsikum.

16. 10 Gewichtsteile Schmierseife werden unter Erwärmen in

    20 Gewichtsteilen Wasser zerteilt, dann

    20 Gewichtsteile Glyzerin hinzugesetzt und die
Masse noch mit

  180 Gewichtsteilen Wasser verdünnt.

17. Behufs Vertilgung des Ungeziefers in Wohnungen
werden die Wände abgekratzt, die Löcher und der Sockel
bis zu einer Höhe von 10 *cm* mit Karbolsäure oder mit
Lysol ausgespritzt und mit einem Gemisch von Kalk und
Teer verputzt. Sodann werden die Wände mit einem Gemisch von

0·5 *kg* Kalk,

1·0 *kg* Teer und

0·3 *kg* Lysol überstrichen. Bei Verwendung dieser An-
strichmasse muß den Malerfarben vor dem Auftragen Alaun
zugesetzt werden.

6 Gewichtsteile Karbolineum,

2   »   Unschlitt,

2   »   Terpentinöl,

0·4   »   Knoblauchsaft. Das Unschlitt wird geschmolzen, der Knoblauchsaft, durch Auspressen von Knoblauch
gewonnen, zugesetzt und erhitzt, sodann, wenn auf Hand-
wärme abgekühlt, Karbolineum und Terpentinöl zugerührt.
Diese Insektentinktur ist von überraschender Wirkung.

Autan

stellt ein nach Formaldehyd riechendes Pulver dar; dasselbe
kann hergestellt werden, indem man

10 Gewichtsteile Gips, totgebrannt,

10   »   Federweiß mit so viel einer

40° „igen Formaldehydlösung tränkt, daß es eben schwach feucht erscheint. Es muß in gut geschlossenen Dosen verpackt werden und gelangt mittels eines Zerstäubers zur Anwendung.

Schweflige Säure gegen Wanzen.

Hinsichtlich des Ausschwefelns, welches noch vielfach bei Zimmern und Wohnungen überhaupt angewendet wird, sagt ein Fachmann: Es ist dies an und für sich ein ganz gutes Mittel, nur muß man sich immer klar sein, daß zu einem mittelgroßen Zimmer immerhin 2 bis 3 kg Schwefel gehören, die vollständig verbrannt werden müssen. Es ist hierbei erforderlich, daß der Luftzutritt durch Verkleben aller Spalten, und zwar nach Möglichkeit verhindert und daß das betreffende Zimmer mindestens zwei Tage den Einwirkungen der Schwefeldämpfe ausgesetzt ist. Die ganze Prozedur ist also ziemlich umständlich, wozu kommt, daß Lack, Politur und Metallbeschläge usw. stark leiden und leicht völlig verdorben werden können.

Es kommt aber noch ein anderer Umstand hinzu, der schwer gegen das Ausschwefeln von Wohnräumen spricht, soferne bei der Prozedur nicht alles aus denselben entfernt wird, und das ist die Einwirkung der schwefligen Säure auf die Gewebe der Polstermöbel, Betten usw. Die schweflige Säure findet in dem Raum, in dem sie erzeugt wurde, keinen Ausweg, ja sie soll keinen finden, sonst wird die beabsichtigte Wirkung nicht erzielt. So soll alles von der schwefligen Säure durchdrungen werden, dieselbe schlägt sich überall nieder, wird auch von Feuchtigkeit aufgesogen und oxydiert bei Zutritt der Luft zu Schwefelsäure. Die schweflige Säure wirkt bleichend, es können also die Farben der Gewebe oder der Tapeten, der Stoffe sehr leicht durch dieselbe verändert werden, aber weit größere Gefahr bietet die gebildete Schwefelsäure dadurch, daß sie die Gewebe angreift, dieselben brüchig macht, so daß sie in verhältnismäßig kurzer Zeit zugrunde gehen. Jedwedes Metall, wie die Stahlfedern

der Polstermöbel usw., wird ebenfalls angegriffen und es
ist daher anzuraten, nur leere Wohnräume mit schwefliger
Säure, also durch Verbrennen von Schwefel in denselben
zu reinigen. Hier dringt das Gas in alle Risse und Sprünge
der Mauern, beziehungsweise des Verputzes, in die Fugen
bei Fensterrahmen und Türverkleidungen, der Fußböden
und zerstört alle Insekten. Ob aber die schweflige Säure
auch auf Eier einwirkt, muß zum mindesten angezweifelt
werden; es ist anzunehmen, daß diese nicht abgetötet werden
und daß hierzu nur ein flüssiges Zerstörungsmittel sich
eignet.

Insektenpulver, Pyrethrumblüten.

Alles, was unter dem Namen Insektenpulver, kauka-
sisches Insektenpulver im Handel vorkommt, besteht aus den
gemahlenen Blütenkörbchen von Pyrethrumarten, einer in
Kleinasien, im Kaukasus, in Dalmatien vorkommenden Pflanze
der Familie der Kompositen (Chrysanthemum), als persische
Kamille (Pyrethrum roseum. Chrysanthemum roseum
W. et. M) bezeichnet. Abarten dieser Pflanze kommen im
Kaukasus, in Armenien (lowizahek = Flohkraut genannt),
in Dalmatien (Pyrethrum cinerariaefolium Trev.) vor,
ebenso auch in Montenegro. Auch die Blütenköpfchen von
dem Mutterkraut (Chr. parthenium Bernh. = Matricaria
parthenium L.), die beim Zerreiben einen unangenehmen
Geruch geben, werden hie und da als Insektenpulver verwendet oder diesem beigemischt.

Es unterliegt keinem Zweifel, daß die betäubenden
oder tötenden Wirkungen der Blüten auf die Insekten schon
lange Zeit bekannt sind und daß man sich ihrer im Orient
allgemein bedient hat. Schon der verstorbene Botaniker
Professor Koch hat in den Ländern südlich vom Schwarzen
Meer und auch späterhin in Persien die Erfahrung gemacht,
daß die Ungezieferplage besonders in den armseligen Hütten,
in denen er oft übernachten mußte, sich nur einigermaßen
dadurch mildern ließ, daß man das Lager vorher mit ge-

trockneten Blüten bestreut, die auch in dem bescheidensten Haushalte sich stets in genügender Menge fanden und bereitwilligst angeboten wurden. Sie hatten noch einen ziemlich starken Geruch und man erwachte bisweilen infolgedessen morgens mit etwas Kopfschmerz, der aber bald verschwand, während die Quälgeister in Scharen tot oder betäubt auf der Streu umherlagen. Koch fand auch bald die Pflanze, die er schätzen gelernt hatte, im Freien und lebend, wo sie ganze Landstriche als Unkraut bedeckte und stellte sie nach Gattung und Name fest, veranlaßte sogar indirekt die Einfuhr in die zivilisierten Länder, wo die Blüten als Insektenpulver unentbehrlich geworden sind.

Man unterscheidet Blütenkörbchen von kaukasischen, persischen, armenischen und dalmatinischen (montenegrinischen) Pyrethrumpflanzen, die in Geruch und Färbung in gepulvertem Zustande keine wesentliche Verschiedenheit zeigen; die ganzen Blütenkörbchen zeigen aber in der Färbung der Strahl= und Scheibenblütchen, dann auch in der Größe Unterschiede und ist es daher empfehlenswert große Mengen des Pulvers durch Mahlen der Blüten selbst herstellen zu lassen. Dem aus Dalmatiner Pyrethrumblüten hergestellten Insektenpulver wird eine kräftigere Wirkung zugeschrieben, als den anderen Sorten und die Wirkung ist auch bei frisch gemahlenen Blüten intensiver als bei älterem Pulver. Die Blütenköpfchen werden gesammelt, im Schatten getrocknet und gut verschlossen bis zum Vermahlen aufbewahrt; die Wirksamkeit des Pulvers ist bedingt durch die Sorgfalt, welche beim Sammeln, Trocknen und Vermahlen der Blütenköpfchen angewendet worden ist. Die wirksamen Bestandteile der Pyrethrumblüten sind mit Sicherheit noch nicht ermittelt, ebensowenig die Art der Wirkung auf die Insekten. Mit einiger Wahrscheinlichkeit schreibt man den Inhaltsstoffen der an den Fruchtknoten sitzenden Harzdrüsen (ätherisches Öl und eine flüchtige Säure) eine für Insekten tödliche Wirkung zu. Erforderlich ist es, daß das Insektenpulver fein zerteilt und möglichst durch einen Zerstäuber in der Luft aufgewirbelt, zur Anwendung kommt.

Zusätze, beziehungsweise Fälschungsmittel des Insekten=
pulvers sind Quillajarindenpulver, wodurch es wohl die
Schleimhäute der Nase reizt, aber wohl kaum eine größere
Wirksamkeit erhält, dann Sabadillsamen, Kockelskörner, Nieß=
wurz, Staphisagria, Wermut und Rainfarren, dann alte
Kamillen mit oder ohne Zusatz von Anis, 2 bis 3%
Eukalyptusöl. Auch gepulverte Zweigspitzen von Croton
flavens.

Die Prüfung soll am besten in der Weise vorgenommen
werden, daß man Fliegen oder andere Insekten damit in
Berührung bringt; je rascher diese getötet werden, um so
besser ist das Pulver.

Man hat dem Insektenpulver aus Pyrethrum ver=
schiedene Namen gegeben, wie Zacherlin, Thurmelin, überseeisches
Pulver, Rapidpulver, auch kommen im Handel zusammen=
gesetzte Insektenpulver, metallisches Insektenpulver, karburiertes
Insektenpulver u. a. vor.

Die gemahlenen Pyrethrumblüten finden ausschließlich
bei Menschen und Tieren als Insektenvertilgungsmittel An=
wendung, da sie für andere Verwendungen zu teuer sind;
man muß sich aber immer vor Augen halten, daß selbst
das beste derselben nicht unter allen Umständen tötet, sondern
vielfach nur betäubt, man also wohl den Zweck einer be=
grenzten Abwehr, nicht aber der Vernichtung erreicht.

Zusammengesetzte Insektenpulver.

1. 1 Gewichtsteil Pyrethrum carneum (persische
        Blüten),
    1   Pyrethrum cinerariaefolium (dal=
                 matinische Blüten).

2. 1 Gewichtsteil Pyrethrum carneum (persische
        Blüten),
    1   „   Pyrethrum roseum (armenische
                 Blüten),
    1   „   Pyrethrum cinerariaefolium (dal=
                 matinische Blüten).

3.   7 Gewichtsteile Pyrethrumpulver,
      3   »   Quassiapulver
      1 Gewichtsteil   Nießwurzpulver.
4.   8 Gewichtsteile Pyrethrumpulver,
      8   »   gemahlener Borax,
      4   »   gemahlener Schwefel.
5.   8 Gewichtsteile Pyrethrumpulver,
      8   »   gemahlener Borax,
      0·3   »   Poleiöl oder Eukalyptusöl.

Die Mischungen, welche Borax enthalten, dienen insbesondere als Vertilgungsmittel für Russen und Schaben.

Karburiertes Insektenpulver.

Ein Insektenvertilgungsmittel, welches bedeutend billiger als das sogenannte persische Insektenpulver (gemahlene Pyrethrumblüten) ist und dabei größere Wirksamkeit aufweisen soll, wird folgendermaßen hergestellt: In ein Gemisch aus Magnesia und Stärkemehl wird durch längere Zeit karburiertes Leuchtgas geleitet, bis das Pulver möglichst mit den riechenden Kohlenwasserstoffen gesättigt ist. Dann mischt man das ganze sorgfältig mit der doppelten Menge scharf getrocknetem Dalmatiner Insektenpulver.

Metallisches Insektenpulver,

das von Calao aus in den Handel gebracht wird, besteht außer 17·5% Pyrethrumpulver und etwas kohlensaurer Magnesia zum größten Teil aus Zinkstaub, ein Zusatz, der, da er bleihältig, in gesundheitlicher Beziehung nicht ungefährlich ist.

Mittel gegen Fliegen, Bremsen usw.

Diese Mittel zur Vertilgung, welche hier angeführt werden, sind sehr verschiedenartiger Natur und kommen dort, wo sie als Schutz gegen die Fliegen im Hause dienen, be-

ziehentlich solche vernichten sollen, die nachgenannten in
Anwendung:

Fliegenpapiere (klebende Papiere ;

Fliegenleim;

Fliegenwasser;

Streupulver:

Fliegenessenzen;

Fliegenpulver;

Fliegensalben.

Die Schutzmittel für Pferde, Rindvieh bestehen aus
Vorkehrungen, die in den Ställen getroffen werden, und in Einreibungen auf den Tierkörpern mit stark riechenden, wässerigen
oder öligen Flüssigkeiten.

Fliegenpapiere.

1. 25 Gewichtsteile einer Quassiaabkochung (1 : 10
Wasser) werden mit

6 Gewichtsteilen braunem Zucker und

3 gemahlenem Pfeffer gemischt und
mit der Flüssigkeit, die immer gut aufgerührt werden muß,
Fließpapier getränkt.

2. 1 Gewichtsteil gemahlener Pfeffer und

1 , brauner Zucker werden mit der erforderlichen Menge Milch vermischt und auf einem Teller,
der mit Fließpapier belegt ist, ausgegossen.

3. giftig) 75 Gewichtsteile Quassiaholz werden mit

200 Gewichtsteilen Wasser bis auf die Hälfte
eingekocht, die Kolatur

mit 5 , wird Kobaltchlorid,

1 Gewichtsteil Brechweinstein und

40 Gewichtsteilen Tinktur aus weißem
Pfeffer 1 : 3 Spiritus versetzt, mit der Lösung Fließpapier
getränkt und dieses auf Tellern ausgelegt.

4. 20 Gewichtsteile Quassiaholz werden mit

100 Gewichtsteilen Wasser 24 Stunden mazeriert,
eine halbe Stunde gekocht und nach 24 Stunden abgepreßt.

Die Flüssigkeit wird mit 3 Gewichtsteilen Melasse gemischt und auf 10 Gewichtsteile verdampft. Mit der Flüssigkeit tränkt man Fließpapier und legt solches auf Tellern aus.

5.   5 Gewichtsteile doppeltchromsaures Kali,
   15   »   Zucker,
    1 Gewichtsteil ätherisches Pfefferöl werden in
  80 Gewichtsteilen Wasser gelöst und
  10 Gewichtsteile Alkohol zugefügt. Mit dieser Lösung tränkt man ungeleimtes Papier und trocknet dann gut.

6. (giftig) 100 Gewichtsteile Quassiaholzspäne werden mit   400 Gewichtsteilen Wasser gekocht, so daß 250 Gewichtsteile Kolatur entstehen, dazu eine Tinktur bereitet aus   30 Gewichtsteilen langem Pfeffer mit
  100   » $45^0{}_0$igem Spiritus aus-
                          ausgezogen, zuletzt
   0·2 Gewichtsteile Brechweinstein zugesetzt, wiederholt umgeschüttelt, Papier durchtränkt und dieses auf Schnüren getrocknet.

7. Klebendes Fliegenpapier.

Auf festes Pergamentpapier streicht man
600 Gewichtsteile Kolophonium,
200   »   Mohnöl,
100   »   Melasse. Zur schnelleren Tötung der Fliegen kann noch Quassiaextrakt zugesetzt werden.

8. Fliegenharzpapier.

Man schmilzt nach Angabe des Apothekers Seidler über einer kleinen Flamme
2 Gewichtsteile gelbes Kolophonium,
1 Gewichtsteil dicken Terpentin und
1   »   Leinöl; der Terpentin muß braun und durchsichtig und darf nicht vertrocknet sein. Die Masse wird, so lange sie noch warm ist, mittels eines Pinsels auf Zeresinpapier gestrichen, indem man die Ränder freiläßt, gleich-

mäßig und jedes Überfließen vermeidend. Ein Arbeiter bedeckt jeden frisch gestrichenen Bogen mit einem zweiten nicht bestrichenen gleichmäßig. Um eine gleichmäßige Verteilung der Klebmasse zu bewirken, kann man jeden Doppelbogen auf einem verdünnten Blech mittels eines Rollholzes glattstreichen.

Fliegenleim.

Von allen Mitteln, welche zur Bekämpfung der Fliegenplage angewendet werden, haben sich die Fliegenleime noch am besten bewährt; sie wurden zuerst in der Weise angewendet, daß man ein Stück Holz, Papier usw. mit Leim bestrich und so die Fliegen, die auf den Leim gingen, vernichtete. Bald fand die Industrie, die sich mit der Herstellung solcher Leime befaßte, heraus, daß sich mit diesem Artikel, wenn er dem Publikum in einer handlichen Form geboten wird, ziemlicher Absatz erzielen ließe. Dementsprechend verbesserte sich auch bald nicht allein die Qualität des Fliegenleimes (»Seifensieder-Zeitung« 1908), sondern man fertigte auch Fliegenfänger in besonders handlicher, gefälliger und zweckentsprechender Form. Die jetzt in den Handel kommenden Fliegenfänger sind hauptsächlich in zwei Formen, in Gestalt einer Pyramide und in Gestalt einer Rolle, die aus einem Gehäuse mit Achse besteht, auf welcher letzteren ein mit Leim bestrichener Papierstreifen ist, der aus dem Gehäuse herausgezogen wird. Die Pyramide ist einfach aus Papier zusammengeklebt und mit einer breiten Basis versehen um überall stehen zu können Bei der Rolle wird ein 1 bis 5 cm breiter Papierstreifen oder Leinengewebe mit dem Leim bestrichen und in einer Länge von 1 bis 5 m zu einer Rolle aufgewickelt. Die Enden der Achse laufen in dünne Drähte aus. Anderseits läßt man sich der Größe der Rolle entsprechende Pappekartons mit in der Mitte dieser Kartons befindlichen Löchern für die Rolle herstellen und befestigt hierin die Rolle, von der das Ende durch einen an der Ecke des geschlossenen Kastens befindlichen Schlitz gezogen wird. Auf der entgegengesetzten Seite wird man einen Ring befestigen, so daß der Karton in der Richtung einer seiner Diagonalen, d. h. schräg, zu hängen kommt. Nach Bedarf zieht man den Papierstreifen heraus. Um nun auf die Herstellung des Fliegenleimes selbst zu kommen, so ist zu bemerken, daß ein guter Fliegenleim eine dauernde und gute Wirkung besitzen muß. Einige im Handel befindliche Fliegenleime besitzen zwar anfänglich eine solche, der Leim trocknet aber häufig bald aus und ist diese Erscheinung durch die unrichtige Zusammensetzung des Präparates bedingt. Es wurden bei derartigen Produkten trocknende Öle verwendet, die ihre Eigenschaft, klebrig zu sein, bald verloren. Trocknende und halbtrocknende Öle, wie Leinöl, Mohnöl, Sesamöl sind daher zu vermeiden. Auch sind Zusätze von flüchtigen Ölen, die bei warmem Wetter zu leicht verdunsten, nicht angebracht. Ausgenommen sind natürlich Parfüms. Als Hauptrohstoff dient Kolophonium, das wegen seiner klebenden Eigenschaften nicht zu umgehen ist, aber auch dieses trocknet in Vermischung mit trocknenden Ölen so weit aus, daß es als Fliegenleim nicht mehr zu verwenden ist. Mineralöl würde allerdings diesen Übelstand aufheben und das Harz lange klebrig erhalten, doch schreckt der spezifische Geruch schlecht gereinigten Mineralöls, der nur schwer zu verdecken ist, die Fliegen ab. Man wird daher zweckmäßig gut gereinigtes Mineralöl, das möglichst geruchfrei ist, verwenden. Bei bester Sorte Fliegenleim arbeitet man mit nicht trocknenden Ölen. z. B. Olivenöl, Mandelöl, Erdnußöl und ähnlichen, und schließt Mineralöl ganz aus. Die Fliegenleime besitzen meistens eine dickflüssige Konsistenz. Zum Bestreichen des Papieres erwärmt man sie bis zur Dünnflüssigkeit, nach dem Erkalten bilden sie dann die klebrige Masse in der erforderlichen Konsistenz, so daß solche nicht abfließen kann. Hierauf ist besonders zu achten. Der Erweichungs- beziehungsweise Verflüssigungspunkt der Masse darf nicht unter 30 bis 35" C sein, da sonst von den in der Sonne hängenden Fliegenfängern der Leim ablaufen würde. Statt Mineralöl kann man auch raffinierte

Harzöle verwenden, nicht raffinierte Harzöle trocknen zu schnell aus. Es ist auffällig, daß fast alle bekannten Vorschriften Leinöl und Mohnöl oder halbtrocknende Öle wie Sesamöl, Rizinusöl, Rüböl usw., als Bestandteil angeben und sind sich die Verfasser wahrscheinlich über die Wirkung dieser Öle nicht klar. Unzweifelhaft bilden die halbtrocknenden Öle eine Zeit hindurch eine klebrige Schicht, diese hält aber bei großer Hitze im Sommer nicht lange an. Außerdem aber wird die Trockenfähigkeit der Öle durch den Harzzusatz noch befördert. Aus dem Gesagten geht hervor, daß sich als bester Fliegenleim eine Mischung aus nicht trocknenden Ölen mit Harz bewährt. Billigere, aber ebenfalls gute Produkte kann man durch Zusätze von raffiniertem Harzöl und bestem Mineralöl erhalten. Das richtige Verhältnis der einzelnen Bestandteile werden einige Versuche bald lehren. Im allgemeinen wird man mit einer Mischung aus 2 Gewichtsteilen Öl und 1 Gewichtsteil Harz gute Resultate erzielen, jedoch spielt die Beschaffenheit des Harzes eine wesentliche Rolle.

Um die Fliegen anzulocken, kann man den Leim mit ätherischen Ölen, z. B. Anisöl oder Fenchelöl, oder Bienenwachsparfüm parfümieren. Honig und Sirup sind ebenfalls verwendbar. Sie verbinden sich zwar schlecht mit dem Harz-Ölgemisch und bilden dann mit demselben eine Schmiere, die aber doch aufgestrichen werden kann. Auch pulverisiertes Fleischmehl oder alte Käserinden in angefeuchtetem Zustande lassen sich als Lockmittel verwenden, doch sind diese Stoffe der Komposition schlecht beizumischen. Um die auf dem Leim festsitzenden Fliegen baldigst zu töten, kann man konzentrierte Abkochung von Quassiaholz beimengen; andere Gifte, wie Arsenik, sind nicht zu empfehlen; die betreffenden Fliegenfänger müssen mit dem Vermerk giftig bezeichnet werden.

1. 100 Gewichtsteile Kolophonium,
     50   „   Leinöl, über Feuer verflüssigen, dann
     15   Honig hinzumischen.

2.   150 Gewichtsteile Kolophonium,
     50   »   Weißpech werden mit
     50 Gewichtsteilen Leinöl zusammengeschmolzen und noch
25—50 Gewichtsteile mit etwas Leinöl vermischtem Vogelleim hinzugesetzt.

3.   100 Gewichtsteile Kolophonium,
     50   »   dicker Terpentin,
      5   »   rohes Rüböl,
      1 Gewichtsteil Honig.

4.   50 Gewichtsteile Sesamöl,
      11   »   ganz dunkles Kolophonium.

Fliegenwasser.

1.   10 Gewichtsteile Eukalyptusöl,
       5   »   Essigäther,
      20   »   Kölnerwasser,
       5   »   Nelkenöl,
     100   »   Insektenpulver-Tinktur.

2.   15 Gewichtsteile Eukalyptusöl,
      15   »   Essigäther,
       5   »   Bergamottöl,
     300   »   Spiritus,
      50   Insektenpulver-Tinktur.

Streupulver gegen Fliegen.

a)   5 Gewichtsteile gepulverter langer Pfeffer,
      5   »   gemahlenes Quassiaholz,
     10   »   gemahlener Zucker werden gemischt und die Mischung mit

      4 Gewichtsteilen verdünntem Alkohol angefeuchtet, getrocknet und dann wieder gemahlen. Das Pulvergemisch wird in gut verschlossenen Gefäßen aufbewahrt und behufs Gebrauches auf einem Teller ausgestreut.

b)   4 Gewichtsteile gepulverte Iriswurzel,
     15   »   Stärkemehl,
      1 Gewichtsteil Eukalyptusöl werden gemischt
und in eine verschließbare Streubüchse gefüllt. Die von
den Fliegen hauptsächlich heimgesuchten Orte, z. B. Fenster=
bretter, Tischflächen usw., werden mit dem Pulver bestäubt.

Fliegenessenzen.

1.   10 Gewichtsteile Eukalyptusöl,
      3   »   Bergamottöl,
     10   »   Essigäther,
     50   »   Eau de Cologne,
    100   »   90%iger Spiritus. Diese Mi=
schung ist mit der 10fachen Mischung Wasser zu versetzen
und mehrmals in den Zimmern zu zerstäuben. Auf der
Haut ist die reine Essenz einzureiben.
2.   10 Gewichtsteile Eukalyptusöl,
      3   »   Essigäther,
     40   »   Eau de Cologne.
Mit dieser Mischung, nachdem sie mit 3 bis 6 Teilen
Wasser verdünnt ist, ist die Haut, das Kopf= und Barthaar
täglich mehrmals zu bestreichen. Im Zimmer zerstäubt man
eine Mischung von 1 Teil der Essenz mit 10 Teilen
Wasser.

Fliegenpuder.

 5 Gewichtsteile Eukalyptusöl,
85   »   Stärkepulver,
10   »   Talkum, weiß.
Die pulverigen Substanzen werden gut gemischt, das
Eukalyptusöl beigegeben; mit dem Puder werden Kopf und
Hände öfters im Tage trocken abgerieben.

Fliegensalbe.

50 Gewichtsteile festes Paraffin,
45   »   Paraffinöl (Vaselinöl), weiß,

4 Gewichtsteile Eukalyptusöl und

1 Gewichtsteil Anisöl. Das feste Paraffin wird mit dem Öl zusammengeschmolzen, Eukalyptusöl und Anisöl hinzugemischt und in passende Formen gegossen. Die gegen Fliegen zu schützenden Körperteile werden mit dieser ziemlich festen Salbe eingerieben.

Salbe gegen Fliegen in Ställen.

1. Guter Tischlerleim, mit wenig Wasser gekocht, wird mit einer konzentrierten Lösung von Chlorzink versetzt.

2. Leinöl, dicker Terpentin, Pech und Wollfett werden zusammengeschmolzen.

3. 500 Gewichtsteile Fichtenharz,
    400   »   Stearinöl oder
4. 400 Gewichtsteile Rapsöl,
    400   »   Adipis,
     40   »   Honig zusammenschmelzen.

Mittel gegen Fliegen und Bremsen bei Tieren.

Gegen die Fliegen in Ställen empfahl die Deutsche Landwirtschaftsgesellschaft folgendes:

1. Die Lichtdämpfung im Stalle. Man erreicht diese unter anderem, indem man die Fensterscheiben mit Kalkmilch anstreicht, der auch zweckmäßig etwas Kreolin oder Alaun zugesetzt wird; auch Waschblau kann etwas beigemischt werden. Die Erfolge sollen nachhaltig sein. Bei der Verschieden=artigkeit der Waschblausorten des Handels ist es jedoch zu empfehlen, Ultramarinblau zu verwenden, das als Mineral=farbe der Einwirkung des Lichtes besser Stand hält, als gewisse Waschblausorten, die bisweilen aus Stärke bestehen, die mit dem leicht bleichenden Indigokarmin blau gefärbt sind.

2. Einen öfteren Wandanstrich mit Alaunlösung oder Kreolin oder Karbolineum.

3. Ein gutes Durchlüften des Stalles derart, daß der Luftzug unterhalb der Decke entlang streicht. Man ersetzt

dann die Fenster durch Jalousien, die mit Karbolineum gestrichen werden.

Des weiteren empfiehlt es sich, an der Decke des Stalles Beifußbündel aufzuhängen. Unter Beobachtung der nötigen Vorsicht hält man dann einen Sack hier unter, schneidet das Bündel ab und tötet die Fliegen durch Eintauchen des Sackes in Wasser.

Man empfiehlt als probates Mittel vielfach die Dämpfung des Lichtes in der Weise, daß man die Fensterscheiben des Stalles mit Kalkmilch unter Hinzufügung von Waschblau (muß kalkecht sein) verstreicht; infolge des hierdurch erzielten Halbdunkels sollen sich die Fliegen schon nach wenigen Tagen verziehen. Es muß jedoch hervorgehoben werden, daß nicht jedermann dunkle Stallungen liebt.

Um den gleichen Zweck zu erreichen, sollen die Wände der Stallungen und deren Decken mit Kalkmilch gestrichen werden, der man 2% Antinonnin zugesetzt hat; Antinonnin ist ein sehr kräftiges Desinfektionsmittel und verleiht dem Anstrich eine hellgelbe Färbung. Zu riechenden Teerölen, wie Karbolineum, Kresol usw. steht es insbesondere dadurch im Gegensatze, daß es vollkommen geruchlos ist, die schlechten Gerüche in den Stallungen vertreibt und damit auch den Fliegen den Aufenthalt verleidet. Weiterhin bietet das Antinonnin den großen Vorteil, daß es infolge seiner hohen desinfizierenden Kraft das Mauerwerk der Stallungen vor Schimmelbildung und Mauerfraß, das Holz vor Schwamm und Fäulnis bewahrt und dabei in hervorragendem Maße luftreinigend wirkt.

Schutzmittel gegen Bremsen bei Pferden
(nach »Seifensieder-Zeitung«).

1. Eines der besten Mittel gegen Bremsen ist das Eukalyptusöl in Verbindung mit Lorbeeröl; auch Petersilienöl soll gute Dienste leisten. Man hat mit Erfolg auch nachstehend genanntes Verfahren angewendet: In Eukalyptus- oder Petersilienwasser läßt man so viel Kreolin träufeln,

bis eine milchige Trübung entsteht und hiermit werden die in Betracht kommenden Teile des Körpers mittels eines Schwammes tüchtig eingerieben. Der einzige Übelstand ist, daß ein zu großer Zusatz an Kreolin den Glanz der Haare mildert, sonst ist das Mittel aber gut und billig.

2. 1000 Gewichtsteile   Lorbeeröl,
  200   »   gepulvertes Naphthalin,
   70   »   Tieröl und
   15   »   Bernsteinöl   werden zu einer Salbe zusammen verrieben.

3. 100 Gewichtsteile   Lorbeerblätter und
  20   »   Rosmarinblätter werden in
500 Gewichtsteilen Wasser längere Zeit gekocht und das verdampfende Wasser immer ersetzt.

Mit den unter 2 und 3 angeführten Mitteln werden besonders die Seiten, Hals und Beine der Pferde eingerieben. Diese Mittel sollen vorzüglich wirken.

4. Guten Erfolg hat auch das wie nachstehend zusammengesetzte Mittel ergeben: Man löst in
  60 Gewichtsteilen denaturiertem Spiritus
  10 Gewichtsteile Rohnaphthalin durch Erwärmen auf dem Wasserbad und setzt dann
   5 Gewichtsteile Lorbeeröl und
  10   »   Äther hinzu. Das Präparat, das man am besten mittels Läppchens aufträgt, kann auch bei Schimmeln gebraucht werden.

5. Man verreibt:
1000 Gewichtsteile   Lorbeeröl,
  200   »   Essigäther,
   20   »   Nelkenöl,
  200   »   Philosophenöl zu einer Salbe und reibt damit Hals, Seiten usw. der Pferde ein.

6. Man läßt Schweineschmalz mit Lorbeerblättern etwa fünf Minuten sieden, erkalten und reibt mit der Salbe die Tiere ein.

7. Es wird Fischtran mit Nelkenöl und Lorbeeröl ver=
mischt.

8. Mit einer Auflösung von
      20 g Aloe in
        2 l heißem Wasser wird das Tier bestrichen.

9. 3%iges Karbolwasser leistet gute Dienste.

10. Bremsenöl besteht aus:
    a)   200 Gewichtsteilen Tieröl,
         400   »   denaturiertem Spiritus und
       10000   »   Essig. Die Flüssigkeit muß vor
der Anwendung tüchtig durchgeschüttelt werden.
    b)   10 Gewichtsteile Lorbeeröl,
          20   »   Naphthol,
          10   »   Essigäther und
          80   »   Insektenpulvertinktur.
    c) Rohpetroleum.
    d)   15 Gewichtsteile Tieröl,
         100   »   Kreolin,
         900   »   Rüböl werden zusammen ver=
mischt.
    e) Bremsenwasser:
         20 Gewichtsteile Pottasche,
        200   »   Walnußblätter,
         50   »   Stinkasant,
         50   »   Gewürznelken werden mit
     5000 Gewichtsteilen heißem Wasser übergossen und
der durchgeseihte Auszug verwendet.

Alle Einreibungen mit riechenden Substanzen erfüllen
selbstredend nur so lange ihre Wirkung, als sie nicht durch
die Wärme verflüchtigt, nicht vom Regen abgewaschen
werden und so lange die Pferde nicht schwitzen. Der Schweiß=
ausbruch hebt die beabsichtigte Wirkung in der kürzesten
Zeit auf. Sind die Tiere arg von Fliegen oder von
Bremsen zerstochen, so müssen die Hauptstellen gut abge=
waschen werden, besonders dann, wenn sie sich an den Weich=
teilen befinden. Ist Gelegenheit, die Pferde abends in die

Schwemme zu reiten, so darf dieses nicht unterlassen werden, sonst ist Sonntags früh eine gründliche Abwaschung, auch von Schweif und Mähnen vorzunehmen.

Mittel gegen Stechmücken (Schnaken, Moskitos).

Bei der wichtigen Rolle, welche die Schnaken (Mücken, Gelsen) bei der Verbreitung von Infektionskrankheiten, insbesondere der Malaria, des Typhus, der Ruhr, der Cholera, spielen, wurde es Aufgabe der Wissenschaft, Methoden zur Vernichtung dieser Tiere aufzufinden, was sich wieder nur durch genaues Studium der Lebensgewohnheiten derselben ermöglichen ließ. Da sich die Mückenlarven hauptsächlich in stehenden Gewässern entwickeln, so war mit der Bekämpfung hier einzusetzen.

M. Otto und R. O. Neumann haben nach der »Zeitschrift für Hygiene und Infektionskrankheiten« sehr eingehende Versuche über das Stechen der Mücken veröffentlicht; sie haben im ganzen ungefähr 30 verschiedene Mittel, vorwiegend ätherische Öle, welche infolge ihres starken Geruches vorzugsweise zur Abhaltung der Mücken dienen, auf ihre Wirksamkeit hin geprüft. Das Resultat dieser Untersuchungen ist, daß von den vielen angepriesenen Mitteln überhaupt nur Nelkenöl, Cuminöl, Kassiaöl und spanisches Hopfenöl in konzentriertem Zustande oder in Verdünnung mit Olivenöl (1 : 10) die Mücken für kurze Zeit abhalten. Die Referenten sind der Ansicht, daß der durch das ätherische Öl auf das Trachom ausgeübte Reiz, nicht aber, wie man glauben könnte, der intensive Geruch, die Insekten vom Stechen fernhält. Verschwindet der Reiz, so findet auch trotz des häufig sehr durchdringenden Geruches der einzelnen Substanzen Mückenbelästigung statt.

Man kann aus dieser Arbeit folgern, daß für praktische Zwecke in erster Linie das Nelkenöl hierzu geeignet ist. Ob es sich aber für jeden mit Vorteil verwenden läßt, muß dahingestellt bleiben. Abgesehen von dem starken, auch nicht gerade angenehmen Geruch kommt hinzu, daß Eugenol mehr oder weniger stark auf der Haut brennt und daß es bei Menschen mit empfindlicher Haut leicht bei längerem Gebrauche Hautausschläge usw. erzeugen kann. Jedenfalls dürfte das Nelkenöl in den meisten Fällen auf kürzere Zeit gute Dienste leisten.

Dr. Mense entdeckte durch einen Zufall, daß durch eine Lösung von schwefelsaurem Chinin in Glyzerin blutsaugende Insekten (Sandflöhe, Moskitos) von menschlichen Körpern ferngehalten werden; die Ursache hierfür dürfte (»Seifensieder-Zeitung« 1909) auf den intensiv bitteren Geschmack dieses Spezifikums gegen Fieber zurückzuführen sein. Mense empfiehlt für die Tiere das Chinin in Form einer Glyzerinsalbe oder in einem fetten Öle gelöst anzuwenden. Für den Europäer dürfte es angemessen sein, als Salbengrundlagen Vaselin, Lanolin zc. zu verwenden. Terpentinöl, Jodoform, Menthol und Kampfer in Salbenform dürften ebenfalls geeignete Schutzmittel sein.

Stark riechende Substanzen werden von den Gelsen, Mücken oder Schnaken gemieden und sind geeignet, solche einige Zeit fern zu halten. Zu diesen riechenden Substanzen zählen Kampfer, Lorbeeröl, Flohkrautöl, Pfefferminzöl, Zitronensaft, Essig, Teeröl, Eukalyptusöl, Karbolvaseline, Lavendelöl, Knoblauchöl und Kreosot. Werden diese Mittel auf der Hautoberfläche verrieben oder träufelt man etwas davon auf die Kopfkissen, so ist man wenigstens einigermaßen von diesen tückischen Insekten geschützt. In recht zweckmäßiger Weise schützt man sich vor den Mücken nach Howard durch Verbrennen von Insektenpulver, das man auf einer heißen Platte aufstreut; auch kann man durch Anfeuchten des Pulvers mit Wasser, Zusammenkneten, Formen und Backen kleine Zeltchen herstellen, die man anzündet. Durch den Rauch, der den Menschen nicht schadet, werden die Insekten betäubt.

In verschiedenen Gegenden Südamerikas sollen sich Anpflanzungen von Ricinus communis um die Wohnstätten herum als Mittel gegen die Moskitos bewährt haben. Bergenau hat als Schutzmittel das bekannte Nelkenöl, das bei uns gegen Schnaken vielfach in Gebrauch ist, in Form einer Seife angewendet; dieselbe wird aus Toilettseife, welche mit einer Emulsion von Nelkenöl, Glyzerin und neutralem Fett gemischt wird, hergestellt, soll sich aber trotz des intensiven Geruches wenig bewährt haben. Auch Nelkenöl, Glyzerin, Kampfer, Terpentinöl und Naphthalinpräparate schützen nicht. Besser wirkt Petroleum, das aber leider wegen seiner sonstigen Eigenschaften nicht gebraucht werden konnte. Ein Einreiben der Hände, des Nackens und der Fersen mit einer 5%igen Kreolinlösung, an deren Stelle wohl auch Kresolseifenlösung genommen werden kann, bewährt sich gut.

Professor Voges fand, daß Naphthalan sehr gut die Wirkung der Stiche der Moskitos paralysiert. Das Naphtalan muß aber sehr intensiv in die Haut eingerieben werden, wenn es eine gute Wirkung erzielen soll.

Ein vorzügliches Mittel wurde in dem Gallol, einem organischen Körper, gefunden, von dem bei den Versuchen, die in der Nähe Breslaus gemacht wurden, etwa 3 g auf den Kubikmeter Wasser gegeben wurden. Das Gallol tötete die Mückenlarven mit Sicherheit innerhalb einer halben Stunde, ohne den Fischen, Fröschen usw. zu schaden. Durch systematisches Vorgehen konnten die zu Versuchszwecken dienenden Tümpel und Gewässer vollkommen larvenfrei gemacht werden. Ebenso gelang es, die in Kellerräumen überwinternden eiertragenden Mückenweibchen mit Hilfe von Räuchermitteln schnell abzutöten. Durch Belegen des Fußbodens der Keller mit Papierbogen ließ sich eine Zählung der getöteten Weibchen bewerkstelligen. Es wurden deren in einem einzigen Keller oft mehrere Tausende vernichtet. Schwieriger gestaltete sich das Vorgehen gegen die Puppen, gegen die ein sicher wirkendes Mittel noch nicht besteht. Die bis jetzt erzielten Ergebnisse zur Bekämpfung der Mückenplage sind nach dem Berichte des Geheimrates Flügge so ermunternd gewesen, daß jetzt mit Unterstützung der städtischen Behörden von Breslau zum ersten Male in dieser Stadt gegen die Mücken in großem Maßstabe vorgegangen werden soll.

Die in den Kellern usw. überwinternden Schnaken, die meistens an der Decke sitzen, sollen mit brennenden

Kerzen usw. einfach abgebrannt werden. Sind sie aber nicht oder schwer zu erreichen, so sind in den Räumen, nachdem man die Fenster und Türen mit Papier verklebt hat, auf je 50 m^3 Luftraum drei Eßlöffel voll von folgender Pulver= masse zu verbrennen:

400 Gewichtsteile Kapsikumpulver,
200 › Dalmatiner Insektenpulver,
200 › Baldrianwurzelpulver und
200 › Salpeter. Nach zwei bis drei Stunden sollen alle Schnaken durch den Rauch getötet sein. Die weitere Bekämpfung richtet sich gegen die Schnakenlarven und =puppen, die in Wassertümpeln leben. Hierzu soll ein Pulver »Larvizid«, dessen Zusammensetzung jedoch nicht angegeben ist, dienen; es soll für Fische und Frösche un= schädlich sein, im Gegensatze zu Saprol, das zu demselben Zweck angewendet wird. Mit Tragantschleim verbunden, werden sich aus der vorgenannten Pulvermischung auch geeignete Räucherkerzen (Schnakenkerzen) herstellen lassen.

Mückentinkturen.

1. 40 Gewichtsteile Eukalyptusöl,
60 › Kölnerwasser,
100 › Pyrethrumpulver werden zusam=
mengemischt.

2. 20 Gewichtsteile Nelkenöl,
20 › Eukalyptusöl,
20 › Birnenäther,
40 › alkoholische Ammoniakflüssigkeit.

3. Ichthyol=Ammonium soll wegen seines anhaltenden, aber nicht unangenehmen Geruches empfehlenswert sein. Man löst:
30 Gewichtsteile Ichthyol Ammonium in
150 Gewichtsteilen Wasser und setzt nach und nach
1000 Gewichtsteile Insektenpulvertinktur hinzu.

4. 40 Gewichtsteile Kampferspiritus,
    30   »   Seifenspiritus,
    20   »   Eukalyptusöl,
    10   »   Salmiakgeist werden zusammen=
gemischt.

5. Mosquitolin.

Mittel gegen Mücken wird erhalten durch Zusammen=
mischen von

    10 Gewichtsteilen Zimtöl,
    40   »   Sandelholzöl,
    10   »   Patschouliöl und
    4000   »   Spiritus.

6. Gegen frische Insektenstiche ist Salmiakgeist ein
vorzügliches Mittel. Töllner gibt eine Mischung von

    25 Gewichtsteilen alkoholischem Salmiakgeist,
    20   »   Kölnerwasser und
    5   »   Eukalyptol an. Auch Seife und
Zigarrenasche leisten gute Dienste.

Gegen die Stiche von Moskitos wurde wässeriges
Ammoniak und Menthol (nach »Seifensieder=Zeitung«)
empfohlen. Zur örtlichen Anwendung wird von Real nach=
stehende Mischung genannt: 30 Gran Ipekahuanha, 4 Drachmen
Alkohol, 4 Drachmen Äther. Oettinger behauptet, daß
Ammoniak von geringem Nutzen sei und empfiehlt Ichthyol,
das ohne Beimischung in dicker Lage aufzutragen ist.
Werris empfiehlt die Bisse und Stiche mit einer gesättigten
Lösung von Kampfer oder Salol in Äther zu bestreichen.
Broch und Jaquet geben folgende Mittel an:

a) Ol. cham. camphorat. 20 Gewichtsteile Styrax
liqu., 3 Gewichtsteile Ol. menth. pip.

b) 5 Gewichtsteile Balsam peruv., 25 Gewichtsteile
Ung. Styracis, 20 Gewichtsteile Ol. oliv.

c) 20 bis 40 Gewichtsteile Naphthol werden in der
nötigen Menge Äther gelöst, mit 1 bis 4 Gewichtsteilen
Menthol und 400 Gewichtsteilen Vaselin gemischt.

7. Einerseits werden gelöst in

5000 Gewichtsteilen Spiritus:
150 Gewichtsteile Lorbeeröl,
 10   »   Melissenöl,
 30   »   Palmarosaöl,
 50   »   süßes Orangenöl und
 50   »   Terpineol. Anderseits löst man in
500 Gewichtsteilen Wasser
150 Gewichtsteile Glyzerin,
 25   »   Borsäure und vereinigt beide
Lösungen. Dieses Mittel kann als Vorbeugungsmittel dienen,
wie auch zu dem Zwecke, um die Folgen eines Mückenstiches
aufzuheben.

8. Von R. Joly:

15 Gewichtsteile 40%iges Formol,
 0·5   »   Essigsäure,
 5   »   Xylol,
 1 Gewichtsteil Kanadabalsam,
 0·25 Gewichtsteile Sternanisöl werden zusammen vereinigt, gut geschüttelt und die Stichstellen mit der Flüssigkeit
betupft.

9. Es ist bekannt, daß die grünen Schalen der Wal-
nüsse einen starken Geruch verbreiten, der von dem bitter
schmeckenden, nach längerem Stehen braun werdenden Saft
herrührt. Dieser Geschmack und Geruch ist den Fliegen und
Mücken unangenehm. Man sammelt deshalb die grünen
Schalen im Herbst, trocknet sie und überbrüht sie im Frühjahr, wenn die Fliegen- und Mückenplage wieder beginnt,
mit heißem Wasser. Einige Tropfen Nelken- oder Lorbeeröl
erhöhen die Wirkung. Vor dem Gebrauche verdünnt man
die Mischung (eine handvoll Nußschalen auf 1 l Wasser)
nach Bedarf und reibt damit die empfindlichen und die
den Stichen am meisten ausgesetzten Stellen damit ein.
Man sei aber beim Einreiben vorsichtig, damit nichts von
der Flüssigkeit in die Augen der Tiere kommt.

10. Mückentinktur.

1 Gewichtsteil Nelkenöl,
8 Gewichtsteile Kölnerwasser (Eau de cologne),
32 » Alkohol werden durch Schütteln innig vermischt. Man reibt mit dieser Tinktur die unbedeckten Stellen der Haut ein und ist gegen Mücken und Fliegen vollkommen geschützt.

Mückenstifte.

Man stellt gut wirkende Mückenstifte her, indem man Zeresin und Paraffinöl in gleichen Mengen zusammenschmilzt und vor dem Festwerden in dieselben 5 bis 10%iges Eukalyptusöl oder Anisöl einrührt; die Masse wird dann in zylindrische Formen gegossen, mit denen man, ähnlich den Migränestiften, die freien Hautstellen einreibt.

Schnaken-Räucherpastillen.

Man vermischt innig:
10 Gewichtsteile gemahlene Holzkohle,
3 » Pyrethrumpulver,
2 » Kalisalpeter,
2 » Benzoe,
2 » Tolubalsam, knetet die Mischung mit so viel Tragantschleim zusammen, daß man daraus Pastillen formen kann und trocknet dieselben an der Luft.

Räucherkerzen,

ähnlich den Zamperonischen und von diesen nicht zu unterscheiden; A. Jansen in Florenz gibt für dieselben folgende Bereitungsart an: 240 g Insektenpulver, bester Qualität, nicht zu fein gemahlen, werden mit 25 g salpetersaurem Kali in 300 cm³ Wasser gelöst, gemengt, bei gelinder Wärme getrocknet und dann pulverisiert. Dieses Pulver wird mit einem feinen Tragantschleim zu einer Masse verarbeitet, aus der dann Kerzen geformt werden, die bei gelinder Wärme zu trocknen sind. Sollen dieselben den Zamperonischen Kerzen, genannt Fidibus insetifughi, auch äußerlich ganz ähnlich aussehen, so muß die Masse in ein flaches Stück ausgerollt werden von 1 cm Höhe und 2·5 cm Breite, aus welchem man dreieckige, oben abgestumpfte Stücke schneidet, die 2·5 g wiegen und einen Stern und ein Z eingedrückt haben. Die gute Wirkung der Kerzchen hängt nur von der guten Qualität des Insektenpulvers ab.

Pulver gegen Moskitos.

Man vermischt:

5 Gewichtsteile   Eukalyptusöl mit

10 Gewichtsteilen feinst gemahlenem Talkum und

85   "   Stärkezucker innig und wischt mit dem Pulver Kopf und Hände öfters im Tage trocken ab.

Verschiedene Cremes zum Einreiben.

Man verwendet, um in wasserreichen Gegenden den Schnakenstichen nicht zu sehr ausgesetzt zu sein, Einreibungen von Salben mit stark riechenden Substanzen vermischt; alle scharf oder intensiv riechenden Öle werden von den Insekten gehaßt und gemieden und sind Einreibungen der Haut mit solchen Präparaten stets von Erfolg begleitet. Allerdings darf nicht übersehen werden, daß fettige Salben nicht jedermanns Sache sind, daß man damit leicht die Kleider beschmutzt und daß das Mittel nur so lange wirksam ist, als das ätherische Öl sich nicht verflüchtigt hat. Als Riechstoffe dienen Eukalyptusöl, das hervorragendste Mittel gegen Schnaken, Eukalyptol, Angelikaöl, Kajeputöl, Lorbeeröl, Wermutöl, Nelkenöl, Tanazetöl (Ricinfarnöl), ferner Abkochungen von Enzian, Speik, Weidenrinde, Quassiaholz usw. Gefordert wird von den Salben, daß sie sich gut und leicht in die Haut einreiben lassen, nicht nur oberflächlich liegen bleiben und derart Schmieren bilden. Vaselin ist eine gute

Salbengrundlage, da ſie ſich leicht in die Haut einreiben
läßt, bei Verſand in Tropengegenden muß aber das ge=
wöhnliche Vaſelin durch Beifügung einiger Prozente Zereſin
feſter gemacht werden. Cremes, welche mit wäſſerigen Ab=
kochungen ſtark riechender Subſtanzen hergeſtellt werden,
dürfen als Grundlage Vaſelin nicht enthalten, da ſolche
mit Waſſer nicht miſchbar ſind, ſondern es muß für dieſelbe
Wollfett in Anwendung kommen.

a) Vaſelin=Creme.

2500 g weißes Vaſelin,
1¹/₂ g Eugenol,
25 g Eukalyptusöl,
5 g Kajeputöl.

b) Wollfett=Creme.

1000 g Wollfett (Adeps lanae),
600 g Abkochung von
1000 g Quaſſiaholz,
500 g Quaſſiarinde,
500 g Chinarinde,
250 g Weidenrinde,
250 g Enzianwurzel,
6000 g Waſſer,

1000 g Spiritus; dieſe wird hergeſtellt, indem man
die vorſtehend genannten Materialien in einem mit Dampf
geheizten Keſſel mit dem kochenden Waſſer übergießt, drei
Stunden ſtehen läßt, dann durchſeiht und endlich den Spiritus
zuſetzt.

Zu der innig zu einer Salbe vermiſchten Maſſe werden
dann noch hinzugeſetzt:

250 g Vaſelinöl, weiß,
10 g Eukalyptusöl,
2¹/₂ g Nelkenöl.

Falls das hergeſtellte Produkt noch zu konſiſtent iſt,
um ſich in die Haut einreiben zu laſſen, ſetzt man noch

etwas Vaselinöl hinzu; es kann aber auch das Vaselinöl ganz weggelassen und die Menge der wässerigen Abkochung bis auf 1000 g erhöht werden, da das Wollfett ziemliche Mengen wässeriger Flüssigkeiten zu binden vermag. Es ist darauf zu sehen, daß die Creme nicht auf der Haut liegen bleibt, sondern sich schnell und leicht in dieselbe einreiben läßt, ohne daß sie schmiert.

Insektenseife.

Seifen mit oder ohne Zusatz von Salmiakgeist, der ein treffliches Schutzmittel gegen Insektenstiche ist, werden ebenfalls verwendet, doch wirkt der Alkaligehalt jeder Seife, wenn sie nicht neutral ist, also freies Alkali enthält, auf die Haut mehr oder weniger schädlich ein, da sie ja auf derselben eintrocknet. Eine derartige Seife wird hergestellt aus:

250 g Kokosöl,
125 g 37° Bé Natronlauge,
30 g Wollfett,
55 g Kreolin.

Mittel gegen Bienenstiche.

300 g Menthol,
400 g absoluter Alkohol und
1000 g Glyzerin werden durch Schütteln in einer Flasche innig miteinander vermischt. Mit dieser Flüssigkeit werden Gesicht und Hände eingerieben und die Bienen bleiben ferne; sollten Stiche dennoch vorkommen, so bleibt die Geschwulst sehr gering.

Gegen die Stiche von Bienen bildet Lauch ein vorzügliches Mittel, welches augenblicklich den Schmerz stillt und die Entstehung von Geschwulst verhindert. Man braucht nur das zwischen den Fingern zerdrückte Lauchblatt auf der Stichwunde zu zerreiben. Die Stiche von Skorpionen und Tausendfüßler sind überaus schmerzhaft. Winge empfiehlt.

dagegen eine Mischung aus gleichen Teilen Chloralhydrat und Kampfer, die eine vorzügliche Wirkung besitzen soll Auch Chloralhydrat oder Kokain allein werden als wirksame Mittel empfohlen. Benjamin fand im Spiritus Ammoniac aromaticus ein wertvolles Mittel, das in halbstündigen Dosen von 30 Minims in sehr heißem Wasser gebraucht wird. Gegen Spinnenbisse benützt man Sublimatlösungen (1 : 500 bis 1 : 1000), mit denen die Bißwunde stets befeuchtet wird. Waring empfiehlt ein Liniment aus wässerigem Ammoniak, Olivenöl und Landanum zur Einreibung und einige Tropfen wässerigen Ammoniaks zur internen Verabreichung. Dies genügt in den meisten Fällen zur Behandlung der Bisse von Skorpionen, Taranteln und anderen Spinnen, Tausendfüßlern, Moskitos und anderen giftigen Insekten. In schweren Fällen kann die örtliche Einspritzung einer 5%igen Chamäleonlösung von Nutzen sein, wenn gleichzeitig der Patient mit Strychnin und eventuellen Stimulantien behandelt wird. Starker Kaffee ist in allen tropischen Ländern als Stimulans sehr beliebt. Subkutane Strychnininjektionen sind auch bei den Tarantelbissen sehr wirksam.

Insektenabhaltungsmittel für Menschen.

Die Mittel, welche man anwenden kann, um Insekten verschiedener Art vom Menschen abzuhalten, müssen je nach der Art des Ungeziefers, dessen Belästigungen man ausgesetzt sein kann, gewählt werden. Um sich von den gewöhnlichen Blutsaugern, Flöhen und Wanzen zu schützen, genügt Einstreuen von Pyrethrumpulver auf die Lagerstätte oder in die Kleider, während Läuse durch Einfetten des Körpers am besten abgehalten werden. Bei allem anderen Ungeziefer, welches in Frage kommt, wählt man zumeist stark riechende Substanzen, doch darf der Geruch kein allzu unangenehmer sein und derselbe muß sich auch durch Waschen mit Wasser und Seife leicht beseitigen lassen. Nachstehend eine Anzahl von Vorschriften für die Herstellung von Präparaten, die man ganz unrichtig als Insektenschutzmittel bezeichnet; nicht die Insekten sollen geschützt werden, sondern jene Lebewesen, welche den Angriffen der ersteren ausgesetzt sind.

1. 100 Gewichtsteile Baldriantinktur,
   2 » Kajeputöl,
   1 Gewichtsteil Nelkenöl.

2. 20 Gewichtsteile Salizylsäure,
  20 » Borax,
  60 » geschnittenes Quassiaholz und
1100 » Wasser, werden zehn Minuten gekocht und die Flüssigkeit dann durchgeseiht.

3. Man schmilzt kaltgerührte Kokosseife und setzt ungefähr 5% Chinosol bei.

4. 50 Gewichtsteile Tonkabohnentinktur, 1 : 100,
  50 » Lorbeeröl,
   4 » Thymianöl.

5. 85 Gewichtsteile weißes Wachs,
  60 » Walrat und
500 » Olivenöl werden geschmolzen und
150 » heißes destilliertes Wasser damit verrührt. Dann setzt man
   2 Gewichtsteile Nelkenöl,
   3 » Thymianöl und
  4·5 » Eukalyptusöl hinzu.

6. 100 Gewichtsteile Lorbeeröl,
  12 Essigäther,
   4 Nelkenöl,
   8 Eukalyptusöl.

7. 60 Gewichtsteile gelbes Wachs,
140 Lorbeeröl,
 20 Kampfer,
  6 sulfoichthyolsaures Ammonium.

8. 250 Gewichtsteile weißes Vaselin,
 25 Naphthol,
 10 Rosmarinöl.

9. 120 Gewichtsteile weißes Vaselin,
    4   »   Patschuliöl,
    3   »   Baldrianöl.

10. 75 Gewichtsteile gelbes Wachs werden geschmolzen und kurz vor dem Erkalten mit

  160 Gewichtsteilen Lorbeeröl,
    8   »   Thymianöl und
    8   »   Eukalyptusöl verrührt.

11. In 130 Gewichtsteilen Spiritus löst man
  10 Gewichtsteile Thymol,
    5   »   Eukalyptusöl und
    3   »   Majoranöl.

12. 350 Gewichtsteile Hammeltalg werden geschmolzen und, nachdem er etwas abgekühlt ist,

  15 Gewichtsteile Eukalyptusöl,
    2   »   Nelkenöl und
    3   »   Kajeputöl eingerührt.

13. 20 Gewichtsteile Nelken,
  12   »   Patschulikraut,
  10   »   Rosmarinblätter,
    8   »   Baldrianblätter oder -wurzeln,
    8   »   spanischer Hopfen werden mit

70%igem Spiritus ausgezogen, abgepreßt und filtriert. Man setzt von dieser Flüssigkeit dem Waschwasser etwa $^1/_{10}$ bis $^1/_5$ hinzu.

Flohwasser nach Töllner.

100 Gewichtsteile zerschnittene Tabakblätter und
150   »   zerschnittener spanischer Pfeffer werden mit
2500 Gewichtsteilen Wasser 20 Minuten gekocht, ausgepreßt und mit
250   »   Sabadilleſſig vermischt. Mit dieser Flüssigkeit werden die Fußböden täglich einmal gewaschen und ist darauf zu achten, daß sie auch gut in alle Fugen und Ecken eindringt.

Insektenschutz= (=abhaltungs=) Mittel für Tiere.

In »Seifensieder=Zeitung«, 1909, werden eine Anzahl von Schutzmitteln gegen die Belästigung der Haus= und Nutztiere namhaft gemacht, die zumeist als Einreibemittel sich gut bewährt haben; sie alle werden dadurch wirksam, daß sie stark riechende Substanzen enthalten, welche sich auf der Haut oder in den Haaren der Tiere längere Zeit erhalten und nicht zu rasch verflüchtigen. Die Wirksamkeit solcher Mittel ist naturgemäß auch durch die Temperatur, Regen, Schwitzen der Tiere, großen Unterschieden unterworfen.

1. 500 Gewichtsteile Insektenpulver werden mit einer Mischung von

1000 Gewichtsteilen Spiritus und

1000   »   Wasser ausgezogen, filtriert und dem Filtrat

20   »   Nelkenöl hinzugesetzt.

2. 150 Gewichtsteile Fischtran,

200   »   Tieröl,

100   »   Naphthalin werden durch gelindes Erwärmen vereinigt.

3. 100 Gewichtsteile Lorbeeröl,

50   »   Benzol,

10   »   Nelkenöl,

29   »   Rosmarinöl.

4. Insektenöl nach Töllner.

75 Gewichtsteile Lorbeeröl,

75   »   Eukalyptusöl,

200   »   Petroleum,

650   »   Vaselinöl werden gemischt und mit Chlorophyll schwach grün gefärbt.

5. 500 Gewichtsteile Lorbeeröl,

100   »   Naphthalin,

60   »   Kampfer,

25   »   Tieröl,

6. 300 Gewichtsteile mit Schwefel gekochtes Leinöl,
    50   »   Tieröl.

7. 400 Gewichtsteile Lorbeeröl,
  100   »   Naphthalin,
    10   »   rohe Karbolsäure.

8. 450 Gewichtsteile Schweinefett,
  300   »   Zeresin,
  800   »   Lorbeeröl,
    80   »   Kampfer,
    80   »   Naphthalin,
    25   »   Rosmarinöl.

9. 600 Gewichtsteile Schweinefett,
  600   »   Zeresin,
  300   »   Talg,
2000   »   Lorbeeröl,
  200   »   Naphthalin,
  100   »   Rosmarinöl,
  120   »   Stinkasant.

10. 170 Gewichtsteile Stinkasant-Tinktur,
    10   »   rohe Karbolsäure,
    50   »   Essigäther.

11.   2 Gewichtsteile Talg,
  0·5   »   Knoblauchsaft zusammenschmel-
              zen, nach dem Abkühlen rührt man
     6   Karbolineum und
     2   Kienöl hinzu.

Seife gegen Ungeziefer der Hunde.

Dieselbe besteht aus:

  5 Gewichtsteilen Petroleum,
  4   »   Wachs,
  5   »   Alkohol, die gut untereinanderge-
              arbeitet und schließlich mit
12   Seife auf warmem Wege vermischt
werden.

Ungeziefer-Pomade.

45 Gewichtsteile Salizylsäure,
15   »   Borsäure,
360   »   Vaselin,
30   »   Perubalsam,
10   »   Bergamottöl,
2   »   Anisöl.

Tabanal, neues Schutzmittel für Tiere gegen Insekten.

Unter dem gesetzlich geschützten Namen Tabanal kommt
ein vom Pfarrer Neumann in Elbsroth erfundenes Mittel
in den Handel, das sich als wirksamer Schutz der Tiere
gegen Insekten aller Art bewährt hat. Das Tabanal gelangt in Blechdosen zum Verkauf, ist eine butterartige Masse
von bräunlicher Färbung mit intensivem, jedoch nicht unangenehmen Geruch. Es enthält weder Fett noch Schmier-
oder Klebemittel und erinnert in seiner Beschaffenheit an
gewisse vegetabilische Extrakte, teils aber auch an die Vasogene.
Bei der außerordentlichen Resorption des Präparates durch
die Haut ist der gänzliche Fortfall jeder schädigenden chemischen Einwirkung auf dieselbe sehr wichtig. Versuche des
deutschen Tierschutzvereines in Berlin und des bakteriologi-
schen Institutes der Landwirtschaftskammer in Halle haben
das Fehlen jeder Reizwirkung des Präparates auf die
Haut der Tiere ergeben. Eine rationelle Hautpflege derselben
wird demnach nicht behindert. Pferde können z. B. nach
wie vor gründlich geputzt werden. Lästige und schädliche
Insekten, namentlich Bremsen und Dasselfliegen sollen durch
die Tabanalbehandlung unbedingt fern gehalten werden.
Das Präparat ist unbegrenzt haltbar. Um die Wirkung desselben zu erhöhen, müssen Pferde und Kühe sorgfältig geputzt werden. Da Milch bekanntlich leicht Gerüche absorbiert,
so ist es ratsam, das Melken der Kühe, die mit Tabanal
behandelt werden, im Freien vorzunehmen. Eine Geschmacks-
oder Geruchsbeeinflußung ist dann ausgeschlossen.

Mittel gegen Kopfungeziefer.

Zur Vertilgung der auf dem behaarten Teil des Kopfes bei vielen an Grind leidenden Kindern sich rasch entwickelnden Läuse wendet man neben dem Waschen und Reinhalten des Kopfes graue Quecksilbersalbe, Fenchelöl, schwarzen Pfeffer, Stefanskörner, Petersilien= und Läusesamen und ähnliches an.

Besondere Zusammensetzungen solcher Mittel sind:

1. 5 g Fenchelöl,
   40 g Rosensalbe, durch Zusammenreiben vermischt.

2. 15 g weißes Quecksilberpräzipitat,
   30 g Stärkemehl.

In die behaarten Teile des Kopfes einzustreuen, nachdem diese vorher mit Fett bestrichen worden sind, aber wie alle Quecksilberpräparate mit Vorsicht anzuwenden.

3. 4 g gepulverter Petersiliensamen,
   91 g Pomadenfett.

4. 2 g gepulverten Läusesamen zusammen mit
   45 g Schweinefett, erhitzt, dann ausgepreßt und mit
   etwes Bergamottöl parfümiert.

5. Kapuzinerpulver.

Dieses Mittel besteht aus: gepulvertem, mexikanischem Läusesamen (Semen Sabadillae), gepulvertem Läusesamen (Semen Staphidis agriae), gepulvertem Petersiliensamen und gepulverten Tabakblättern zu gleichen Teilen.

6. Salbe französischer Hospitäler.
   6 g rotes Schwefelquecksilber,
   2 g gereinigtes Ammoniak,
   30 g Schweinefett,
   2 g Rosenwasser, durch Verreiben zu einer gleich=
mäßigen Salbe gemischt.

Insektenspeckseife gegen Läuse.

18 Gewichtsteile Schweinespeck werden mit
150 Gewichtsteilen Wasser, in denen

18 Gewichtsteile Pottasche gelöst wurden, auf das
innigste verkocht und in die Masse

7·5 Gewichtsteile gut gelöschten Kalk mit

150 Gewichtsteile in Wasser verrührt, zum Sieden
erhitzt, eingebracht. Die Masse wird gut verrührt. Zur Verwendung wird dieselbe mit der zweifachen Menge heißen
Wassers verdünnt aufgebürstet.

Transeife gegen Läuse.

150 Gewichtsteile Wasser werden zum Kochen erhitzt,

9 » Ätzkalilauge in dasselbe eingerührt
und sodann

28 » Tran (am besten Walfischtran) nach
und nach hinzugesetzt und bis zur Bildung einer innigen
Emulsion gekocht, wobei das verdampfende Wasser zu ersetzen ist. Zur Verbesserung der Wirkung fügt man noch
etwa 5 bis 6% Tabakextraft hinzu.

Mittel gegen Läuse bei Tieren.

Gutes Insektenpulver leistet bei Hunden und kleineren
Haustieren gute Dienste, wenn das Verfahren des Ein-
stäubens mehrere Male wiederholt wird. Bei größeren Haustieren empfiehlt sich nach Becker das Einreiben (in Zwischenräumen von vier Tagen) des wie folgt zusammengesetzten
Pulvers:

Semen Sabadill., Sem. Staph. agr., Radix Hellebor.
alb. pulv. aa 1·0, Sem. Anisi pulv. 2. Von eben derselben
Seite wird vor dem Gebrauch der Quecksilberpräparate und
des Karbols, besonders bei Rindern und Milchvieh, ganz
entschieden gewarnt, da bei der Verwendung von Karbolwasser die Milch sehr leicht den Karbolgeruch annimmt.
Aus demselben Grunde soll auch Kreolin bei diesen Tieren
nicht benützt werden, obschon der Gebrauch desselben in
anderen Fällen zweckmäßig ist. Zum Abwaschen der Tiere
dient auch eine Abkochung von Rauchtabak (Tabaksaft), wie

auch eine Lösung von Schwefelseife nach folgender Vor= schrift: Zerriebenes Schwefelkalium (5 Teile) wird in 95 Teilen Schmierseife gelöst. Daß auch eine gründliche Stallreinigung vorgenommen werden muß, ist selbstver= ständlich. Hierzu wird man sich am besten der alkalischen Seifenlösung bedienen. Bei Schafen ist die Verwendung der Quecksilbersalbe sehr in Gebrauch, die meistens als 10%ige Salbe verwendet wird. Statt dieser kann aber auch eine 10 bis 15%ige Naphthalinsalbe, mit Seife und Fett her= gestellt, mit demselben Erfolg angewendet werden.

Mittel gegen Zecken der Schafe.

Als Radikalmittel hat sich die graue Quecksilbersalbe bewährt, mit welcher man nach der Schur einen schmalen Streifen in der oberen und unteren Rückenlinie des Rumpfes (zirka 3 bis 4 g Salbe zu verschmieren) zieht. Ebenso wirksam ist das Baden sämtlicher Schafe unmittelbar nach der Schur in einem Bade von Nußblätter= oder Tabaksblätterabkochung. Zum gleichen Zwecke werden auch Karbol= und Kreolinbäder angewendet. Selbstverständlich sind die Ställe der Tiere, die Krippen und Türen sorgfältig zu reinigen.

Mittel gegen die Räude der Schafe.

Die Räude wird durch Krätzmilben verursacht und läßt sich, wenn noch im Entstehen, durch besondere Behandlung heilen, die darin besteht, daß die Krusten und Borken auf der erkrankten Haut nach Entfernung der Haare durch Schmierseife aufgeweicht werden und hierauf die Milben durch Perubalsam, Benzin oder Kreosot, mit Öl gemischt, Teer mit Schmierseife und Spiritus gemischt, durch Tabak= abkochung, Kreolinwasser oder Kreolinliniment getötet werden. Es sind als Gegenmittel Bäder im Gebrauch, so das Gerlachsche Räudebad, Zündelsche Räudebad, Walzsche Lauge, Arsenik=, Sublimat= und Kreolinbäder. Die Bäder müssen nach Verlauf von acht Tagen wiederholt werden

und in der Zwischenzeit auftretende Schmierstellen sind mit
bereitgehaltener Flüssigkeit einzureiben; eine gründliche Stall=
desinfektion muß damit Hand in Hand gehen.

Die Walzsche Lauge ist eine Mischung von

2 Gewichtsteilen ungelöschtem Kalk und
10 „ Wasser, wozu noch
6 Gewichtsteile stinkendes Hirschhornöl und
3 „ Schiffsteer hinzugemischt werden.

Zu dieser Masse werden 100 Gewichtsteile durch Gewebe
geseihte Mistjauche gesetzt und das Ganze schließlich mit
400 Gewichtsteilen Wasser verdünnt.

Ein Arsenikbad wird aus

25 Gewichtsteilen weißem Arsenik,
25 bis 30 „ Alaun und
500 „ Wasser hergestellt; da das
Bad giftig ist, muß insbesondere darauf geachtet werden,
daß das Maul des Tieres nicht damit in Berührung kommt.

Flüssigkeit gegen die Zwergzikade (nach Steglich).

10 Gewichtsteile Schmierseife werden zunächst mit
30 Gewichtsteilen Wasser durch Hinzugeben unter
Umrühren nach und nach vermischt, dann
470 Gewichtsteile Wasser und endlich
500 „ Gaswasser beigemischt und die Flüssig=
keiten tüchtig untereinander gemischt.

Nach Sorauer löst man

3 Gewichtsteile Schmierseife in
100 Gewichtsteilen Wasser und vermischt mit
3 „ gewöhnlichem Ammonik. Da das
Ammoniak rasch verflüchtigt, ist solches erst kurz vor der
Verwendung zuzusetzen.

Schutz des Hühnerbestandes vor Läusen und Feder-
lingen.

Die Stallungen müssen mindestens einmal im Monat
mit frischer Kalkmilch gründlich übertüncht, alle Fugen mit

Kalk oder Zement überstrichen werden. Die Sitzstangen und alle in den Stallungen befindlichen Holzgeräte sind mit heißer Lauge zu waschen und sodann ebenfalls mit Kalkmilch zu überstreichen. Die Legenester müssen ebenfalls gründlich gereinigt werden, das Streumaterial in demselben (Stroh, Heu) muß wöchentlich erneuert werden, außerdem empfiehlt es sich, in dieselben etwas Insektenpulver einzubringen, dem zweckmäßig etwas Tabakstaub beigemischt ist. Die nach dem Zerstäuben zum Vorschein kommenden betäubten, selten toten Schmarotzer sind zu sammeln und zu verbrennen. Dieses Einstauben mit Insektenpulver ist nach je acht Tagen zweimal zu wiederholen, ebenso ist die Stallreinigung mehrmals vorzunehmen. Um die dann von den Schmarotzern befreiten Hühner auch fernerhin rein zu erhalten, muß man den Hühnern ein sogenanntes Sandbad an einem sonnigen Orte, durch ein Dach vor Regen geschützt, zur Verfügung stellen, damit sie dort nach Belieben sich puddeln können. Ein solches Sandbad besteht aus Sand, Kalkstaub, Asche, Tabakstaub und etwas Insektenpulver.

Sägespäne sind zum Einstreuen in Geflügelställen nicht geeignet, denn sie leisten durch ihre lockere Zusammensetzung dem Ungeziefer mehr Vorschub als jedes andere Material. Außerdem wirbeln sie, so lange sie trocken sind, durch das Scharren der Hühner eine Menge Staub auf, welcher sich auf die Atmungsorgane der Tiere legt und Katarrhe hervorruft, die oft langwierig und unheilbar sind. Wenn die Sägespäne feucht geworden sind, ist zwar dieser Nachteil beseitigt, aber auch der Hauptzweck des Einstreuens, nämlich die Feuchtigkeit der Exkremente aufzunehmen, ist verfehlt. Da ist Torfmull in jeder Hinsicht besser, wem aber der Bezug dieses Materials zu teuer erscheint, der möge lieber eine Mischung von Sand und Asche einstreuen. Letztere ist gleichzeitig ein Vorbeugungsmittel gegen Ungeziefer.

Läuse der Hühner, welche von der Unreinlichkeit in Ställen herrühren, können mit Terpentinöl oder Wasser, in

welchem Pfeffer und Wermut gekocht ist und womit man
die Hühner bestreicht, vertrieben werden; auch kann man
die Hühner mit Urin von Kühen waschen. Legt man Zweige
von Erlen in den Hühnerstall, so wird man am folgenden
Morgen die Blätter von dem Ungeziefer bedeckt finden. Als
gutes Mittel gilt eine Mischung von Pferdehufspänen, also
Hornsubstanz mit Schwefel, die auf ein mit glühenden
Kohlen gefülltes Gefäß aufgeschüttet wird; selbstverständlich
müssen Öffnungen, dann Ritzen und Fugen gut verschmiert
oder mit Papier verklebt werden, damit sich die entwickelnden
Dämpfe nicht durch diese verziehen können. Nach 24 Stunden
wird sich im Stall keine Laus mehr finden; dieser muß selbstverständlich dann gut gelüftet werden, ehe man dem Geflügel den Zutritt wieder gestattet.

Vertilgung von Ratten und Mäusen.

Unter den Säugetieren sind Ratten und Mäuse ein
gefürchtetes Ungeziefer, dem wegen der Schlupfwinkel in
Mauerwerk unter Dielen, in Wasser- und Erdlöchern schwer
oder gar nicht beizukommen ist; Ratten benagen wohl auch
alles, was ihnen unterkommt, fressen sich selbst unter Mauern
und Balken durch, um sich Nahrung zu verschaffen, aber
sie werden doch nicht so gefährlich, wie die Mäuse auf den
Feldern und in den Wäldern; diese letzteren halten sich auch in
Wäldern auf, besuchen nachts die Gärten, zernagen die Rinde
junger Baumsetzlinge oder fressen ihre Blattknospen, graben
frisch gesäte Eicheln, Bohnen und Erbsen aus und beißen den
Keim ab. In manchen Jahren vermehrt sich die Maus zu
ungeheueren Scharen, welche sich über die Felder verbreiten
und weit mehr Getreide zerstören, als sie zur Nahrung
brauchen. Dann sind vorzüglich Eulen mit ihrer Vertilgung
beschäftigt. Es sind also die Schäden, die Ratten und
Mäuse anrichten, ziemlich bedeutend und man stellt beiden

in energischer Weise nach, indem man entweder Fallen auf=
stellt oder ihrer durch Auslegen von vergifteten Nahrungs=
mitteln Herr zu werden sucht. Die Ansichten über die ver=
schiedenen Vertilgungsmethoden gehen auseinander und wird
darauf hingewiesen, daß Ratten sehr schwer in Fallen gehen,
also der auf diesem Wege zu erzielende Erfolg sehr un=
sicher ist.

Es ist angezeigt, in Lokalitäten, wo Ratten leicht hin=
gelangen oder sich aufhalten können, diese so zu gestalten,
daß keine Schlupfwinkel den Tieren geboten werden. Ver=
modertes oder vermorschtes Material (Holz, Ziegelmauer=
werk, Verputz usw.) ist aus den Lokalitäten auf ½ bis 1 m
Tiefe auszuwerfen, das Mauerwerk usw. auszubessern und
die entstandene Grube mit Schotter auszufüllen; der Schotter
wird dann festgestampft und mit ziemlich flüssigem Zement=
mörtel übergossen. Holz= und Mauerwerk soll mit Teer be=
strichen werden, wodurch die Ratten von den Mauern ab=
geschreckt werden, doch muß der Teeranstrich zeitweise wieder=
holt werden.

Von besserer Wirkung ist jedenfalls das Auslegen
von vergifteten Nahrungsmitteln, doch scheint man auch be=
züglich der Geeignetheit der verschiedenen in Betracht kom=
menden Gifte: Arsenik, Phosphor und Meerzwiebel ganz
auseinandergehender Ansicht.

Phosphorpräparate haben sich nach der Ansicht Rotters
nicht bewährt, dagegen hat er mit Arsenik guten Erfolg
gehabt, wenn er in der Weise angewendet wurde, daß man
feingehacktes oder auf einer Fleischmühle gemahlenes Fleisch
mittels eines Stäbchens mit der Arsenverbindung gut
durchknetet und dieses dann an Orten, die anderen Tieren
nicht zugänglich sind, auslegt. Das Fleisch darf jedoch unter
keiner Bedingung mit der Hand berührt werden, weil die
Ratten das Lockmittel sonst nicht anrühren. Speisereste,
Körnerfuttermittel, Gänseunrat, tierische Exkremente muß
man entfernen, da sie von den Ratten vorgezogen werden.

Dr. Raebiger sagt, es sei bekannt, daß die Ratten
einen außerordentlich feinen Instinkt besitzen, sie lassen früher

nicht vorhandene, plötzlich hingestellte Speisen und Getränke unberührt, sobald sie gemerkt haben, daß einer ihrer Genossen nach dem Genusse der verdächtigen Speisen verendet ist. Die in der Regel nur geringe Anzahl von Ratten, welche Meerzwiebelpräparate aufnimmt, findet nach stundenlangem Todeskampfe ein qualvolles Ende. Die anderen Ratten vermeiden dann die vergifteten Speisen. Raebiger hat dies wiederholt beobachtet und seine Angaben werden durch verschiedene Versuchsanstalten und Versuchsansteller bestätigt. Es gibt zurzeit nur ein Mittel, welches allen Anforderungen, die an ein praktisch verwertbares Rattenvertilgungsmittel gestellt werden können, entspricht und dies sind die Ratinkulturen. Dieselben stellen eine sehr gute Lockspeise dar. Sie werden von den Ratten begierig verzehrt. Bei genügender Auslegung erstreckt sich die Wirkung auf den ganzen Rattenbestand. Ihre Anwendung ist einfach, auch werden die Ratinkulturen preiswert abgegeben. Zahlreiche Fütterungsversuche haben ergeben, daß Ratinkulturen für Haussäugetiere, Geflügel, Wild und Fische vollkommen ungefährlich sind.

Bei der Vorbeugung der Pestgefahr spielt die Vertilgung der Ratten besonders auf pestverdächtigen Schiffen eine große Rolle, aber auch in bewohnten Häusern und Gehöften. Nach Dr. Giemsa ist zu der Vertilgung der Ratten sogenanntes inexplosibles Generatorgas, wie es im Hamburger Hafen angewendet wird, das beste Mittel. Dieses ziemlich billige Gas besteht aus 5% Kohlenoxyd, 18%, Kohlensäure und 77% Stickstoff. Es tötet sämtliche Ratten, greift aber infolge seiner fast völligen Geruchlosigkeit und der geringen chemischen Aktivität seiner Bestandteile weder Holz noch irgendwelche anderen Materialien an und gestattet die Desinfizierung, beziehungsweise Ausgasung selbst der größten Schiffe in wenigen Stunden.

Zu dem gleichen Zwecke empfohlene flüssige Kohlensäure bietet den Nachteil, daß sie sich infolge ihres hohen spezifischen Gewichtes mit der atmosphärischen Luft schlecht mischt, wodurch ihre Wirkung unsicher wird und ist auch für die Anwendung im großen zu teuer.

Auch schweflige Säure wirkt nicht sicher, weil sie zum Teil durch die Schiffsladung und das in allen Teilen des Schiffes befindliche Wasser absorbiert wird. Sie bietet ferner den Nachteil, daß viele Gegenstände und Waren durch sie angegriffen werden und daß es zu lange dauert, bis ein größerer Raum wirklich damit gefüllt ist.

Dies gilt auch für die Schwefligsäurepräparate »Pictolin« (Gemisch aus flüssiger schwefliger Säure und Kohlensäure), Marotgas (schweflige Säure mit starkem Gehalt an Schwefelsäureanhydrit) und das sogenannte Claytongas (schweflige Säure durch Verbrennen von Stangenschwefel mittels Gebläseluft erhalten).

Man hat durch längere Zeit hindurch die Meerzwiebel als ein sehr geeignetes Mittel zur Vertilgung von Ratten angesehen und auch vielfach empfohlen. Es wird nämlich häufig angenommen, daß die Meerzwiebel wohl für Ratten ein Gift sei, unsere Haustiere aber davon zu sich nehmen können, ohne Schaden zu erleiden. Nach Dr. Raebiger ist aber die Meerzwiebel durchaus nicht so harmlos, wie im allgemeinen geglaubt wird. Dieselbe enthält mehrere absolut giftig wirkende Glykoside, welche den Digitalis=Giftstoffen in bezug auf die Wirkung sehr nahestehen. Die Haupt=bestandteile sind: 1. Scillotoxin, mit stark giftiger Wirkung auf das Herz (tödliche Wirkung pro 1 *kg* Hund = 1 *mg*). 2. Das Scillin, ein scharf reizender Stoff, und 3. das Scillipikrin. Außerdem enthält die Meerzwiebel ein Kohle=hydrat, das Sinistrin, ein flüchtiges, senfölartiges Öl, und viel Schleimsubstanz. Die Scilla hat eine mit Digitalis fast identische Wirkung. Sie verlangsamt die Herztätigkeit und steigert den Blutdruck, genau wie das Fingerhutblatt. Der Unterschied zwischen beiden Drogen in ihrer Wirkung besteht darin, daß die Meerzwiebel Magen und Darm, sowie die Nieren stärker reizt, daher in größeren Mengen Erbrechen, Durchfall usw. hervorruft. Demnach ist die Meerzwiebel für unsere Haustiere gefährlich und sie sollte nicht, wie es noch so häufig geschieht, als ein für unsere Haustiere »unschädliches« probates Rattenvertilgungsmittel bezeichnet werden, zumal das Pflanzengift vielfach nicht einmal in Verbindung mit einer guten Lockspeise von den Ratten aufgenommen werden soll.

Nichtsdestoweniger werden noch mannigfache Rezepte für Meerzwiebelpräparate angegeben und sie scheinen sich neben den zahlreichen verschiedenen Phosphorzubereitungen und neben Arsenik doch bewährt zu haben. Auf ganz unvergleichlich sichere Weise geschieht die Vertilgung von Ratten und Mäusen durch Vergiften mit Bazillen, welche mit dem Futter in den Körper dieser Tiere übergehen und den Tod herbeiführen.

Versuche, welche auf Veranlassung des Deutschen Reichsgesundheitsamtes angestellt wurden, haben ergeben, daß nur ein gewisser Prozentsatz grauer Ratten durch Fütterung mit dem Ratinbazillus vernichtet wird. Ein nicht unerheblicher Teil (50%) zeigt sich widerstandsfähig, und zwar sind es immer solche Ratten, bei welchen Schutzstoffe im Blute nachgewiesen werden konnten. Wahrscheinlich ist diese Immunität auf eine früher überstandene leichte Infektion mit gleichem oder stammverwandtem Krankheitserreger — der Ratinbazillus gehört zur Gruppe der Fleischvergifter — zurückzuführen, eine Infektion, die bei den Lebensgewohnheiten der Ratten sehr leicht eintreten kann. Da man mit der erworbenen Resistenz, beziehungsweise Immunität eines großen Teiles der Tiere rechnen muß, wird die Ratinverwendung immer nur einen mittelmäßigen Erfolg haben. Bei der Anwendung in der Praxis ist auch in Betracht zu ziehen, daß, wenn der Ratinbazillus für größere Haustiere auch nicht pathogen ist, er doch mit Vorsicht gebraucht werden muß.

Der Löfflersche Mäusetyphus-Bazillus bewirkt, wenn er richtig angewendet wird, eine tödliche Erkrankung der Feld- und Hausmäuse, die kranken Mäuse stecken die gesunden an und es entsteht eine Seuche unter denselben.

Für andere Tiere, auch für Ratten, ist er nicht schädlich. Der Mäusebazillus muß schnell verwendet werden, da er selbst eine sehr beschränkte Lebensdauer hat. Sonnenlicht tötet ihn bald ab, auch unter grellem Tageslicht leidet seine Wirksamkeit Schaden. Der Mäusebazillus wird (von der k. k. landwirtschaftlich-bakteriologischen Schutzstation in Wien) in kleinen Röhrchen geliefert, welche den Nährboden (Agar-Agar) mit dem dünnen hellgrauen Bazillusbelag enthalten. Ein einziges solches Gläschen enthält viele Millionen Bazillen. Die Verwendung des Bazillus geschieht in der Weise, daß man den Wattepfropfen aus dem Gläschen entfernt, etwas abgekochtes und wieder gekochtes Wasser auf die Decke bringt, solche mittels einer Federfahne ablöst und mit dem Wasser gut vermischt, wobei auch der Nährboden teilweise mitgenommen wird. Den ganzen Inhalt des Gläschens gießt man dann in 1 l vorher abgekühltes Wasser, mischt gut durch und bringt nun $^3/_4$ kg frisches Brot, in kleine Stückchen zerteilt, in die Flüssigkeit, welche aufgesogen wird. Die Brotstückchen werden nun in noch nassem Zustande in die Mäuselöcher gesteckt (man kann pro Joch 2000 frische Mäuselöcher rechnen, für die der Inhalt eines Gläschens genügt). Es werden die Löcher am besten nach Sonnenuntergang oder vor Sonnenaufgang beschickt, bei bewölktem Himmel kann man aber den ganzen Tag arbeiten. Unbedingt erforderlich ist, daß die Auslegung der Brotstücke nicht auf ein einzelnes, abgegrenztes Feld beschränkt wird, sondern daß beispielsweise in einer Gemeinde sich alle Mitglieder vereinigen und in gleicher Weise auf allen Feldern, aber auch in Straßengräben, Feldrainen und Eisenbahndämmen vorgehen; gerade in den letzteren nisten die Mäuse ungestört und wandern von dort in die Felder.

Bei der Bekämpfung von Hausmäusen nimmt man für ein Gläschen mit der Bazilluskolonie nur $^1/_4$ l Wasser und legt die Brotstücke kurz vor der Nachtruhe in die Mäuselöcher und da und dort auf den Fußboden.

Die Erkrankung der Mäuse tritt nach etwa sechs bis achtzehn Tagen ein.

Der Danyßsche Rattenbazillus unterscheidet sich in seiner Anwendung nur dadurch, daß anstatt 1 *l* Wasser für jedes Röhrchen nur ¹/₄ *l* genommen wird.

Nach Ansicht des Verwalters Rotter (»Wiener landwirtschaftliche Zeitung«) ist eines der besten Rattenvertilgungsmittel ein guter Hund (rauhhaariger Pinsch) oder Foxterrier) und wo solche Hunde im Hause sind, nimmt die Rattenplage nie überhand. In einer an der March gelegenen, weit ausgedehnten Zuckerfabrik fand Rotter 20 Foxterriers, welche nur zur Rattenvertilgung gehalten wurden.

Um Wühlmäuse in Obstgärten zu vertilgen, ist Arsenik das einzige Mittel. Es muß aber besonders vorgerichtet werden, und zwar schneidet man Möhren oder Sellerieknollen der Länge nach durch und bestreicht die Schnittflächen mit weißem Arsenikpulver. Die zerschnittenen Stücke werden dann wieder mit einem Bindfaden zusammengebunden und in die Löcher und befahrenen Gänge ausgelegt und mit einer Erdscholle zugedeckt. Sind die Baumwurzeln angefressen, so hebt man in der Nähe des Stammes einen Ballen Erde aus, legt das Giftpräparat darunter und deckt es wieder mit Erde zu. Junge Bäume, welche stark angefressen sind, werden wohl kein starkes Wachstum mehr zeigen und sind am besten zu entfernen; solche Bäume zeigen dies schon durch ihren lockeren Stand an und können in den meisten Fällen wie ein nicht tief in die Erde gesteckter Stab mit Leichtigkeit herausgezogen werden.

Die Tiere ziehen sich im Herbst, wenn die Beete leer werden, gerne in die Baumschulen zurück und bemerkt man deren Anwesenheit erst im Frühjahre. Es muß also hier vorgesorgt werden und geschieht dies am besten durch Legen von Gift, das aber vielfach nur schwierig zu haben ist. Ein einfaches Mittel zur Vernichtung der Wühlmäuse ist folgendes: Man spickt eine Anzahl von Möhren mit Phosphorzündhölzchen, bricht das hervorstehende Ende der Hölzchen ab, läßt das Gift einige Tage lang in die Möhren einziehen und vergräbt diese dann vorsichtig an den bedrohten Stellen.

Ein gutes Mittel gegen Wühlmäuse sind gebrauchte Chilisalpetersäcke, die zumeist von dem Salz vollkommen durchtränkt sind. Die Säcke werden getrocknet und in 30 *cm* breite Streifen geschnitten. Dann wird die eine Seite des Streifens dick mit Teer bestrichen und dieser mit Schwefelblüte bestreut. Nach gutem Trocknen rollt man die Streifen zusammen und schneidet dieselben in fingerlange Streifen, die man in die Gänge der Wühlmäuse steckt und anzündet. Nach dem Anzünden muß man ein Stückchen Blech über den offenen Gang decken und dann erst Erde darauf bringen, um das Feuer nicht zu ersticken. Diese Rollen entwickeln solche Rauchmengen, daß jedes lebende Wesen in den Gängen erstickt oder vertrieben wird; selbst auf 10 *m* Entfernung ist in den Gängen der Mäuse noch dichter Rauch.

Phosphorpräparate.

Die Präparate mit Hilfe von Phosphor werden mittels Mehl in Form von Klößen, dann mit Sirup, Schwefel in Pasta-(Brei-)Form gebracht, oder es wird der Phosphor in Fische, alten Käse, Fleisch usw. eingeschlossen, den Tieren als Nahrungs- und gleichzeitig als Vernichtungsmittel geboten:

1. Phosphorbrei (nach Goede).

In kleinen Mengen stellt man Phosphorbrei dar, indem man Phosphor unter heißem Wasser schmilzt und die erforderliche Menge Mehl usw. zusetzt. Außer der schädlichen Einwirkung der phosphorigen Säuren können auch noch lebensgefährdende Explosionen entstehen. Ein Zusatz von Phosphorsirup ist zwar unbedenklicher, seine Herstellung aber ist nicht ungefährlich. Deshalb empfiehlt Goede für den Klein- und Großbetrieb einen Zusatz von Schwefel, und zwar 1 Gewichtsteil Schwefel für 6 Gewichtsteile Phosphor, wobei die genaue Einhaltung der angegebenen Mengen dringend erforderlich ist, da vier verschiedene Verbindungen des Phosphors mit Schwefel möglich sind, und zwar P_4S, P_2S und P_2S_5, bei der Herstellung des Phosphorbreies aber die flüssige Verbindung P_4S erhalten werden soll, in welcher der weitere ungebundene Phosphor selbst beim Erkalten bis 25° fein verteilt bleibt. Zur Darstellung empfiehlt Goede die Anwendung eines emaillierten eisernen Kessels, gibt die ganze erforderliche Menge heißen Wassers (60—65° C) hinein, schmilzt den Phosphor darin, rührt dann für 6 Teile desselben 1 Teil fein gesiebten Schwefel hinzu und läßt erkalten. Nachher füllt man unter Umrühren vom Boden aus das zur Breibildung erforderliche Mehl hinzu. Das Abkühlen ist von Wichtigkeit, da dadurch die Bildung der phosphorigen Säure bei dem Mehlzusatz möglichst verhindert wird. Als Witterung kann man der Masse etwas Anisöl zusetzen.

2. Phosphorbrei.
(Nach früher patentiert gewesenem Verfahren.)

150 g gewöhnlicher Sirup werden mit

500 g Wasser zusammen in einem geeigneten Eisen- oder Blechgefäß zum Kochen gebracht und der Masse, nachdem dieselbe vom Feuer genommen ist,

20 g Phosphor zugefügt. Die bei der Bereitung zweckmäßig vermittels eines Wasserbades warm gehaltene Masse wird mit einem breiten Holzspachtel etwa zehn Minuten lang gerührt, bis der Phosphor in der Flüssigkeit gleichmäßig fein verteilt ist. Wenn letzteres erreicht ist, werden ferner

15 g in Wasser gelöste Gelatine, sowie schließlich noch ein rohes Ei hinzugegeben und das Ganze nochmals zehn Minuten lang gut durchgerührt. Die Masse wird dann in einem mit kaltem Wasser gefüllten Gefäße abgekühlt, worauf sie eine sämige Flüssigkeit darstellt. Behufs Anwendung wird die Giftmasse mit einem Brei aus Weißbrot und geräucherten Fischen (Bücklingen) verrührt.

3. Phosphorbrei.

Man kocht 100 *g* Roggenmehl mit etwa
400 *g* Wasser zu einem Brei ein, so daß
man 400 *g* Masse erhält, und rührt solchen in 75 *g* Olivenöl ein. Während des Erkaltens des Gemisches bringt man
in ein Steinzeuggefäß

15 *g* Gummischleim,
5 *g* Wasser,
5 *g* Anathol und
10 bis 15 *g* Phosphor, die man durch vorsichtiges

Erwärmen schmilzt. Nach dem Verschließen des Gefäßes
mit einem Kork, wird solches zur Emulgierung des Phosphors geschüttelt. Die Emulsion darf nicht allzu fein sein,
um eine zu schnelle Oxydation des Phosphors zu verhindern. Die erkaltete Emulsion wird mit dem Mehlbrei
gemischt, die Steingutgefäße jedoch nicht bis an den Rand
gefüllt. Sie werden mit tierischer Blase überbunden und
dieser Teil dann noch in flüssig gemachtes Paraffin getaucht. Im Keller aufbewahrt, soll sich dieser Phosphorbrei
gut halten.

4. Phosphorpasta.

135 *g* Phosphor werden in
4·5 *l* kochendes Wasser gebracht.
5 bis 7 *kg* Malz werden mit der Phosphorlösung übergossen und in einem Kessel über gelindem Feuer erwärmt.
1200 *g* Mehl und
1500 *g* Zucker hinzugesetzt und das Ganze 15 Minuten
unter Umrühren auf dem Feuer stehen gelassen, so daß eine
dicke Masse entsteht.

Verschiedene Zubereitungen.

1. Kleine Fische (Stint) werden an der Bauchseite auf-
geschnitten, worauf die Bauchhöhlung mit Rattengift (Phosphor) bestrichen wird. Die so vorbereiteten Fische werden

in den Sielen auf trockenen Stellen — in den Sieleneingängen, auf den Zungen der Sielverbindungen und auf den Absätzen der Sielschächte niedergelegt. Nach Ablauf von sechs bis acht Tagen werden die Futterstellen revidiert und da, wo die Köder von den Ratten genommen sind, von neuem Gift gelegt. Die erzielten Resultate waren: Es wurde mit 60 Futterstellen begonnen, zurzeit gibt es deren 149 und eine weitere Vermehrung ist in Aussicht genommen. Bei der letzten Revision der 149 Futterstellen ist der Köder nur an 9 Stellen unberührt geblieben und, wenn angenommen wird, daß ein vergifteter Fisch den Tod einer Ratte zur Folge hat, werden jetzt wöchentlich unmittelbar durch den Köder ungefähr 1000 Ratten vernichtet. An den Futterstellen selbst ist nur eine geringe Anzahl toter Ratten (zirka 3% der mutmaßlich vergifteten) gefunden worden, die meisten werden durch das Kanalwasser fortgeschwemmt und ein Teil der kranken Tiere flüchtet in die schwer zugänglichen Sielstrecken. Bei einer vorgenommenen Spülung der Sielstrecken sind angebissene Rattenkadaver abgeschwemmt worden, und es ist nicht unwahrscheinlich, daß die vergifteten Ratten von ihren Anverwandten verzehrt werden und daß indirekt eine weitere Abtötung des Ungeziefers erfolgt. Auf Grund der gemachten Erfahrungen wird das angewendete Verfahren in intensiver Weise fortgesetzt werden. Schädliche Folgen des Verfahrens sind bislang weder in den an die Siele angeschlossenen Grundstücken noch in der Elbe bemerkt worden.

2. Holländischer Käse wird in Stückchen von der Größe einer Erbse zerschnitten und in jedes solches Stückchen Käse der von einem Zündhölzchen (sogenannte Schwefelhölzchen) abgeschabte Phosphor hineingedrückt und die Öffnung wieder mit Käse verklebt; der von einem Zündhölzchen abgeschabte Anteil phosphorhaltiger Zündmasse reicht hin, um eine Ratte zu töten. Da nun diese lästigen Tiere Käse leidenschaftlich gern fressen, so fressen sie auch jene Käsestückchen, welche Phosphor enthalten, und werden unfehlbar getötet.

Barythaltige Präparate zur Vertilgung der Mäuse.

In neuester Zeit ist besonders in Bayern der kohlensaure Baryt, in Kuchen verbacken, als ein sehr wirksames, sicheres und bequemes Mittel zur Mäusevergiftung erkannt und empfohlen worden. Versuche, die seitens der Versuchsstation zu Dresden mit Barytkuchen ausgeführt worden sind, haben die in Bayern gemachten Erfahrungen in hohem Maße bestätigt. Der Verbrauch auf der Feldfläche richtete sich naturgemäß nach der Zahl der zu belegenden Mäuselöcher. Im Durchschnitt werden auf 1 *ha* 10 bis 20 Kuchen erforderlich sein. Die Barytkuchen enthalten das für Menschen und Tier giftige Bariumkarbonat als wirksamen Bestandteil. In jedes bewohnte Mäuseloch wird ein Brocken Barytkuchen so eingelegt, daß er von den Vögeln nicht herausgezogen werden kann. Die Vergiftung der Feldmäuse wird am wirksamsten im Spätherbst oder zeitlich im Frühjahre, bei günstigen Schneeverhältnissen auch im Winter vorgenommen, wenn denselben wenig Futter zur Verfügung steht. Wie bereits erwähnt, hat das Bariumkarbonat schon in geringen Mengen hierbei eine stark giftige Wirkung für den Menschen und auch für Tiere. Hierbei sei aber darauf hingewiesen, daß der Barytkuchen nur bei Aufnahme durch den Mund giftig wirkt und daß Berührung mit den Händen vollständig gefahrlos ist. Da Hühner, Katzen und auch Hunde durch den Genuß von Barytkuchen zugrunde gegangen sind, so ist es ratsam, derartige Haustiere an den Tagen, an denen Mäusegift ausgelegt wird, eingesperrt zu halten. Sollte trotzdem bei Menschen oder Tieren eine Vergiftung durch den Genuß von Barytkuchen vorkommen, so gebe man sofort Glaubersalz als Gegenmittel ein.

Bei der Gefährlichkeit des Arseniks zur Vertilgung der Nager einerseits und angesichts der vielfachen Mißerfolge mit Phosphorteig ist ein Präparat empfehlenswert, das allen Anforderungen an ein Ratten- und Mäusegift vollkommen entspricht. Durch die Erfahrung wurde festgestellt, daß solches in der Herstellung einfach, im Verkauf

lohnend ist, daß es außerordentlich sicher und zuverlässig
wirkt, auffallend gern gefressen wird und daß es auch Katzen
nehmen, die hie und da auf Böden sehr unlieb bemerkte
Gäste sind; es ist ein Universalmittel zur Säuberung von
Haus und Hof von lästigem Getier und darf ohne Gift=
schein abgegeben werden.

Meerzwiebelpräparate.

1. Man erwärmt

1 Gewichtsteil geräucherten Speck,

4 Gewichtsteile Schweinefett,

1 Gewichtsteil Kunstspeisefett in einem Kessel bis auf
ungefähr 70° C.

Das geschmolzene, gut verrührte Fett läßt man sodann
etwas abkühlen und vermischt es bei einer Temperatur von
30 bis 35° C mit Mehl und kohlensaurem Baryt. Am
besten hat sich ein Mengenverhältnis von 2 bis 3 kg des
Fettgemisches mit 5 bis 12 kg Mehl und 3 bis 4 kg kohlen=
saurem Baryt bewährt. Die Mischung der Fettstoffe mit
dem Mehl und Baryt geschieht durch Kneten der noch
warmen Masse. Aus der Masse werden Ziegel geformt, diese
in einem Eiskasten rasch auf etwa 5° C abgekühlt, sodann
zerschnitten und in die für den Verkauf bestimmte Form
(Kugeln, Würfeln ꝛc.) gebracht.

2. 500 Teile Schweinefett,

   5 » Salizylsäure,

   1 Teil Zwiebel,

50—100 Teile Rindstalg,

  500 » Bariumkarbonat,

   50 » 20%ige ammoniakalische Grünspanlösung.

Die in kleine Stücke zerschnittene Zwiebel wird im
Fett, dem man je nach der Jahreszeit Rindstalg zusetzt,
geröstet, bis sie dunkelbraun geworden ist und das Fett den
angenehmen Zwiebelgeruch angenommen hat. Man setzt
Salizylsäure hinzu, seiht durch und rührt, bis das halb=
erkaltete Fett durchsichtig geworden ist. Darauf gibt man
den Baryt und endlich die Grünspanlösung hinzu.

An dieser Vorschrift ist nur die Zusammenstellung und das Mischungsverhältnis der einzelnen Bestandteile neu; die wirksamen Bestandteile selbst finden schon jahrelang zu demselben Zwecke Verwendung.

3. Rattenklöße.

Eine frische Meerzwiebel wird zerkleinert, ein Eßlöffel voll Mehl und voll Milch hinzugesetzt, alles durcheinander=gearbeitet und mit Fett ordentlich durchgebraten. Diese Art Klöße werden den Ratten vorgesetzt. Der Erfolg war immer vorzüglich, die Ratten verschwanden. Man hat dieses Mittel häufig den Landwirten empfohlen, welche den guten Erfolg bestätigten. Etwas Semen Strychnin unter Kartoffel=brei gerührt, wirkt ebenfalls vorzüglich, nur muß man einige Tage vorher die Ratten mit Kartoffelbrei anlocken.

4. Meerzwiebeln werden in dünne Scheiben geschnitten, sofort getrocknet und zerstoßen. Dieses Pulver wird sodann mit Streuzucker, Mehl, etwas Glyzerin und Salizylsäure sowie der erforderlichen Menge Wasser zu einer Pastillen=masse geformt, mittels Pastillenstechers hieraus Pastillen geformt und diese scharf getrocknet. Vor dem Gebrauch sind diese Pastillen mit etwas Zucker zu bestreuen und ein Gefäß mit Wasser daneben zu stellen.

5. Frische Meerzwiebeln werden möglichst fein zerhackt und mit etwas zerkleinerter Wurst und Mehl zu einem Teig verarbeitet. Dieser wird dann wie Pfannkuchen mit Fett leicht gebacken, hierauf mit Zucker bestreut und in den von den Nagern heimgesuchten Räumen ausgelegt.

Mäusegrütze. (Nach Töllner.)

100 Teile gepulvertes Bariumkarbonat,
300 » Gerstenmehl,
1 Teil Saccharin werden mit Wasser zu einem festen Teig geknetet. Dieser wird mittels Durchtreibens

durch ein Sieb gekörnt und im Trockenschrank getrocknet. Statt des Saccharins, das jetzt schwer zu beschaffen ist, dürfte wohl eine entsprechende Menge Zucker die gleichen Dienste leisten.

Giftweizen. (Nach Eileres.)

10 *kg* Weizen werden in einem kupfernen Kessel mit 5 *l* kochendem Wasser übergossen und unter häufigem Umrühren so lange warm gestellt, bis alles Wasser aufgesogen, der Weizen gequollen und völlig weich geworden ist. Derselbe ist nun durch Keimung und Maltosebildung süß geworden, ohne Saccharinzusatz, und wird über einem mäßigen Feuer unter beständigem Umrühren getrocknet. Sobald er heiß geworden ist, setzt man eine konzentrierte Lösung von 24 *g* Strychnin nitr. in 5 *l* kochendem Wasser zu und rührt weiter um, bis er so trocken geworden ist, daß er von dem Rührspachtel abfällt. Kurz vorher wird zum Färben des Weizens eine spirituöse Fuchsinlösung zugesetzt. Zu starkes Feuer und Anbrennen sind möglichst zu vermeiden. Soll der Weizen längere Zeit aufbewahrt werden, so muß er auf Hürden im Trockenschrank nachgetrocknet werden. 2 *g* Anisöl werden dem völlig erkalteten Weizen als Witterung noch zugerührt.

Letolin
(Mäuse-, Ratten- und Insektenvertilgungsmittel)

ist eine braungraue harte Masse, welche auf der Bruchfläche marmorartige Zeichnungen zeigt. In dem daraus dargestellten Pulver ließen sich die Elemente der Nux vomica, der Baldrianwurzel, Weizenstärke, Holzfasern von Koniferen, Lykopodium und Teeblätter nachweisen.

Mittel gegen Ratten in Geflügelställen.

Ratten richten in oder in der Nähe von Geflügelställen großen Schaden an und man kann vor denselben nicht ge-

nügend auf der Hut sein. Legt man den Hühnern mehr
Futter vor, als sie verzehren können, oder streut man es
spät abends in den Stall, damit sie es gleich am nächsten
Morgen finden, so heißt das nichts anderes, als die Ratten
absichtlich herbeilocken. Will man diese unangenehmen Nager
los werden, so muß man ein engmaschiges Drahtnetz als
Geflügelstallwandung benützen oder die bereits vorhandenen
aus anderem Material damit bekleiden. Ganz erheblich,
vielleicht 30 cm muß dieses Drahtnetz unter den Stallboden
reichen, damit das Durchgraben von außen verhindert wird,
doch soll auch dieses Mittel auf die Dauer nicht wirksam
sein. Ein scharfer Rattenfänger ist ein gutes Mittel, wenn
nicht legende oder brütende Hennen in demselben Raume
vorhanden sind. Diese würden zu sehr beunruhigt werden.
Mit der Aufstellung von Fallen läßt sich wenig ausrichten,
da die Ratten allzu schlau und vorsichtig sind; das Ausstreuen von Giften ist wegen der Gefahr für die Hühner
nicht zu empfehlen, dagegen gilt das Umherstreuen von
Sonnenblumenkernen als wirksam; sie sollen den Ratten den
Tod bringen, wenn sie reichlich genossen werden.

Einige scharfe Gerüche, wie Naphthalin, können die
Ratten nicht vertragen. Die Ratten sind, wie alle Nager,
von Natur reinliche Tiere, denen jede Unreinlichkeit am
Körper verhaßt ist. Es soll gelungen sein, durch geteerte,
mit Federn beklebte Lappen, die man in die Gänge und
Löcher stopfte, eine ganze Rattengeneration zu vertreiben.

———

Vertilgung des Maulwurfes.

Der Maulwurf, den man in einzelnen Gegenden auch
Schür- oder Schermaus nennt, lebt nicht von Vegetabilien,
würde also, als von Würmern und Insekten lebend, nicht
als Pflanzenschädling, sondern als nutzbringendes Tier anzusehen sein, wenn er nicht auf der Suche nach Nahrung

den Pflanzen durch sein Wühlen nachteilig wäre; dies macht sich besonders in den Früh- und Saatbeeten geltend und deshalb verfolgt man ihn eifrig. Die besten Mittel zu seiner Vertilgung sind gute Fallen und andere Fanginstrumente; da man ihm aber nicht überall mit denselben beikommen kann, bedient man sich auch anderer Mittel. Der Maulwurf läßt sich leicht mit dem Spaten aus der Erde werfen, wenn man ihm zur Zeit, wo er stößt, auflauert und sich dabei gegen den Wind stellt und ruhig verhält. Er wühlt bei gemäßigter Witterung mehr des Nachts und früh am Morgen mehr als am Abend, bei heißem Wetter am Tage und an kühlen, schattigen Orten und in Gräben, im Herbst aber gewöhnlich zwischen 3 und 4 Uhr nachmittags und des Nachts. Vor eintretendem Regen und herannahenden Gewittern wirft er am stärksten auf, so wie er überhaupt bei trübem, regnerischem und windigem Wetter am unruhigsten ist. Will man ihn fangen, so tritt man die Erhöhungen seiner Gänge mit den Füßen nieder und wartet nun ruhig und gegen den Wind stehend, wo er von neuem aufstoßen wird. Sobald er aufwirft, schleicht man behutsam und gegen den Wind näher, denn, da er ein sehr scharfes Gehör und ebenso scharfen Geruch hat, so schreckt ihn die geringste Störung wieder in die Tiefe zurück, sticht schnell hinter ihm den Spaten ein, wirft ihn heraus und schlägt ihn tot. Man kann ihn auch während des Wühlens mit Vogeldunst erschießen oder ohne Schrotladung durch den Knall betäuben, wenn man die Mündung der Schußwaffe 20 bis 30 *cm* hoch über den Ort hält, wo er eben wühlt. Kurz vor Sonnenaufgang oder kurz vor Sonnenuntergang ist die beste Zeit, ihm aufzulauern.

Bezweckt man nur die Vertreibung des Tieres, so nimmt man

1 *kg* Mehl von Saubohnen oder türkischen Bohnen,

0·2 *kg* gemahlenen Grünspan,

0·1 *kg* Spicköl und etwas weiches Wasser, mischt erst die trockenen Bestandteile untereinander, knetet sie mit dem Spicköl und Wasser zu einem Teig und macht davon

Kügelchen von der Größe einer Haselnuß, von denen man in das Loch jedes Maulwurfhaufens eines steckt und die Erde wieder darüberdeckt. Der unangenehme Geruch dieser Kügelchen, den nicht allein alle Maulwürfe, sondern auch alle Ratten fliehen, dauert so lange an, als auch nur noch etwas von denselben in der Erde liegt und die Maulwürfe lassen sich damit auf lange Zeit vertreiben. Andere Vertreibungsmittel sind folgende: Man gießt Teer, am besten Steinkohlenteer, in die Gänge oder man steckt hier und da etwas Asa foetida, Knoblauch, frisch geschabte und mit Teer angestrichene Hollunderstäbe, Häringsköpfe, tote Krebse und Fische oder andere stark riechende Substanzen hinein, dann bleiben die Maulwürfe so lange ferne, als der Geruch dauert. Trockener, ungelöschter, pulverisierter Kalk, in die Gänge gelegt, tötet die Maulwürfe, sobald sie denselben mit der Nase berühren. Ein gutes Abhaltungsmittel, welches sich bei Samenbeeten mit Erfolg anwenden läßt, besteht darin, daß man rings um dieselben einen 50 bis 70 *cm* tiefen Graben zieht und denselben mit dornigen Abschnitten von Stachelbeeren, Rosen usw. füllt, dann wieder mit Erde bedeckt und diese festtritt. Daß dieses Mittel alljährlich erneuert werden muß, versteht sich von selbst. Wenn man die Regenwürmer so viel als möglich zu vertilgen sucht, so bleibt der Maulwurf, dessen beste Nahrung dann fehlt, weg.

Er kann auch in Töpfen gefangen werden, die man unter seinen Hauptgang eingräbt, wobei aber die dadurch entstandene Öffnung des Haupteinganges mit einem Brette verdeckt und überhaupt mit großem Geschick verfahren werden muß. Vom März bis Mai kann man auch aus den großen, von Maulwürfen gemachten Hügeln die Jungen, deren jedes Nest vier bis sieben enthält, ausgraben.

Hamsterpatronen zur Vertilgung des Hamsters.

Mit Gift ist dem Hamster, dessen Bau oft 2 _m_ tief unter dem Erdboden liegt, schwierig beizukommen und man ist gezwungen, zu einer anderen Vernichtungsart zu greifen. Erfahrungsgemäß erreicht man die Beseitigung des Tieres am besten durch Ersticken desselben mittels Rauch, und zwar mittels sogenannter Hamsterpatronen. Als Raucherzeuger benützte man früher Chemikalien und sonstige Körper, die in brennendem Zustande ein großes Volumen Gas erzeugen, welches erstickende Wirkung besitzt, z. B. Kaliumchlorat, Schwefel, Kohle, Natriumnitrat; auch das Naphthalin eignet sich äußerst vorteilhaft zur Füllung dieser Patronen, da dieser Körper eine ungeheure Menge Rauch zu entwickeln fähig ist.

Die Herstellung der Hamsterpatronen geschieht in der Weise, daß man in Pappehüllen etwa 100 _g_ einer der noch anzuführenden Mischungen füllt, die Öffnung oben mit geschmolzenem Naphthalin ausgießt und in diese Schicht einen Docht oder Schwefelfaden als Zünder einbettet. So hergestellt sind die Patronen äußerst handlich und von ausgezeichneter Wirkung. Man verwendet das Präparat in der Weise, daß man sämtliche auffindbare Schlupflöcher des Tieres, welche meist an den mit Spreu und Hülsen bestreuten Ausgangsröhren erkennbar sind, mit den Patronen beschickt, den Zünder anbrennt und sodann jedes Loch durch Bretter oder Steine sorgfältig verschließt. Die entwickelten Gase dringen notwendigerweise in das Innere des Baues und es gelingt dem habgierigen Einwohner, der übrigens vortrefflich gräbt, selten, sich einen rettenden Ausgang zu bahnen.

Nach Buchheister und »Drogisten-Zeitung« haben sich folgende Kompositionen bewährt:

1. 90 Teile Naphthalin,
   30 » Salpeter,
   30 » Schwefelblumen.

2. 120 Teile Natronsalpeter,
    10 » Kohlepulver,
    20 » Schwefelblumen.

3. 30 Teile Kaliumchlorat,
    30 » Schwefel,
    50 » Natronsalpeter.

4. 80 Teile Natronsalpeter,
    20 » Kohlepulver.

Es ist wohl nicht nötig, zu erwähnen, daß das Mischen des Schwefels mit Kaliumchlorat, sowie das Schmelzen des Naphthalins unter Beobachtung der größten Vorsicht ausgeführt werden muß.

Alphabetisches Sachregister.

Jassus 33.

Kabinettkäfer 35.
Käfer 65, 66, 109.
Kakerlak 215.
Kalifornische Brühe 76.
Kaliumverbindungen 63.
Kaliumxanthogenat 98.
Kalkanstrich 160.
Kalkdüngung 161.
Kalkverbindungen 63.
Kapuzinerpulver 292.
Karbolineum 65, 83, 139.
— Prüfung 95.
— wasserlösliches 84, 89.
Karburiertes Insektenpulver 264.
Karpfenlaus 35.
Kartoffelkäfer 11, 27, 70.
Kartoffelkrankheit 4, 25, 71.
Kartoffelpilz 124.
Kartoffelschorf 67.
Käsefliege 34, 214.
Skelet 111.
Kellerasseln 35, 168.
Kiefernaltholzwisjobes 30.
Kiefernblattwespe 21.
Kiefernblattwespen 32.
Kieferneule 32.
Kiefernknospenstecher 30.
Kiefernkulturwisjobes 30.
Kiefernmarkkäfer 29.
Kiefernnabelgallmücke 32.
Kiefernraupe 12.
Kiefernspanner 12, 32.
Kiefernspinner 31.
Kiefernzweigbock 31.
Kienöl 65.
Kirschblattwespe 70.
Kirschblattwespen 69.
Kirschfliege 28.
Klebendes Fliegenpapier 266.
Kleekrebs 26, 125.
Kleider 225.
Kleiderlaus 35.
Kleidermotte 35.
Kleidermotten 217.

Kleinfraß 47.
Kleinschmetterlinge 32.
Klopfkäfer 35.
Knobolin 111.
Knopperngallwespe 56.
Knospengallmilbe 120.
Kohlenoxyd 63.
Kohlensäure 299.
Kohlenstoff 63.
— Verbindungen 63.
Kohlerdfloh 33.
Kohleule 33.
Kohlgallenrüßler 33.
Kohlhernie 4, 25.
Kohlraupe 69.
Kohlraupen 69.
Kohlraupenschlupfwespen 28.
Kohlweißling 33.
Kohlweißlingsraupe 69.
Kohlweißlingraupen 169.
Koloradokäfer 11, 27, 70.
Kontaktgifte 59.
Kopflaus 35.
Kopfungeziefer 292.
Kornfliege 27.
Kornkäfer 216.
Kornkrebs 216.
Kornmotte 35, 217.
Kornrüßler 216.
Kornwurm 35, 216, 217.
Krankheiten des Weinstockes 25.
Krätzmilbe 35, 248.
Kräuterdieb 35.
Kreosot 65, 88, 139.
Kreosotöl 93.
Kressenerdfloh 33.
Kreuzotter 20.
Kreuzwurz-Ackereule 27.
Kröpfe 4.
Küchengartenschädlinge 33.
Küchenschabe 22, 34, 214, 215.
Kugelkäfer 34.
Kümmelmotte 27.
Kupfer-Ammoniakbrühen 72.
Kupferkalkbrühen 72.
— mit Zucker 79.

Chemisch-technisches Lexikon.

Eine Sammlung von mehr als 17.000 Vorschriften für alle Gewerbe und technischen Künste.

Herausgegeben von den

Mitarbeitern der „Chemisch-technischen Bibliothek".

Redigiert von

Dr. Josef Bersch.

**Zweite, neu bearbeitete und verbesserte Auflage.
Mit 88 Abbildungen.**

Gebunden in Halblederband 15 K = 12 M. 50 Pf.

∙ ∙ ∙

Der Beifall, den das Erscheinen der ersten Auflage des „**Chemisch-technischen Lexikon**" in den weitesten Kreisen der Interessenten fand, hat darin seinen sichtbaren Ausdruck gefunden, daß schon nach verhältnismäßig sehr kurzer Zeit eine Neuauflage dieses Werkes nötig wurde. Das „**Chemisch-technische Lexikon**" enthält mehr als 17,000 Vorschriften und Rezepte aus allen Gebieten der Industrie, der Gewerbe, der Land- und Hauswirtschaft. Für jeden Gewerbetreibenden, jeden Mann der Arbeit, bildet das Werk ein mit voller Sicherheit über jede technische Frage Aufschluß gebendes Nachschlagebuch, welches dem Besitzer einer noch so großen Bücherei unentbehrlich ist.

Aus der Unzahl der vorhandenen Vorschriften und Rezepte aller Zweige der Technik jene auszuwählen, welchen wirklich praktischer Wert innewohnt, war nur durch den Umstand möglich, daß es gelang, die Mehrzahl der Autoren der „Chemisch-technischen Bibliothek" zur Sichtung des großen Materiales zu bereinigen und für die Gesamtredaktion einen auf chemisch-technischem Gebiete seit langen Jahren bekannten Schriftsteller zu gewinnen. Dieser hat es auch verstanden, die nun vorliegende z w e i t e Auflage des „**Chemisch-technischen Lexikon**" bis zum letzten Augenblicke zu ergänzen und durch die Erfahrungen selbst der allerletzten Zeit zu bereichern. — Die Redaktion hat es auch für dringend geboten erachtet, dem Lexikon selbst eine Abhandlung anzuschließen, in welcher die wichtigsten Arbeiten, die bei der Darstellung der verschiedenen chemischen Präparate vorzunehmen sind, durch Wort und Bild geschildert werden, so daß auch der Nichtchemiker in der Lage ist, sich jene Kunstgriffe anzueignen, welche zum Gelingen der Arbeit erforderlich sind.

A. Hartleben's Verlag in Wien und Leipzig.